中国ESG研究院文库
主编：钱龙海 柳学信

中国ESG发展报告 2022

China ESG Progress Report 2022

王大地 孙忠娟 王凯 张晗 | 主编 |

首都经济贸易大学出版社
Capital University of Economics and Business Press
·北京·

图书在版编目（CIP）数据

中国ESG发展报告.2022 / 王大地等主编. -- 北京：首都经济贸易大学出版社, 2023.8
（中国ESG研究院文库 / 钱龙海, 柳学信主编）
ISBN 978-7-5638-3503-4

Ⅰ.①中… Ⅱ.①王… Ⅲ.①企业环境管理—研究报告—中国—2022 Ⅳ.① X322.2

中国国家版本馆CIP数据核字（2023）第059577号

中国ESG发展报告2022
ZHONGGUO ESG FAZHAN BAOGAO 2022
王大地　孙忠娟　王凯　张晗　主编

责任编辑	杨丹璇	
封面设计	风得信·阿东 FondesyDesign	
出版发行	首都经济贸易大学出版社	
地　　址	北京市朝阳区红庙（邮编100026）	
电　　话	（010）65976483　65065761　65071505（传真）	
网　　址	http://www.sjmcb.com	
E-mail	publish@cueb.edu.cn	
经　　销	全国新华书店	
照　　排	北京砚祥志远激光照排技术有限公司	
印　　刷	北京九州迅驰传媒文化有限公司	
成品尺寸	170毫米×240毫米　1/16	
字　　数	299千字	
印　　张	18.25	
版　　次	2023年8月第1版　2023年8月第1次印刷	
书　　号	ISBN 978-7-5638-3503-4	
定　　价	96.00元	

图书印装若有质量问题，本社负责调换
版权所有　侵权必究

中国ESG研究院文库编委会

主　　编：钱龙海　柳学信

编委会成员：（按姓氏拼音排序）

刘　斌　柳学信　牛志伟　彭　琳

钱龙海　申建军　王　坦　杨世伟

姚东旭　张博辉　张承惠

中国ESG研究院文库总序

环境、社会和治理是当今世界推动企业实现可持续发展的重要抓手，国际上将其称为ESG。ESG是环境（environmental）、社会（social）和治理（governance）三个英文单词的首字母缩写，是企业履行环境、社会和治理责任的核心框架及评估体系。为了推动落实可持续发展理念，联合国全球契约组织（UNGC）于2004年提出了ESG概念，得到各国监管机构及产业界的广泛认同，引起国际多双边组织的高度重视。ESG将可持续发展包含的丰富内涵予以归纳整合，充分发挥政府、企业、金融机构等主体作用，依托市场化驱动机制，在推动企业落实低碳转型、实现可持续发展等方面形成了一整套具有可操作性的系统方法论。

当前，在我国大力发展ESG具有重大战略意义。一方面，ESG是我国经济社会发展全面绿色转型的重要抓手。中央财经委员会第九次会议指出，实现碳达峰、碳中和"是一场广泛而深刻的经济社会系统性变革"，"是党中央经过深思熟虑作出的重大战略决策，事关中华民族永续发展和构建人类命运共同体"。为了如期实现2030年前碳达峰、2060年前碳中和的目标，党的十九届五中全会提出"促进经济社会发展全面绿色转型"的重大部署。从全球范围来看，ESG可持续发展理念与绿色低碳发展目标高度契合。经过十几年的不断完善，ESG在包括绿色低碳在内的环境领域已经构建了一整套完备的指标体系，通过联合国全球契约组织等平台推动企业主动承诺改善环境绩效，推动金融机构的ESG投资活动改变被投企业行为。目前联合国全球契约组织已经聚集了1.2万多家领军企业，遵循ESG理念的投资机构管理的资产规模超过100万亿美元，汇聚成了推动绿色低碳发展的强大力量。积极推广ESG理念，建立ESG披露标准，完善ESG信息披露，促进企业ESG实践，充分发挥ESG投资在推动碳达峰、碳中和过程中的激励约束作用，是我国经济社会发展全面绿色转型的重要抓手。

另一方面，ESG是我国参与全球经济治理的重要阵地。气候变化、极端天气是人类面临的共同挑战，贫富差距、种族歧视、公平正义、冲突对立是人类面临的重大课题。中国是一个发展中国家，发展不平衡不充分的问题还比较突出；中国也是一个世界大国，对国际社会负有大国责任。2021年7月1日，习近平总书记在庆祝中国共产党成立100周年大会上的重要讲话中强调，中国始终是世界和平的建设者、全球发展的贡献者、国际秩序的维护者，展现了负责任大国致力于构建人类命运共同体的坚定决心。大力发展ESG有利于更好地参与全球经济治理。

大力发展ESG需要打造ESG生态系统，充分协调政府、企业、投资机构及研究机构等各方关系，在各方共同努力下向全社会推广ESG理念。目前，国内关于绿色金融、可持续发展等主题已有多家专业研究机构。首都经济贸易大学作为北京市属重点研究型大学，拥有工商管理、应用经济、管理科学与工程和统计学等4个一级学科博士学位点及博士后站，依托国家级重点学科"劳动经济学"、北京市高精尖学科"工商管理"、省部共建协同创新中心（北京市与教育部共建）等研究平台，长期致力于人口、资源与环境、职业安全与健康、企业社会责任、公司治理等ESG相关领域的研究，积累了大量科研成果。基于这些研究优势，首都经济贸易大学与第一创业证券股份有限公司、盈富泰克创业投资有限公司等机构于2020年7月联合发起成立了首都经济贸易大学中国ESG研究院（China Environmental, Social and Governance Institute，以下简称"研究院"）。研究院的宗旨是以高质量的科学研究促进中国企业ESG发展，通过科学研究、人才培养、国家智库和企业咨询服务协同发展，成为引领中国ESG研究和ESG成果开发转化的高端智库。

研究院自成立以来，在科学研究、人才培养及对外交流等方面取得了突破进展。研究院围绕ESG理论、ESG披露标准、ESG评价及ESG案例开展科研攻关，形成了系列研究成果。一些阶段性成果此前已通过不同形式向社会传播，如在《当代经理人》杂志2020年第3期ESG专辑上发表，在2021年1月9

日研究院主办的首届"中国ESG论坛"上发布等,产生了较大的影响力。近期,研究院将前期研究课题的最终成果进行了汇总整理,并以"中国ESG研究院文库"的形式出版。这套文库的出版,能够多角度、全方位地反映中国ESG理论与实践研究的最新进展和成果,既有利于全面推广ESG理念,也可以为政府部门制定ESG政策和企业发展ESG实践提供重要参考。

尚福林

前言

ESG是环境（environmental）、社会（social）和治理（governance）三个英文单词的首字母组合，是企业履行环境、社会和治理责任的核心框架及评估体系，是当今世界推动企业实现可持续发展的重要抓手。2022年中国ESG呈现出积极有力的发展态势：ESG相关政策法规陆续出台，ESG生态系统不断完善，企业ESG信息披露率稳步提高，ESG评级机构和数据提供商不断涌现，ESG投资规模持续扩大，ESG金融产品逐步丰富，ESG理念快速普及，ESG相关活动和会议层出不穷，ESG国际合作持续深化。这些新态势预示着中国ESG有巨大的潜力和光明的前景。中国ESG研究院推出《中国ESG发展报告2022》，力求全面、翔实和准确地展现当前中国ESG发展状况与态势，也为企业践行ESG理念提供参考指引与方法工具。报告共分七章，要点如下：

第一章阐述ESG发展的国际背景，从信息披露、评级评价、投资等多个方面梳理全球ESG发展现状与趋势，同时探讨了生物多样性、气候变化、高管薪酬等特定ESG议题。

第二章呈现中国ESG实践概况，从国家战略、政策法规、信息披露、评级评价和金融投资等方面呈现当前中国ESG发展的态势。

第三章的主题是中国企业ESG信息披露，内容包括对中国企业ESG披露现状的分析和《企业ESG披露指南》团体标准构建。其中，《企业ESG披露指南》由中国企业改革与发展研究会立项，由首都经济贸易大学中国ESG研究院牵头起草，是我国首个ESG领域的团体标准。

第四章的主题是中国企业与城市ESG评价。本章阐述中国ESG研究院的中国企业ESG评价体系与评价结果，内容包括评价体系的构建思路，体系的各组成部分和权重，全行业评价结果，以及制造业、采矿业、建筑业、金融业、教育业、医药制造业等20个细分行业的行业评价结果，以期全面展现不同行业内企业的ESG表现。本章也呈现了城市可持续发展能力评价。

第五章聚焦中国ESG金融市场与投资，从市场规模、市场参与者、金融产品、投资策略、收益与风险等多个角度阐述中国ESG金融的发展情况。

第六章呈现ESG优秀企业案例：联想集团，从ESG战略和科技赋能等角度描绘联想集团的ESG实践。

第七章从ESG披露标准建设、评级、投资、双碳等多方面分析当前中国ESG发展的挑战与机遇。

本报告在中国ESG研究院指导和支持下完成，写作人员如下：

第一章：王艺颖、王大地；第二章：李雅琴、汤浩、王大地；第三章：张天华、刘柳；第四章：郭珺研、孙忠娟、柳学信；第五章：刘镕瑄、胡鹏、李念、王大地；第六章：郭年顺、陈美瑛、张晗、张学平；第七章：任瑶瑶、王大地。

希望本报告能够为ESG相关机构、从业人员以及所有对ESG感兴趣的读者提供有益的参考与启示。

目录

第一章 国际ESG发展态势 1
- 一、ESG信息披露 2
- 二、ESG评级评价 14
- 三、ESG投资 20
- 四、特定ESG议题 27
- 五、企业ESG行动 34
- 六、不足与争议 36

第二章 中国ESG发展态势 41
- 一、经济高质量发展与ESG 42
- 二、ESG信息披露 45
- 三、ESG评级评价 50
- 四、ESG投资 56

第三章 中国企业ESG信息披露 61
- 一、中国ESG披露标准实践发展情况 61
- 二、《企业ESG披露指南》团体标准体系 87

第四章 中国企业与城市ESG评价 101
- 一、中国ESG研究院ESG评价体系 101
- 二、全行业上市公司ESG评价结果 102
- 三、细分行业上市公司ESG评价结果 103

四、中国城市可持续发展能力评价 120

第五章　中国 ESG 金融市场与投资 131
　　一、市场规模 131
　　二、市场参与者 138
　　三、ESG 金融产品 153
　　四、ESG 投资策略 161
　　五、收益与风险 166

第六章　中国 ESG 案例：联想 173
　　一、ESG 前缘 173
　　二、ESG 战略 175
　　三、科技赋能 ESG 180
　　四、尾声 183

第七章　ESG 发展的挑战与机遇 185
　　一、企业行动与表现 186
　　二、ESG 披露标准建设 188
　　三、评级机构与数据提供商 189
　　四、金融市场与投资 190
　　五、"双碳"与 ESG 191

附录 1　中英文对照表 195
附录 2　企业 ESG 披露指标及说明 200
附录 3　企业 ESG 评价体系团体标准 224

第一章 国际ESG发展态势

2022年,从全球范围来看,ESG在信息披露、评级评价和金融投资等方面都呈现出新的局面和更为积极的发展态势。在信息披露方面,2022年度美国和欧盟等主要经济体发布了《加强和规范针对投资者的气候相关信息披露》《企业可持续报告指令》等重量级的政策法规,从披露要求、披露内容和披露格式等诸多方面对ESG信息披露进行明确的约束。这些政策法规表明,ESG信息披露正在从自愿披露向强制披露转变,从无标准向有标准转变,ESG披露信息的完备性、准确性与可比性得到提高,披露企业的范围也在进一步扩大。在披露标准方面,国际可持续准则理事会(International Sustainability Standards Board,ISSB)于2022年度发布了针对一般ESG信息和气候相关信息的披露标准,在构建全球统一的披露标准方面迈出了坚实的一步。

在ESG评级评价方面,2022年度国际评级机构大幅扩展了评级对象的范围,从发达国家扩展到发展中国家,从上市企业扩展到私有企业。ESG评级评价的应用范围不断扩大,正在渗透影响企业信贷融资、结构化证券产品和并购。此外,部分经济体开始探索对ESG评级机构和数据提供商进行监管,目前的主要手段是推出行业行为准则。

在金融市场方面,从全球范围来看,ESG投资的规模持续增长,第三季度ESG基金在基金市场资金净流出的情况下实现了资金净流入。ESG被动投资的规模和比例持续增长,并在第三季度的欧洲和美国市场超越了主动投资。ESG投资者更加多元化,主权基金、养老基金和私募股权基金的参与度不断上升。金融产品和服务进一步规范化,新法规设立基金的分类和约束基金的命名,"漂绿"得到一定遏制。通过代理投票机制形成的ESG相关股东决议数量增多。就投资回报而言，2022年ESG指数和基金的年度收益普遍未能跑赢大盘，其原因可能包括高企的化石能源价格和回报不佳的科技股。

另外，2022年度，气候变化、生物多样性、森林破坏、供应链、高管薪酬、董事会多样性等特定ESG议题也有较为重要的新进展。欧盟就俗称"碳关税"的碳边境调节机制达成一致，或将对全球贸易产生重要影响。第15届联合国气候变化大会（COP15）达成了具有里程碑意义的成果文件——《昆明—蒙特利尔全球生物多样性框架》。欧盟出台了针对森林破坏的供应链尽职调查条例，要求追溯商品的生产源头。多个政策法规都将对ESG问题的规制扩展至供应链上游环节。美国监管机构要求企业披露高管薪酬和企业绩效之间的联系。欧盟为企业董事会设置了性别比例要求。

在企业行动方面，ESG正在更深地介入企业的组织架构、战略和运营。2022年度，调查表明部分地区的大型企业有一半以上已经在董事会中设立了ESG委员会，且有更多企业设立了跨职能的ESG工作组以负责推进ESG战略。合规是企业采取ESG行动的首要推动力。

最后，ESG在各方面发展也面临新的挑战，包括不同ESG议题的披露率参差不齐，ESG金融产品需要更清晰明确的界定，ESG投资的回报和实际效果尚有争议，等等。

一、ESG信息披露

ESG信息披露是开展ESG评级和ESG投资的基础。国际上出台的ESG相关政策法规主要集中于ESG信息披露环节；ESG评价和ESG投资是市场行为，已有的政策法规当前依然适用，可施加有效规制，通常无须针对ESG出台新规（见图1.1）。

图1.1 ESG政策法规聚焦于披露环节

（一）从自愿披露转向强制披露

就约束力而言，政策法规的披露要求可分为三个层级：自愿披露、不披露需解释、强制披露。2022年，一些主要国际经济体的ESG政策法规展现出明确的从自愿披露向强制披露转变的态势。有些经济体已经实行强制披露（英国）；有些正在从"不披露需解释"向强制披露转变（欧盟）；有些正在从自愿披露直接转向强制披露（美国）。

1. 欧盟：通过并实施《企业可持续报告指令》

欧盟于2022年11月批准通过了《企业可持续报告指令》（Corporate Sustainability Reporting Directive，CSRD），用以替代现行的《非财务报告指令》（Non-Financial Reporting Directive，NFRD）。相比NFRD，CSRD对ESG披露进行了明确的强制性要求，对披露内容和格式的规范更为细致，同时大幅度扩展了需要进行披露的企业的范围。CSRD可列入欧盟近年来在ESG方面出台的最重要的法规之中。CSRD涵盖的企业包括：①所有欧盟境内上市公司（除上市的微型企业）。②所有符合以下三个标准中两个的公司（无论是否上市）：资产负债表总额>2 000万欧元，净营业额>4 000万欧元，雇员>250人。CSRD覆盖的企业数量预估将达50 000家左右，远超NFRD覆盖的约11 600家企业。依据CSRD，非欧盟企业位于欧盟境内的子公司，如达到上文所述规模标准，也须披露ESG信息。这意味着CSRD为非欧盟企业参与欧盟市场设置了门槛。CSRD可能会影响一部分在欧盟有业务的中国企业。

在顶层设计方面，欧盟在2020年批准了《欧洲绿色协议》（European Green Deal）。该协议旨在通过一系列应对气候危机的政策措施，将欧盟转变为资源利用更加高效和更有竞争力的经济体，并于2050年实现温室气体净零排放。为支持协议实施，欧盟于2021年7月通过了《欧洲气候法》（European Climate Law）。《欧洲气候法》将《欧洲绿色协议》中设置的2050年碳中和目标写入法律；还设定了中间目标，即到2030年，温室气体净排放量相比1990年的水平至少降低55%。《欧洲绿色协议》与《欧洲气候法》将在未来对欧盟的ESG法规制定施以巨大影响。

欧盟现行ESG法规主要有三个：针对所有行业的《企业可持续报告指令》（CSRD）、针对金融行业的《可持续金融披露条例》（Sustainable Finance

Disclosure Regulation，SFDR）、为可持续经济活动提供定义和分类的《欧盟分类条例》（EU Taxonomy Regulation）。在欧盟法规系统中，"指令"要求各成员国制定本国的法律，以符合"指令"设置的目标；"条例"可直接生效，成员国无须制定新的法律。

《可持续金融披露条例》（SFDR）由欧盟于2019年颁布，并于2021年3月生效。SFDR规定了金融市场参与者（如资管公司和保险公司）和金融顾问公司的披露义务。SFDR要求相关公司披露其自身公司层面信息（entity level），以及其发行出售的金融产品信息（product level）。SFDR将金融产品分为三类：①在投资决策过程中不考虑ESG因素的产品；②投资决策会考虑ESG因素，但不作为核心的产品；③以可持续投资为核心的产品。

SFDR要求相关公司披露三方面内容：

- 可持续议题的风险，即潜在ESG事件对投资回报可能产生的负面影响。
- 对可持续发展的影响，即其投资可能给ESG议题带来的负面影响，以及采用了哪些方法来消除负面影响。
- 绿色金融产品的详细信息。

为考察投资对可持续发展的影响，SFDR制定了公司层面18个必须披露的关键指标和一批可选择披露的指标。欧盟于2022年4月批准的《监管技术标准》（RTS）定义了这些指标，并统一命名为主要不利影响（principal adverse impact，PAI）指标。其中，必须披露的PAI指标包括温室气体排放（范围1、范围2、范围3排放和总量）、碳足迹、非可再生能源的消耗和生产比例、对化石能源行业的投资比例、被投公司的温室气体排放强度、未经调整的性别薪酬差距、董事会性别多样性等在内。获取和披露PAI指标可能是公司实施SFDR过程中最具挑战的工作。欧盟境外公司如在欧盟境内销售金融产品，也受SFDR约束。在实施方面，SFDR将披露从易到难分为二级，逐级推行。其中，较为基础的一级披露自2021年3月起推行。一级披露是基于原则的披露，SFDR给予披露者原则性指引，但对于具体的披露内容不做详细的技术性规范。二级披露设置了更详细和更规范的披露要求，已于2023年1月1日起实行。

《欧盟分类条例》（EU Taxonomy Regulation）于2020年颁布并实施。该法案将逐步建立一个可持续经济活动的分类系统，向企业、投资者和政策制定者提供不同类型可持续经济活动的定义，从而提高ESG信息的准确性，降低"漂绿"风险。《欧盟分类条例》总结了六项环境目标，即：①缓解气候变化；②适应气候变化；③水和海洋资源的可持续利用和保护；④向循环经济过渡；⑤污染的预防和控制；⑥保护和恢复生物多样性和生态系统。可持续经济活动须满足四个条件：有助于实现六项环境目标中的至少一项；对其他环境目标中的任一项都没有造成"重大损害"；不产生负面的社会影响（例如，须符合联合国商业和人权指导原则）；符合欧盟技术专家小组制定的技术筛选标准。第一批与缓解气候变化和适应气候变化相关的经济行为的定义已于2022年1月启用。与其他议题（如污染防治和生物多样性）相关的经济行为的定义将于后续发布。企业和金融市场参与者依据CSRD和SFDR披露ESG信息时，须符合《欧盟分类条例》对可持续经济活动的定义。

2. 美国：发布《加强和规范针对投资者的气候相关信息披露》提案

2022年3月，美国证券交易委员会（United States Securities and Exchange Commission，SEC）公布了一项名为《加强和规范针对投资者的气候相关信息披露》的提案。该提案是SEC提出的首个具强制性的气候信息披露法规，具有里程碑意义。

在可持续发展和绿色转型方面，美国不同于欧盟，没有类似于《欧洲绿色协议》或《欧洲气候法》这样统筹全局的政策法规，将来也不太可能制定类似的政策法规。美国的ESG相关政策法规主要由SEC负责制定。对于ESG信息披露，SEC历史上采取了较为保守的态度，因此目前尚无强制性披露法规实施，但近期立法工作开始提速。此外，与欧盟NFRD和CSRD同时覆盖ESG三个维度议题的一揽子做法不同，美国的立法机构更惯常采用一事一议的方式，围绕具体的某个单一ESG议题制定法规。

2010年，SEC发布《关于气候变化相关披露的指导意见》（简称《指导意见》）。《指导意见》阐明了一个以实质性概念为基础的披露框架，建议企业披露对投资者有重大实质影响的气候变化相关信息，但没有规定任何具体的披露指标。由于《指导意见》是非强制性文件，且对披露内容未做清晰定义，它对企业的实际影响很小。

对于某些特定行业的特定ESG信息，获得政府授权的其他部门亦可要求企业披露。美国环保署（United States Environmental Protection Agency，

EPA）于2009年获得授权，建立了强制性的温室气体报告项目（Greenhouse Gas Reporting Program，GHGRP），要求企业每年向EPA报告每个碳排放超过25 000吨的工业设施的范围1排放量。EPA将数据汇总整理，通过官方网站向大众发布。该项目从2011年开始运行，目前涵盖发电、造纸、石油天然气开采等13个行业内约8 000个工业设施。此外，美国职业安全与健康管理局（Occupational Safety Health Administration，OSHA）和劳工部也都开始关注ESG问题。例如，劳工部2021年10月发布提案，明确允许退休计划受托人在其投资决策和投票决定中作为股东考虑ESG事项。

2021年3月，美国证券交易委员会（SEC）宣布在下辖执法部门建立"气候与ESG工作组"。该工作组的工作重点是确定企业在现有规则下对气候风险的披露是否存在重大偏差，同时分析与投资顾问和基金的ESG战略有关的披露和合规问题。2021年5月，美国政府发布一项行政命令，呼吁监管机构考虑改进与气候有关的信息披露，并将与气候有关的金融风险纳入监管和监督实践。2021年8月，SEC批准了鼓励提高董事会多样性并进行多样性披露的纳斯达克上市标准。

2022年3月，美国证券交易委员会（SEC）公布了一项名为《加强和规范针对投资者的气候相关信息披露》的提案。该提案是SEC提出的首个具强制性的气候信息披露法规，具有里程碑意义。提案长达500页，大幅借鉴了气候相关财务披露工作组（The Task Force on Climate-related Financial Disclosures，TCFD）制定的披露框架，规范性和精细度远超2010年通过的《指导意见》。依据提案，企业须披露与气候有关的治理、战略、风险管理信息以及衡量标准和目标。此外，企业须披露按指定方法计算得出的范围1和范围2温室气体排放量；达到一定规模的企业须提供经第三方验证的排放数据；大型企业须披露范围3排放。披露要求适用于美国上市企业发布的10-K年度报告，和在美国上市的外国企业发布的20-F年度报告，同时重大变化需要在季度报告中进行及时反映。披露要求也适用于首次公开募股、企业分拆和合并所涉及的报表。在提案中，SEC不寻求创建一个新的对应气候变化的独立报表，而是建议修改当前的报告条例，在现有的证券法和证券交易法所要求的报表中增添一个气候变化报告框架。以2021年计，这影响了大约7 000家在美国上市的企业。按SEC的设想，强制披露将根据公司规模逐步推行，首批公司将于2023

财年开始披露。针对该提案的征求意见阶段刚刚结束。目前有一些大型商业团体如商业圆桌组织（Business Roundtable）对提案表示了反对意见。此外较有争议的是范围3排放是否应纳入披露范畴，反对意见主要基于范围3排放缺乏数据和明确的计量方式，以及范围3排放对于投资者意义其微。SEC正在对提案最终版本进行修订，预期于2023年通过提案。

3. 英国：发布多个披露条例

2022年，英国发布了多个ESG披露条例。此前，英国遵循欧盟的《非财务报告指令》，于2016年发布《公司、合伙企业和集团（账户和非财务报告）条例2016》，并从2017年开始实施。因为英国已于2020年12月31日退出欧盟，欧盟正在实行的《可持续金融披露条例》（SFDR）和《欧盟分类条例》对英国不再适用。英国政府于2021年10月发布《绿化金融：可持续投资路线图》（Greening Finance: A Roadmap to Sustainable Investing），提出要建立英国自己的可持续发展披露制度（Sustainable Development Reporting，SDR）和绿色分类条例（Green Taxonomy）。根据路线图，SDR将采用TCFD框架，针对企业、资产管理公司和资产所有者、投资产品三类主体提出披露要求。

2022年1月，英国政府发布《2022年公司战略报告（与气候相关的财务披露）条例》和《2022年有限责任合伙企业（与气候相关的财务披露）条例》。两个条例都符合TCFD框架，规定满足一定标准的上市公司、银行、保险公司、大型私人公司和有限责任合伙企业，必须披露与气候相关的财务数据。两个条例已于2022年4月生效，英国成为首个强制企业披露气候相关信息的G20国家。此外，按路线图要求，英国金融行为监管局（Financial Conduct Authority，FCA）制定了本国的可持续性金融披露框架。2021年12月，FCA发布了气候相关信息的最终披露规则和指南，并从2022年1月开始逐步实施。规则符合TCFD框架，要求公司披露管理投资时考虑气候相关风险和机会，以及投资产品层面的气候相关信息。与欧盟的SFDR不同，FCA的规则只适用于英国本国的资产管理公司、人寿保险公司和养老金管理公司，在英国开展业务的外国基金暂未纳入。

4. 其他国家政策法规

除欧盟法律外，德国于2021年通过《供应链企业尽职调查法》，要求雇员超过3 000人的公司从2023年1月1日起对其直接供应商进行审计，并评估间接供应商在人权或环境方面的风险。从2024年1月1日起，雇员超过1 000人的公司将被纳入该法律的范围。

作为欧盟成员国，法国于2017年将欧盟《非财务报告指令》移植到本国法律中。除NFRD要求的披露信息外，法国要求披露额外的问题和风险，如逃税、多样性、循环经济、健康食品以及动物福利。

2021年10月，加拿大证券管理局（Canadian Securities Administrators，CSA）发布了名为《气候相关事项的披露》的提案，将为企业（投资基金除外）引入气候相关事项的强制性披露要求。

《日本公司治理守则》（2021年版）鼓励在东证综指市场上市的公司根据TCFD建议或同等框架披露气候相关风险。日本金融服务局（Financial Services Agency，FSA）于2021年9月宣布，正在考虑引入强制性的气候披露规定。2022年7月，日本金融服务局发布了一份针对金融机构的非约束性监管指南，以为进一步的沟通和行动打好基础。

澳大利亚没有强制性的ESG报告披露要求。但鉴于其他经济体陆续制定强制披露法规，澳大利亚相关机构已开始探讨制定类似法规的可能性。

瑞士从2022年1月起开始实行类似于欧盟NFRD的披露政策，要求上市公司和受瑞士金融市场监管局（Swiss Financial Market Supervisory Authority，FINMA）监管的大型公司，必须采取与NFRD类似的方式报告ESG信息。此外，瑞士正在起草一份针对气候变化信息的强制披露法规。法规与TCFD框架保持一致，目前处于征求意见阶段，预期将于2023年正式通过。总体来看，瑞士ESG披露方面的法规在出台时间上要晚于欧盟，在形式和内容上又向欧盟靠拢。瑞士采用这种方式制定法规，可能与其中立国家和金融中心的定位相关。表1.1汇总了世界主要经济体已出台或正在制定的代表性ESG披露政策法规。

表1.1 世界主要经济体代表性ESG披露政策法规

经济体	政策法规名称	状态	面向对象	披露内容
欧盟	非财务报告指令（NFRD）	已终止	拥有超过500名员工的大型上市企业（资产负债表总额>2 000万欧元或净营业额>4 000万欧元）	环境保护，社会责任和员工待遇，人权，反腐败和贿赂，公司董事会多样性

续表

经济体	政策法规名称	状态	面向对象	披露内容
欧盟	可持续金融披露条例（SFDR）	实行中	金融市场参与者（资管公司、银行、养老基金、金融顾问公司和保险公司）	一级披露：用来识别参与者对可持续发展产生的负面影响的策略；二级披露：尚未实行
	欧盟分类条例（EU Taxonomy Regulation）	实行中	企业、投资者和政策制定者对可持续经济活动的定义（涵盖13个行业）	为NFRD、SFDR和CSRD披露指令与条例提供支持
	企业可持续报告指令（CSRD）	实行中	所有欧盟境内上市公司（上市微型企业除外）；所有符合以下三个标准中两个的公司（无论是否上市）：资产负债表总额>2 000万欧元，净营业额>4 000万欧元，雇员>250人	按《欧盟可持续发展报告准则》（European Union Sustainability Reporting Standards，ESRS）标准披露；符合《欧盟分类条例》对于可持续经济活动的定义；信息需经第三方审计
美国	加强和规范针对投资者的气候相关信息披露	征求意见	在美上市企业	符合TCFD规范的气候变化信息，范围1和范围2温室气体排放，达一定规模需披露范围3排放
	温室气体报告项目（GHGRP）	实行中	年温室气体排放超过25 000吨的工业设施	范围1温室气体排放
英国	2022年公司战略报告（与气候相关的财务披露）条例 2022年有限责任合伙企业（与气候相关的财务披露）条例 加强与气候有关的信息披露标准的上市公司披露 加强与气候有关的信息披露——资产管理公司、人寿保险公司和受FCA监管的养老基金	实行中（前两个条例从2022年4月开始；后两个法规从2022年1月开始）	达到一定规模的英国上市公司、私人公司、银行、有限责任合伙公司、资产管理公司、人寿保险公司和养老基金	符合TCFD规范的气候变化信息

续表

经济体	政策法规名称	状态	面向对象	披露内容
德国	供应链企业尽职调查法	2023年1月开始实施	超过3 000人的企业;超过1 000人的企业,从2024年1月开始实施	供应商在人权或环境方面的风险
加拿大	气候相关事项的披露	征求意见	上市公司	参考TCFD规范的气候变化信息

注:各政策法规的状态更新至2022年12月31日。

(二)披露信息的标准化

强制披露必然伴随着对披露信息内容和格式的约束,否则无法保证信息的完备性、准确性和可比性,强制披露的意义和功用就要打折扣。非强制性的法规,如欧盟曾采用的《非财务报告指令》(NFRD)和美国证券交易委员会(SEC)发布的《关于气候变化相关披露的指导意见》,通常不制定披露标准。欧盟于2022年开始实施的《企业可持续报告指令》(CSRD)要求企业采用《欧盟可持续发展报告准则》(European Union Sustainability Reporting Standards,ESRS);SEC发布的《加强和规范针对投资者的气候相关信息披露》提案,要求企业披露的信息符合气候相关财务披露工作组(TCFD)设定的规范。另外,新的披露法规也普遍要求企业在部分披露指标上要获取第三方核验。从无标准向有标准转变,目的是提高ESG披露信息的完备性、准确性与可比性。

为配合《企业可持续报告指令》(CSRD)的实施,欧盟也着力于制定ESG信息披露标准。2022年5月,具体负责这一事务的欧洲财务报告咨询小组(European Financial Reporting Advisory Group,EFRAG)发布了《欧盟可持续发展报告准则》(ESRS)草案,包括13项拟议标准:1项关于可持续性报告的一般原则的标准;1项关于总体披露要求的标准;11项分别对应不同ESG议题的具体披露标准。根据草案,就披露架构而言,欧盟可持续发展报告准则(ESRS)将信息和指标分为三个层级,分别对应不同的适用范围:①适用于所有行业企业的通用披露(sector-agnostic);②行业特定披露(sector-specific);③针对某企业的实体特定披露(entity-specific)。

ESRS涵盖ESG三个方面的议题,目前已经发布的10项ESG议题如下[①]:

- 5项环境议题:气候变化(减缓与适应),污染,水和海洋资源,生物多样性和生态系统,资源利用和循环经济。
- 4项社会议题:自身劳工(概况、工作条件、机会平等、其他权益问题),价值链上的劳工,受影响的社区,消费者和终端用户。
- 1项治理议题:商业行为(产品和服务,商业伙伴关系管理与关系质量等)。

目前,行业特定指标还在制定过程中,预计欧洲财务报告咨询小组(EFRAG)将针对超过40个行业发布特定指标。就披露内容而言,针对每一个议题,ESRS规定公司须披露三方面内容:①关乎议题的战略和商业模式,治理和组织,以及议题带来的影响、风险和机会;②针对议题实施的措施,包括政策、目标、行动和计划,以及资源分配;③绩效衡量。

此外,标准制定机构近年来快速整合,针对ESG信息,有望形成像《国际财务报告准则》一样得到普遍应用的披露标准。ESG披露标准制定机构以非营利性组织为主,且背后往往得到政府部门、大型投资机构、大型企业的认可与支持。图1.2显示了主要ESG披露标准制定机构的发展与整合过程。在2021年COP26格拉斯哥气候峰会上,国际财务报告准则基金会(IFRSF)宣布设立下属机构——国际可持续准则理事会(ISSB)。ISSB整合了价值报告基金会(The Value Reporting Foundation,VRF)与气候披露标准委员会(CDSB);VRF则由可持续会计准则委员会(Sustainability Accounting Standards Board,SASB)与国际综合报告理事会(The International Integrated Reporting Council,IIRC)合并而成。除ISSB外,基金会另一下辖机构为国际会计准则理事会(International Accounting Standards Board,IASB)。IASB历史悠久,起源可追溯至20世纪70年代。IASB制定了通行于世界绝大部分国家的《国际财务报告准则》,为企业财务信息披露设定了全球标准,具有巨大的影响力。ISSB是IASB的平行机构,正着力于制定针对非财务信息披露的国际标准。2022年3月,ISSB发布了两份披露标准征求意见稿,分别针对一般性ESG议题的披露和气候相关议题披露。ISSB标准符合TCFD框架(即将披露划分为治理、战略、风

---

① First set of draft ESRS[EB/OL]. [2023-03-01]. https://www.efrag.org/lab6.

险管理、衡量标准和目标四个维度），同时得到了全球报告倡议组织（Global Reporting Initiative，GRI）的支持。为支持标准实施，ISSB于2022年5月发布了标准对应的分类方法。类似于《欧盟分类条例》（EU Taxonomy Regulation），ISSB的分类方法规定了披露信息须采用的格式。ISSB标准有望成为像《国际财务报告准则》一样得到全球大部分国家认可的ESG披露标准。

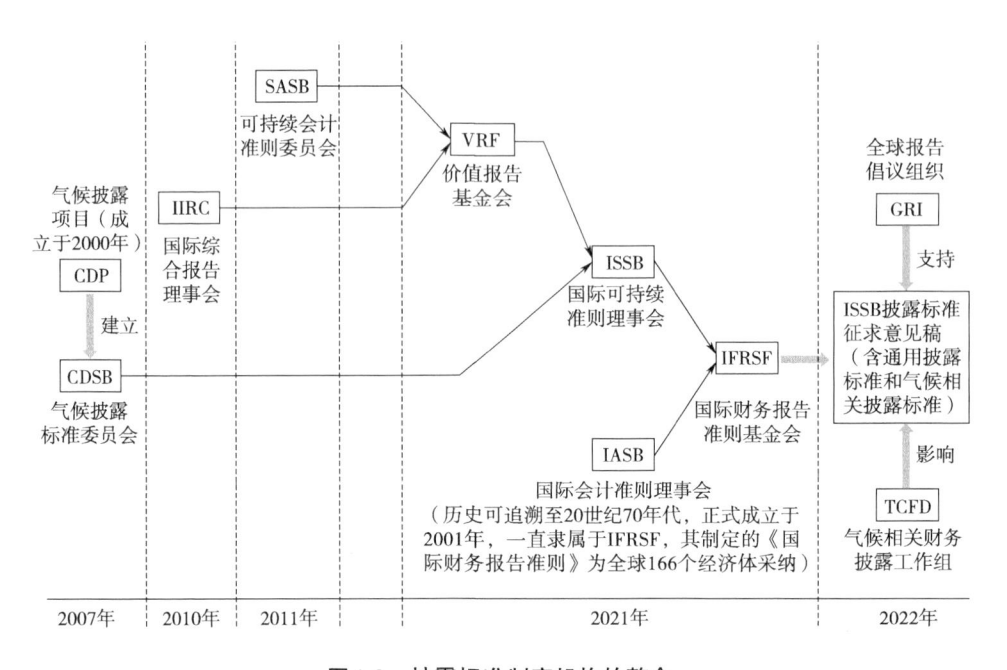

图1.2 披露标准制定机构的整合

相比ISSB当前发布的披露标准，欧盟可持续发展报告准则（ESRS）涵盖了更广泛的ESG议题，披露要求数量更多，更具规范性。在对ESG议题重要性的理解方面，二者存在差异。ISSB标准基于SASB等框架，从单重重要性（single materiality）财务角度定义重要性。欧洲财务报告咨询小组（EFRAG）与全球报告倡议组织（GRI）合作制定了ESRS。ESRS遵循GRI提倡的双重重要性原则（double materiality），即除了议题对于财务的重要性，也会考虑其对于环境和社会问题的重要性。因此，ESRS针对更广泛的利益相关者。在气候变化信息方面，EFRAG专门发布了ESRS与TCFD的对比报告。结果显示，ESRS覆盖了所有TCFD建议的披露事项，区别主要体现在ESRS在部分议题上设有额外的披露要求，且某些指标的定义更加明确细化。CSRD开始实施后，企业须按照ESRS标准披露ESG信息。

（三）"漂绿"现象与防范措施

"漂绿"是近年来颇为困扰ESG发展的现象。所谓"漂绿"，是指一家公司将金钱和时间投在以环保为名的形象包装上，而非实际的环保行为。"漂绿"的规模有多大，对此尚无定论，也缺乏可靠的数据。2021年欧盟的一份研究报告称，42%的绿色相关声明是夸大的、错误的或者具有欺骗性的[①]。各行各业都可能出现"漂绿"，但目前国际上监管的重点是金融领域。

2022年，一些国家和地区开始对金融领域的"漂绿"进行更强的监管和防范，包括调查、罚款和对金融产品的命名加以监管。2022年5月，德国金融监管机构的工作人员突击检查了德意志银行下属资产管理子公司DWS，怀疑其存在"漂绿"行为，即不切实际地宣称其金融产品符合ESG原则。检查后，DWS的首席执行官（CEO）辞去职务。2022年5月，美国证券交易委员会（SEC）对投资顾问公司——纽约银行梅隆公司（The Bank of New York Mellon Corporation，BNY Mellon）处以150万美元罚款。SEC指控BNY Mellon在其管理的某些共同基金做出投资决定时，明示或暗示基金的所有投资都经过了ESG审查，但实情并非如此。2022年11月，SEC对高盛资产管理公司（Goldman Sachs Asset Management，GSAM）处以罚款400万美元，原因是GSAM向中介机构和基金托管人进行产品推销时未能遵守其宣称的ESG政策和程序。SEC表示，GSAM的错误涉及两个共同基金和一个独立管理账户策略，GSAM将这些基金作为ESG投资进行营销。

除罚款之外，为防范"漂绿"，2022年度一些经济体的监管机构出台了相应的监管措施。监管措施主要是对基金和金融产品的命名加以规制。例如，2022年5月，SEC通过了约束基金名称的提案，目的是防范误导性或欺骗性的基金名称[②]。提案要求，基金名称应符合80%规则，即与名称相符的资产应占基金总资产的80%以上。2022年11月，欧洲证券和市场管理局（The European Securities and Markets Authority，ESMA）就基金名称中使用ESG或可持续发展

---

① Screening of websites for "greenwashing": half of green claims lack evidence[EB/OL]. [2023-03-01]. https://icpen.org/news/1146 .

② SEC proposes rule changes to prevent misleading or deceptive fund names[EB/OL]. [2023-03-01]. https://www.sec.gov/news/press-release/2022-91.

相关术语发布了拟议准则①。ESMA认为，基金的名称是一个强大的营销工具，为了不误导投资者，基金名称中与ESG和可持续性相关的术语应得到可持续性特征或目标证据的实质性支持，并在基金的投资目标和投资策略中得到有效反映。ESMA还在拟议准则中引入了足以支持基金名称中的ESG或可持续性相关术语的最低投资比例的量化门槛：命名为ESG的基金应有至少80%的资产符合可持续投资的原则，命名含有可持续发展相关术语的基金应有至少50%的资产符合可持续投资的原则。其中，可持续投资采用SFDR的定义。2022年12月瑞士公布了新拟议规则，在瑞士金融市场上被标记为"可持续"、"绿色"或"ESG"的金融产品和基金将被要求与特定的可持续发展目标保持一致。此外，提供商需要披露实现目标的举措。

二、ESG评级评价

2022年度，ESG评级评价有三个现象值得关注：一是国际知名评级机构的ESG评价范围进一步扩大；二是ESG评级评价的应用领域逐步扩张；三是监管机构开始考虑对评级机构和数据提供商进行监管。

（一）评价对象范围不断扩大

2022年，ESG评级评价的对象范围进一步扩大，覆盖更多的证券品类，更多的地区和国家，以及更多类型的企业。

首先，评价对象从股票类产品扩展至固定收益产品。对固定收益产品的ESG评级评价早已存在，但是主要是对公司债券的评级。2022年度有更多的评级机构推出了固定收益产品的ESG评级。例如，ESG评级和数据供应商晨星（Morningstar）下属的Sustainalytics首次推出固定收益产品的ESG风险评级。此外，开始有机构关注证券化金融市场的ESG评价问题如资产证券化（asset-backed securities，ABS）的ESG评价②。这个市场规模庞大，但是开展ESG评价

---

① On Guidelines on funds' names using ESG or sustainability-related terms[EB/OL]. [2023-03-01]. https://www.esma.europa.eu/sites/default/files/library/esma34-472-373_guidelines_on_funds_names.pdf .

② Prideaux K. Mind the gap: creating an ESG framework for securitized assets[EB/OL]. [2023-03-01]. https://www.ftserussell.com/blogs/mind-gap-creating-esg-framework-securitized-assets .

也面临一些独特的困难。

其次，评价对象从发达国家扩展至发展中国家。2022年度，晨星Sustainalytics开始对中国A股上市企业进行ESG风险评级。彭博和MSCI联合推出了彭博MSCI中国ESG指数系列。标普全球和富时罗素2022年度首次推出了针对中国市场的ESG指数。

此外，评价对象从上市企业扩展至非上市企业。例如，加州公共雇员退休基金（CalPERS）和凯雷集团正致力于私募股权市场的ESG数据收集与标准化。双方于2021年创建了ESG数据融合项目，目标是构建针对被投资公司的具实质性、可比较的ESG数据和指标。至2022年年终，该项目已吸引215家基金加入，已收集超过2 000家被投公司的数据。该项目将使普通合伙人（general partner，GP）和被投公司能够对他们目前的ESG状况进行评估，同时将实现更大的透明度，并为有限合伙人（limited partner，LP）提供更具可比性的投资组合信息。从2021年开始，普通合伙人跟踪和报告其相关投资组合公司的六个指标。这些数据将由普通合伙人直接与有限合伙人分享，并由波士顿咨询公司（The Boston Consulting Group，BCG）汇总成一个匿名的基准。跟踪的六个指标是：范围1和范围2的温室气体排放、可再生能源、董事会多样性、工伤、净新员工和员工参与度。此外，ESG评级和数据供应商晨星Sustainalytics宣布扩大其ESG风险评级的覆盖范围，以便对更多的资产类别和地区进行实质性的ESG风险评估。扩大后，该公司的评级覆盖范围包括16 300多个实体，涵盖上市企业和私有公司。以上发展态势说明，ESG的应用范畴正从公开交易的股票市场扩展到私募市场，评估对象正在从上市企业扩展到非上市企业。这一扩展也是合乎逻辑的。从投资者角度来看，非上市企业同样面临着ESG风险，ESG因素会影响它们的发展和投资回报。从更广泛范围的利益相关者角度而言，一些非上市企业尤其是大型非上市企业，在ESG问题上的影响（如碳排放）完全可以超出很多上市企业。

（二）评级评价的应用领域逐步扩张

2022年也见证了ESG评级评价的应用领域逐步扩张。ESG评级评价不仅仅是证券投资的工具，也开始影响企业的信贷融资、结构化证券和并购。

首先，ESG评级评价开始直接影响企业信贷和融资。标普全球和穆迪都已经将ESG因素纳入信用评级模型，企业的ESG评级将直接影响其信用评级。此外，2022年9月，欧洲央行（The European Central Bank，ECB）宣布计划将其发行的超过3 850亿欧元的公司债券脱碳，并从2022年10月起将其持有的公司债券投资组合向ESG表现更好的公司倾斜。依据ECB官网披露，将对债券发行者进行气候评分。评分将由三方面的评分加总而成：①追溯得分，即基于发行人历史排放的评分。该评分考虑发行公司与同行相比以及与所有债券发行人相比的碳排放表现。②前瞻得分，即基于发行人为未来减少温室气体排放而设定的目标。这可以激励发行人制定更严格的目标。③气候披露得分，即基于对发行人温室气体排放报告的评估。那些拥有高质量披露的发行人可以获得更好的分数。这可以激励债券发行人改进他们与气候有关的信息披露。ECB尚未透露评分计算的进一步的细节，例如采用什么模型来衡量目标和信息披露的质量。但我们可以看到ECB的评分机制是相当全面的，从历史排放、未来目标和披露质量三个方面给债券发行方打分。

另外，ESG评价开始影响结构化证券产品。结构化证券的市场规模庞大，也面临一些独特的困难，包括证券化资产的复杂性高，难以获得参与证券化的各方的数据，缺乏第三方ESG评级供应商，等等。联合国责任投资原则组织（United Nations Principles for Responsible Investment，UN PRI）在2021年发布的一份报告称，将ESG纳入证券化产品的进度落后于其他固定收益产品，尚处于非常初始的阶段[1]。美洲银行2022年度的一项调查显示，59%的证券化资产买方会考虑ESG因素[2]。此外，有公司推出了针对结构化证券的ESG框架。2022年3月，欧洲银行管理局（European Banking Authority，EBA）发布了一份报告，研究将可持续性引入欧盟的证券化市场的问题。该报告的结论是，目前没有必要为可持续证券化制定专门的框架，而是应该修改拟议的欧盟《绿色债券标准》框架的范围，以适用于证券化。目前，ESG对于结构化证券市场的影响还较小，但是考虑到结构化证券市场的庞大规模、买方对于

---

[1] ESG incorporation in securitised products: the challenges ahead[EB/OL]. [2023-03-01]. https://www.unpri.org/fixed-income/esg-incorporation-in-securitised-products-the-challenges-ahead/7462.article.

[2] KELCE A. US securitization market yet to find its feet on ESG[EB/OL]. [2023-03-01]. https://www.globalcapital.com/article/2aohxywsw9vhf6zcsl3b4/securitization/us-securitization-market-yet-to-find-its-feet-on-esg.

ESG的重视以及ESG影响力的不断提升，ESG评价有可能在结构化证券市场中发挥巨大作用。

另一个ESG评级评价开始发挥作用的领域是并购。2022年度德勤对于公司高管和中层管理者的调查显示，公司在并购决策中会考虑ESG因素[1]。有三分之二的受访者表示，ESG因素在并购中重要或非常重要。领导层会从ESG角度衡量公司的组合，通过收购来完成ESG目标。另一份调查报告则显示，收购方愿意为ESG表现良好的标的公司支付溢价（ESG premium）[2]。对于ESG在并购中的影响可能难以准确量化，不同的调查会得出不同的结果。例如，贝恩咨询公司（Bain & Company）发现，只有11%的受访者表示会在并购过程中广泛考虑ESG因素，在10个并购过程需考虑的因素中，ESG对于受访者的重要性排名垫底[3]。但不论哪一份调查，ESG在并购中的重要性在不断显现是毫无疑问的。

（三）对评级和数据提供机构的监管

近年来ESG的迅猛发展大大提升了ESG评级评价和数据提供机构在金融市场的影响力。其中，ESG评级评价机构针对市场需求，推出了丰富多样的ESG产品，包括针对不同国家和地区、不同行业的ESG数据产品、ESG评级评价，以及基于评级评价的ESG指数和ESG基金。这些ESG产品指导着万亿美元的资金流动，在金融市场上有重要影响力。

另一方面，数据是进行ESG评级评价的基础，对于评级评价结果的有效性和准确性有至关重要的影响。近年来，随着市场对于ESG评级评价的需求上升，国际和国内都出现了一批专门的ESG数据提供商，一些传统的金融信息服务公司如汤森路透（Thomson Reuters）、路孚特（Refinitiv）也开始提供ESG数据产品。机构投资者可购买数据提供商的数据服务，在机构内部更加灵活地开展定制化的ESG评级评价。

---

[1] ESG can drive value in M&A: if companies will let it[EB/OL]. [2023-03-01]. https://www2.deloitte.com/us/en/pages/mergers-and-acquisitions/articles/role-of-esg-in-deals.html.

[2] The ESG premium: new perspectives on value and performance[EB/OL]. [2023-03-01]. https://www.wlrk.com/docs/The_ESG_Premium_New_Perspectives_on_Value_and_Performance.pdf.

[3] The ESG imperative in M&A[EB/OL]. [2023-03-01]. https://www.bain.com/insights/esg-imperative-m-and-a-report-2022/.

传统上，ESG评级评价和数据提供机构的商业运作属于市场行为，监管机构并未对其进行专门的监管规制。但从2021年开始，一些国家的监管机构和相关国际组织开始提议，要对ESG评级评价和数据提供商进行专门的监管。这些提议的出发点通常包括以下两个因素。第一，ESG评级评价和数据提供机构的产品设计不够透明，对于投资者而言往往是黑箱，无法评估这些ESG产品的有效性和准确性。第二，不同机构提供的评级评价结果不一致，投资者往往需要从不同机构购买ESG产品，以交叉验证有效性，这大大推高了投资者开展ESG投资的成本。

2021年11月，负责协调世界各国证券监管机构的国际证监会组织（International Organization of Securities Commissions，IOSCO）呼吁，将ESG数据和评级置于证券监管机构的职权范围内，以提高ESG产品的可比性和可靠性，并增加用户的信任。尽管ESG评级和数据产品供应商对金融投资决策产生了巨大的影响，但它们通常并不受到监管部门的监督。IOSCO要求其成员审查现有监管制度是否允许对ESG数据供应商引入新的治理规则，包括要求供应商报告其ESG产品与其他产品之间可能出现的利益冲突。

2022年6月，英国金融监管机构——金融行为监管局（Financial Conduct Authority，FCA）表示，根据市场的反馈，有"明确的理由"对ESG评级机构进行监管。6月底，FCA发布了一份对其咨询文件《英国资本市场的ESG整合》的反馈文件。该文件认为，对于ESG评级机构和数据提供商，需要一个"全球一致的监管方法"。FCA的这一立场呼应了IOSCO在2021年的提议。

2022年6月27日，欧洲证券和市场管理局（ESMA）表示，通过市场调查发现，ESG评级机构有多个缺点，包括数据颗粒度不够、方法复杂且缺乏透明度。ESMA特别注意到，ESG评级缺乏对特定行业的覆盖，以及在评级用户试图了解方法和纠正错误时与评级供应商互动不佳。ESMA指出，ESG评级和数据市场是一个不成熟但不断增长的市场，经过几年的整合，已经出现了少数大型非欧盟总部的供应商。ESG评级的大多数用户通常同时从多个供应商购买产品。他们选择一个以上的供应商主要是为了增加覆盖面（按资产类别或者地域），或者为了获得不同类型的ESG评估。

2022年7月，欧洲证券和市场管理局（ESMA）表示，各行业广泛反馈了ESG评级机构的缺点，监管机构需要着手解决ESG评级机构的问题，主要是评级的透明度和数据的一致性。包括MSCI在内的主要ESG评级机构已经拒绝了欧盟关于监管该行业的提议。在回应欧盟的咨询时，MSCI表示有必要进行欧盟层面的干预，但不认同进行监管，称建立ESG评级行业的行为准则就足够了。数据提供商晨星Sustainalytics的母公司晨星（Morningstar）表示，它对欧盟的干预是否必要没有意见，但认同行业内的行为准则（code of conduct）将比全面的监管更合适。标准普尔没有回答是否支持监管的问题，但补充说许多问题源于"公司缺乏标准化的非财务披露"。

2022年7月，日本金融监管机构——金融服务局（FSA）发布了ESG数据和评级供应商行为准则（code of conduct）草案。FSA称："希望行为准则能够提高ESG数据和评估服务的透明度和公平性。"晨星Sustainalytics和机构股东服务公司（Institutional Shareholder Services，ISS）这两家大型的ESG数据和评级供应商表示，它们支持FSA的监管。然而，这些公司对行为准则的范围提出了关切，它们认为行为准则应该侧重ESG评级评价，而不应纳入ESG数据产品，ESG数据产品在性质上应等同于传统的金融数据。

综上可见，欧盟、英国、日本等经济体的监管机构和IOSCO等国际组织对监管ESG评级和数据提供机构持较为积极的态度，也给出了一定说服力的理由。另一方面，ESG评级机构和数据提供商往往倾向于推行针对本行业的行为准则，且监管范围应仅限于评级产品，不应纳入数据产品。到目前为止，还没有真正落地实施的监管政策，事态如何发展还须进一步观察。

关乎ESG评级和数据提供机构的监管，具有一定参考意义的是各经济体对于信用评级机构的监管方式。目前，美国、欧盟和日本等经济体对于信用评级机构都制定了明确的监管法规。美国监管机构认为，监管信用评级机构对于保护投资者和促进市场公平有重要意义。美国国会于2006年通过了《信用评级机构改革法》，规定了美国证券交易委员会（SEC）监管信用评级机构的内部流程、记录保存和某些商业行为。金融危机后于2010年通过的《多德-弗兰克法案》进一步扩大了SEC对于信用评级机构的监管权力，包括要求披露信用评级方法的权力。SEC内部设有信用评级办公室（Office of credit ratings）[1]，负责信用评级机构的监管工作。欧盟对于信用评级机构的监管部门

---

[1] Office of credit ratings[EB/OL]. [2023-03-01]. https://www.sec.gov/page/ocr-section-landing.

主要是欧洲证券和市场管理局（ESMA）[①]。ESMA主要依据《信用评级机构条例》（CRA Regulation）进行监管。ESMA的职权包括：①分析信用评级机构提交给ESMA的定期信息；②分析市场参与者收到的投诉；③监测信用评级机构提交给ESMA的评级数据；④对信用评级机构进行调查；⑤对违规的信用评级机构进行罚款或吊销其注册资格。

对比可见，当下各经济体对于ESG评级评价的监管力度还远未达到信用评级监管的水平。未来对于ESG评级评价的监管走向可能取决于以下几个因素：一是ESG评级机构的影响力。如影响力继续上升，则进一步监管的可能性会提高。二是ESG评级是否会对市场造成系统性风险。今日对于信用评级机构的监管在一定程度上是因为大型信用评级机构对于次贷金融危机负有重大直接责任。

关于第一个因素，随着市场进一步接受ESG理念，大概率ESG评级行业的整体影响力会进一步上升。关于第二个因素，ESG评级行业与信用评级行业则存在重大区别。第一，信用评级行业高度集中，三大信用评级机构（穆迪、惠誉、标普）占有95%以上的市场，而ESG评级行业的集中度要低得多。第二，不同信用评级机构的信用评级结果高度一致，而ESG评级机构的评级结果一致性较低。第三，在信用评级机构的商业模型中，评级机构向被评公司收取费用，评价者与评价对象存在直接的利益关系。而ESG评级机构不向被评公司收取费用，其营收来自购买其评级和数据的投资者。基于这三个区别，即使ESG评级机构影响力进一步提升，其造成系统风险的可能性也许还是显著低于信用评级机构。

三、ESG投资

（一）投资规模持续增长

2022年，全球ESG投资规模继续展现强劲增长。以标志性的联合国责任投资原则组织（UN PRI）为例，截至2022年12月26日，2022年度共有838家

---

① What is the CRA regulation and what does it cover? [EB/OL]. [2023-03-01]. https://www.esma.europa.eu/supervision/credit-rating-agencies/supervision.

签署机构，签署机构总数已达5 311家，相较2021年大幅增长了18.7%；管理总资产超过120万亿美元①。此外，至2022年11月9日，专注于气候变化的净零排放资产管理者倡议（Net-Zero Asset Manager Initiative）的签署机构达291家，管理总资产超过66万亿美元②。该倡议成立于2020年，主要致力于支持通过投资实现2050年或更早的温室气体净零排放的目标，以将全球升温限制在1.5℃。

晨星（Morningstar）认为，全球可持续基金在2022年度前三季度都实现了可观的资金净流入，其中第三季度净流入225亿美元。而由于对于经济衰退的顾虑和加息的影响，整个基金市场第三季度净流出1 980亿美元。欧洲市场是ESG基金的最大市场，其规模大幅超过美国和其他国家市场。欧洲市场上，在2022年前三个季度，流入被动投资的ESG指数基金和ESG ETF的资金比例逐步上升，并超越了主动管理型基金的比例。贝莱德（Blackrock）、德意志银行下属的DWS、东方汇理（Amundi）是欧洲被动投资市场的主要参与者。美国市场上，被动投资的资金流入也超过了主动投资。

基于被动投资的ESG ETF是近年来ESG投资的热点。根据一家名为ETFGI的研究机构报道，至2022年11月，全球33个国家的44个交易所共有1 267只ESG ETF正在交易，总管理资产为4 030亿美元③。2022年，全球ESG ETF的资金净流入在2022年达到690亿美元，是有史以来净流入第三高的年份（最高为2021年，1 479亿美元）。一份稍早的报告认为，贝莱德（Blackrock）是ESG ETF领域最大的发行机构，在市值最高的10只ESG ETF中，Blackrock发行了其中6只，包括iShares ESG Aware MSCI USA ETF和iShares MSCI USA SRI ETF等ETF基金④。此外，这些ESG ETF背后的评级和数据提供商高度集中，市值最高的10只ESG ETF中有9只都使用MSCI作为单一的数据源。

---

① Signatory directory[EB/OL]. [2023-03-02]. https://www.unpri.org/signatories/signatory-resources/signatory-directory.

② The net zero asset managers initiative[EB/OL]. [2023-03-02]. https://www.netzeroassetmanagers.org/.

③ FUHR D. ETFGI reports ESG ETFs listed globally gathered $8.26 billion in net inflows during november 2022[EB/OL]. [2023-03-02]. https://www.nasdaq.com/articles/etfgi-reports-esg-etfs-listed-globally-gathered-$8.26-billion-in-net-inflows-during.

④ Why passive ESG fails to deliver[EB/OL]. [2023-03-02]. https://www.nb.com/en/global/insights/insights-why-passive-esg-fails-to-deliver.

普华永道预测，到2026年全球ESG相关资产规模将达到33.9万亿美元，年复合增长率达12.9%；在接下来5年内ESG相关资产比例将达总资产的21.5%[①]。

（二）更多元化与广泛的参与者

2022年，主权基金对ESG投资的参与程度继续上升。投资机构景顺资产管理公司（Invesco）调查了81个主权基金和58个中央银行（资产总额约为23万亿美元），发现其中75%的主权基金设有正式的ESG投资政策，这一比例在五年前为46%[②]。有30%的主权基金设定了减少其投资中碳排放的目标，这比2021年的23%有所上升。实现这些目标的策略包括出售重度排放的资产，推动公司降低排放，倾斜投资组合以支持更环保的公司，以及增加对可再生能源等技术的投资。

养老基金也是ESG投资的重要参与者。根据2022年度DWS和Create-Research的一项研究，全球近四分之一的养老基金已经实施了专注于被动投资的ESG投资策略[③]。这项研究分析了北美、欧洲、亚洲和澳大利亚最大的50个养老基金，截至2022年7月，这些基金共管理33万亿欧元的资产。此外，2022年11月美国劳工部宣布了一项规则，允许退休储蓄和养老金受托人在选择投资和行使股东权利时考虑ESG因素。美国劳工部认为，早前于2020年发布的两项规则限制了计划受托人在选择投资时权衡ESG因素的能力，而新法规将消除ESG投资障碍，使退休储蓄和养老金投资更具弹性。

2022年，排名前20的私募股权基金中已有13家签署了UN PRI[④]。其中2022年度新签署的基金包括Thoma Bravo、凯雷投资集团（Carlyle）、泛大西洋集团（General Atlantic）、贝恩资本（Bain Capital）。

---

① Asset and wealth management revolution 2022: exponential expectations for ESG[EB/OL]. [2023-03-02]. https://www.pwc.com/gx/en/news-room/press-releases/2022/awm-revolution-2022-report.html.

② Global sovereign asset management study 2022[EB/OL]. [2023-03-02]. https://www.invesco.com/content/dam/invesco/igsams/en/docs/Invesco-global-sovereign-asset-management-study-2022.pdf.

③ Impact Investing 2.0-Advancing into public markets[EB/OL]. [2023-03-02]. https://esgclarity.com/pension-funds-look-to-passives-for-impact-investing/.

④ SHAH S. How the PRI stays relevant in a changing ESG landscape[EB/OL]. [2023-03-02]. https://www.newprivatemarkets.com/how-the-pri-stays-relevant-in-a-changing-esg-landscape/.

（三）金融产品和服务的规范化

2022年也见证了ESG金融产品和服务的进一步规范化。规范化有助于保护投资者，打击"漂绿"，促进可持续金融健康发展。ESG金融产品和服务规范化政策法规的核心问题是：什么样的产品和服务可以标记为可持续或ESG？欧盟、美国和英国政策法规的发力点主要还是围绕产品和服务的信息披露，其主要手段是引入产品和服务的分类，以及规范产品命名。

欧盟当前针对ESG金融产品和服务规范化的主要政策法规是在2021年3月生效的《可持续金融披露条例》（SFDR）。SFDR要求披露金融产品对于ESG因素的整合程度，以及是否设立有可持续目标。SFDR旨在通过提高金融产品和服务的透明度，帮助投资者区分和比较不同的产品和服务。SFDR要求资产管理公司将在欧盟销售的基金分类为第6分类、第8分类或第9分类（Article 6，Article 8，Article 9），区别在于：

- 第6分类：没有将任何形式的可持续性或ESG因素纳入投资过程的基金。
- 第8分类：投资过程中考虑ESG因素，但未将可持续投资作为核心目标的基金。
- 第9分类：设置有特定可持续投资目标的基金。

SFDR进一步为以上三类基金设置了不同的披露要求。SFDR将分阶段逐步提高披露要求，从2021年3月开始实施的是"等级1"（level 1）披露要求，从2023年1月开始将实施要求更高的"等级2"（level 2）披露要求。美国的SEC提案和英国SDR也引入了基金分类。

随着披露要求提高，SFDR对金融市场的影响逐步显现。2022年度，在SFDR"等级2"即将生效之前，资产管理公司调整了大批金融产品的分类，从第9分类降级为第8分类。例如，2022年11月，贝莱德（Blackrock）将其发行的17支ETF从第9分类降级为第8分类[①]；2022年12月，德意志银行下属

[①] ANDREW T. BlackRock $6bn clean energy Article 9 ETF reclassified as downgrades gather pace[EB/OL]. [2023-03-02]. https://www.etfstream.com/news/blackrock-6bn-clean-energy-article-9-etf-reclassified-as-downgrades-gather-pace/.

资产管理公司DWS将其发行的10支ETF从第9分类降级为第8分类①。

此外，欧盟正在考虑推出《绿色债券标准》（Green Bond Standards），进一步规范化绿色债券市场②。目前，绿色债券市场主要采用的是国际组织和行业团体标准，例如国际资本市场气候债券倡议组织（Climate Bonds Initiative，CBI）制定的"气候债券标准"。欧盟委员会的目标是通过《绿色债券标准》为发行人和投资者提供更加统一的监管框架。

2022年，一些经济体也出台了规范ESG金融产品命名的政策法规。金融产品的命名对于产品营销有至关重要的作用。2022年5月，美国证券交易委员会（SEC）通过了关于基金命名规则的提案。该命名规则将限制基金采用ESG相关名称或暗示ESG投资策略的名称。规则的核心是"80%规则"，即基金必须按照基金名称所暗示的投资重点投资其至少80%的资产。此外，共同基金不能在其名称中使用ESG或类似术语，除非ESG因素在"基金战略中发挥核心作用"。欧盟和瑞士在2022年度也推出了类似的提案。

（四）股东参与

2022年也见证了投资机构更加积极地行使股东权利，更深地在ESG问题上介入和影响企业决策。股东参与的一个主要途径是代理投票。ESG问题在代理投票中的重要性不断提高。代理投票或委托投票（proxy voting）机制是股东传达他们对公司管理层意见的主要方式。这并不是一个新概念。但是近年来，代理投票和ESG问题的联系愈加紧密，获得了大量关注。通过代理投票，股东可以每年选举董事会成员，批准高管薪酬方案和公司提出的其他战略建议。近年来，通过代理投票方式提出的ESG相关提案越来越多。机构投资者可通过代理投票方式更深地介入公司管理，促成推行ESG战略和举措。在2021年一场引人注目的代理权之争中，一个持股只有0.02%的小型对冲基金在能源巨头埃克森美孚的年会上赢得了12个董事会席位中的3个。该对冲基金得到了先锋领航（Vanguard）、贝莱德（Blackrock）、美国道富（State Street）

---

① GORDON J. DWS downgrades 10 Paris-aligned climate ETFs to SFDR Article 8[EB/OL]. [2023-03-02]. https://www. etfstream.com/news/dws-downgrades-10-paris-aligned-climate-etfs-to-sfdr-article-8/.

② European green bond standard[EB/OL]. [2023-03-02]. https://finance.ec.europa.eu/sustainable-finance/tools-and-standards/ european-green-bond-standard_en.

和一些大型的公共养老基金的支持。此外，还有两项股东提案赢得了多数支持。其中一项要求埃克森美孚说明公司的游说活动如何与限制全球变暖的目标相一致。埃克森美孚的董事会曾建议投票反对这项措施。

2022年11月，贝莱德（Blackrock）宣布将首次允许散户投资者对代理权争夺战进行投票[①]。Blackrock计划在英国进行试点，使散户投资者能够在2023年对有争议的企业提案进行投票。Blackrock和其他的大型资产管理机构如美国道富（State Street）、先锋领航（Vanguard）通过其发行的指数基金，持有大多数大型美国上市公司多达20%的股份，因此它们对有争议问题的投票受到密切关注。此前，Blackrock曾因股东投票和其宣称的ESG宗旨严重不符而受到广泛批评。

根据晨星Sustainalytics的调研[②]，2022年美国上市公司共形成273项ESG相关股东决议，其中40项获得了多数支持。在这40项中，有16项与气候变化和环境相关，有8项与种族平等相关，有6项与多样性和薪酬平等相关。此外，针对海洋塑料污染和减少塑料垃圾的决议在2022年获得了特别高的支持。一篇最近的学术研究发现[③]，相对于其他基金，ESG基金对环境和社会提案的支持度更高，且在指数基金中比在主动型基金中更为明显。这表明，整体而言，ESG基金所宣称的目标宗旨和其投票行为是"言行一致"的。

对ESG投资的一个争议焦点是，在二级市场的投资能否带来现实中的环境和社会收益。对于这个问题，基于代理投票的股东参与提供了一种可能的答案，即ESG投资者可以通过代理投票机制来影响企业决策。对于ESG表现差的公司，投资者亦可以通过此机制促使其改善ESG表现。当然，代理投票这一股东参与方式能够产生的实效还有待进一步观察。

（五）投资收益

从全球范围来看，2022年度ESG指数产品和基金产品的收益普遍未能跑

---

① MASTERS B. Blackrock opens door for retail investors to vote in proxy battles[EB/OL]. [2023-03-02]. https://www.ft.com/content/6446b81f-a1b4-492f-b335-62f0efe11e7c.

② U.S. proxy voting season spotlight: ESG-focused shareholder resolutions[EB/OL]. [2023-03-02]. https://www.sustainalytics.com/esg-research/resource/investors-esg-blog/us-voting-proxy-season-esg-focused-shareholder-resolutions.

③ SHANE D. Walk the talk: ESG mutual fund voting on shareholder proposals[J]. Review of accounting studies，2022，27（3）：864.

赢大盘。以具有较大影响力的MSCI发布的相关指数为例，跟踪全球股票市场的ACWI（All Country World Index）指数在2022年度大部分时间的收益要好于基于ESG原则构建的ACWI ESG Leaders指数（如图1.3所示）。同样，MSCI ACWI新兴市场指数的表现也好于MSCI ACWI新兴市场指数ESG Leaders指数（如图1.4所示）。

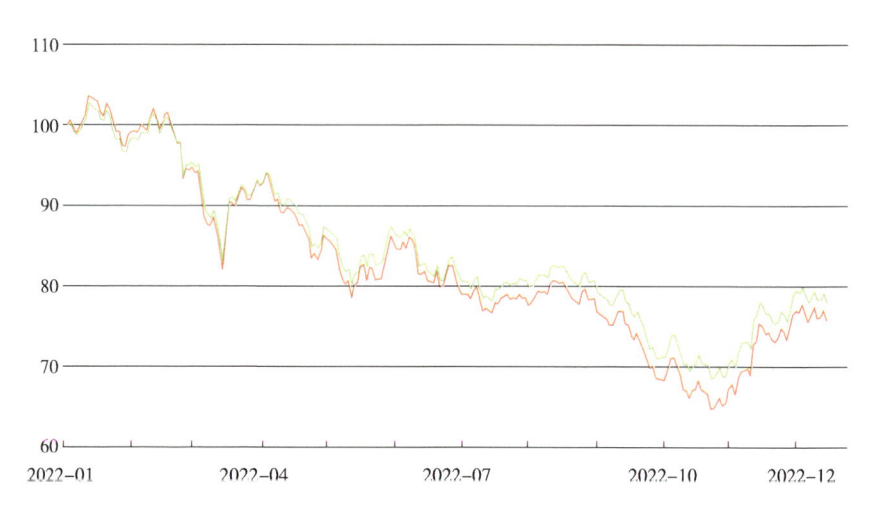

图1.3　MSCI ACWI指数（绿色）和MSCI ACWI ESG Leaders指数（橘色）

（注：为方便比较，指数的起点已归一化至100）

图1.4　MSCI ACWI新兴市场ESG Leaders指数（绿色）和MSCI ACWI 新兴市场指数（橘色）

（注：为方便比较，指数的起点已归一化至100）

此外，据彭博社报道，美国大型ESG基金2022年的收益普遍未能跑赢标普500指数。2022年美国股市表现不佳，标普500指数录得两位数百分比下跌，但是大型ESG基金的下跌幅度普遍要大于标普500。ESG指数和基金的不佳表现可能是由多方面因素造成的：一是2022年度高企的化石能源价格推高了传统能源公司的股票价格；二是ESG指数普遍重仓的科技股在2022年度出现了大幅下跌。随着能源价格回落，ESG指数和基金相对大盘在2023年也许会有更好的表现。

四、特定ESG议题

以上阐述分析主要针对ESG的整体发展态势。2022年度，在部分特定的ESG议题上也有值得注意的新进展。

（一）气候变化

除气候变化相关披露政策外，2022年度气候变化议题上还有以下重要进展。首先，第27届联合国气候变化大会（COP27）于2022年11月在埃及召开。大会在最后时刻达成一致意见，通过了《沙姆沙伊赫实施计划》。其中包括一项重要的协议：为较贫穷的国家应对气候变化相关损失和损害提供资金。但在关键气候缓解领域进展甚微，例如提高国家排放目标或承诺从化石燃料向清洁能源过渡。COP27促使各国做出一揽子决定，重申其将全球气温上升限制在较工业化前水平高1.5℃的承诺。该一揽子计划还加强了各国减少温室气体排放和适应气候变化不可避免的影响的行动，并增加了对发展中国家所需的资金、技术和能力建设的支持。会议一个明显的亮点是提出"损失与损害"协议，发达国家承诺设立一个专项基金，以弥补较贫穷、脆弱国家与气候变化有关的损失。各国政府还同意成立一个"过渡委员会"，就实施新的资金安排和基金提出建议。

为避免空洞虚假的净零承诺，联合国于COP27上发布了非国家实体净零排放承诺标准。标准由一个高级别专家组制定，该专家组由联合国秘书长古特雷斯于2022年4月成立。该标准规定了公司和所有其他非国家行为者的净零计划的细节。标准的主要内容包括：

- 非国家机构应该制定五年或更短的短期减排目标，第一个目标应定在2025年。
- 企业应该停止扩大煤炭、石油和天然气储备。
- 一个实体的净零承诺和进展报告应涵盖所有范围的排放和其价值链上的排放。
- 净零承诺应包括停止使用化石燃料的具体目标。

另外，2022年12月，欧洲议会和欧盟各国政府同意欧盟碳排放交易体系（Emissions Trading System，ETS）改革方案，并就欧盟碳边境调节机制（Carbon Border Adjustment Mechanism，CBAM，俗称"碳关税"）的相关事宜达成一致[1]。这不仅可以降低工业的碳排放量，还增加了对气候友好型技术的投资规模。

欧盟排放交易体系不仅是欧洲气候政策的核心，也是实现欧盟气候中和目标的关键。其核心原则为"污染者付费"，即对温室气体排放定价，来达到排放量大幅减少的目标。改革方案的主要内容包括：①提高2030年的减排目标。2030年欧盟碳排放交易系统覆盖行业的总排放量较2005年计划减少62%。②逐步取消对公司的免费配额，直至2034年彻底取消。③ETS将首次扩展至海运。该协议将排放交易引入新的行业，欧盟排放交易体系将扩大到涵盖海事部门的航运排放，并从2027年开始为建筑和道路运输以及其他一些工业部门建立单独的排放交易系统。④欧盟国家必须从2024年开始测量、报告和核实城市垃圾焚烧设施的排放量。

欧盟碳边境调节机制（CBAM）是欧盟"Fit for 55"一揽子减排方案的一项重要内容。CBAM将于2023年10月1日起实施，2026年1月1日起对钢铁、水泥、铝、化肥、电力、氢等欧盟进口产品开始实际适用，以确保相关欧盟产品和进口产品碳价对等，防止全球碳定价等气候政策不平衡导致的碳泄漏。2023年10月1日至2025年12月31日为CBAM法案过渡期。在过渡期内，欧盟进口商无须缴纳"碳关税"，但需要履行进口应税商品的碳排放申报义务，申报数据则作为欧盟评估和修改调整CBAM的依据。CBAM的落地生效意味着欧盟将成为全球首个对进口产品设定碳价的经济体，或会对全球贸易产生重要影响。

---

[1] SEGAL M. EU revamps emissions trading system with tougher goals, more sectors[EB/OL]. [2023-03-02] https://www.esgtoday.com/eu-revamps-emissions-trading-system-with-tougher-goals-more-sectors/.

（二）生物多样性

生物多样性是ESG中E维度下的重要议题。2022年12月19日，第15届联合国气候变化大会（COP15）在加拿大蒙特利尔闭幕，最终达成了具有里程碑意义的成果文件《昆明-蒙特利尔全球生物多样性框架》（Kunming-Montreal Global Biodiversity Framework，GBF）[①]。全球各国政府已就旨在结束这十年生物多样性丧失、保护自然生态系统和增加对发展中国家的生物多样性相关融资的新目标达成一致。

新框架包括4个长期2050年目标，23个2030年目标。2050年的长期目标有：维护、加强和恢复所有生态系统的完整性、连通性和复原力，增加自然生态系统的面积，制止人为物种灭绝，公平分享利用遗传资源的惠益。2030年的关键目标包括：恢复30%的退化生态系统；将生物多样性、重要性高的地区的损失减少到接近零；逐步取消每年至少5 000亿美元损害生物多样性的补贴；将全球食物浪费减少一半；将外来入侵物种的引入减少50%。其中最重要、极具里程碑意义的目标是"到2030年，地球30%的土地、内陆水域、沿海地区和海洋得到有效保护和管理"（即"30×30目标"），被认为是相当于生物多样性领域的巴黎气候峰会上将全球变暖限制设定在1.5℃的目标。迄今为止，全球得到保护的土地和海洋面积分别为17%和8%。

另外，仿照TCFD的模式于2021年成立的自然相关财务信息披露工作组（Taskforce on Nature-related Financial Disclosures，TNFD）于2022年度开始逐步发挥作用。TNFD的目标是为企业和其他组织制定一个披露框架，以报告生物多样性丧失和生态系统退化的风险；同时，通过提高数据和信息的可用性，使企业和其他组织能够更准确和更可靠地将与自然有关的风险纳入决策。与气候变化相比，制定与自然有关的风险披露政策面临更多困难。例如，对于诸多自然相关议题缺乏类似碳排放量这样简单明了的指标，且与自然相关的风险往往涉及更复杂的因素。2022年，TNFD迭代发布了若干beta版的披露框

---

① SEGAL M. International agreement reached at COP15 to halt biodiversity loss, protect ecosystems[EB/OL]. [2023-03-02]. https://www.esgtoday.com/international-agreement-reached-at-cop15-to-halt-biodiversity-loss-protect-ecosystems/.

架[①]。依据2022年11月的版本，TNFD框架的信息披露围绕五个支柱展开，其中治理、战略、风险和影响管理、衡量标准和目标等四个支柱与TCFD相同。TNFD比TCFD新增加了一个支柱：自然相关风险管理和披露的社会维度。目前，TNFD还在对披露框架进行修改，预期于2023年9月发布最终版本。TNFD的工作会有何等影响还有待观察。

2022年12月15日，国际财务报告准则基金会下属的国际可持续准则理事会（ISSB）表示，将把生物多样性纳入气候报告标准，即要求披露与自然生态系统有关的影响和风险。ISSB在生物多样性中考虑的因素有两大类：一方面，考虑组织实施气候恢复计划的能力与解决自然生态系统主题需求（如森林砍伐和生物多样性）以及人力资本（如劳动力再培训）之间的关联，以强化气候报告规则。另一方面，考虑组织实施气候适应计划的能力与解决自然生态系统主题的需求和人力资本之间的联系，以标准化气候报告。ISSB表示，将制定一个与自然生态系统有关的气候报告的框架，旨在指导组织披露不断变化的自然风险，尤其是TNFD在气候和自然主题之间的联系，以及其他有关的重要性举措。

（三）森林破坏

森林破坏是ESG中E维度下的重要议题。2022年11月，欧洲议会、欧盟委员会和欧洲理事会的代表就一项具有里程碑意义的供应链尽职调查条例达成了原则性协议[②]。该条例旨在防止欧盟供应链中的商品引发森林砍伐和森林退化。条例涵盖了7种商品以及一些相关的衍生品和产品。欧盟认为这些商品对应的全球森林砍伐量在欧盟消费商品中的份额最大。这7种商品是天然橡胶、棕榈油、牛、大豆、咖啡、可可和木材，以及衍生产品如牛肉、巧克力、家具、木炭和印刷纸制品。在未来几年，覆盖商品的范围将被定期审查，并可能扩大。向欧盟市场投放这些商品和衍生品的贸易商和经营者，必

---

① The TNFD nature-related risk and opportunity and disclosure framework beta v0. 3[EB/OL]. [2023-03-02]. https://framework. tnfd. global/downloads/.

② Green Deal: EU agrees law to fight global deforestation and forest degradation driven by EU production and consumption[EB/OL]. [2023-03-02]. https://ec. europa. eu/commission/presscorner/detail/en/ip_22_7444.

须保证其生产源头可追溯到地块一级，并且必须有符合条例要求的尽职调查声明。如没有尽职调查声明，则无法在欧盟进行销售。条例可望于2023年正式生效。

（四）供应链

供应链相关议题是ESG中S维度下的重要议题。前述欧盟碳边境调节机制（CBAM）和欧盟森林破坏条例都是对供应链中的ESG问题加以约束的。此外，欧洲议会和理事会在2022年还达成了一项临时协议，全面修订欧盟的电池规则[①]。新规则将涵盖整个电池生命周期，从设计到报废，并适用于在欧盟销售的所有类型的电池：便携式电池、SLI电池（为车辆的启动、照明或点火提供动力）、轻型运输工具（LMT）电池（为电动滑板车和自行车等轮式车辆的牵引提供动力）、电动汽车（EV）电池和工业电池。电动汽车电池、LMT电池和容量超过2千瓦小时的可充电工业电池必须有碳足迹声明和标签。新规则还为电池行业引入尽职调查政策：除中小企业外，所有在欧盟市场上投放电池的厂商将被要求制定和实施尽职调查政策，以消除与供应链中原材料的采购、加工和交易有关的社会和环境风险。新规则需要最终批准才可生效。

2022年2月，欧盟委员会提交了一份名为《企业可持续发展尽职调查指令》（Corporate Sustainability Due Diligence Directive，CSDDD）的立法提案。该指令要求某些公司对其自身和供应链履行人权环境方面的尽职调查义务，并规定了一个执行机制，对不遵守规定的行为可能进行制裁和民事赔偿。该指令将适用于在营业额和雇员人数方面达到阈值的欧盟和在欧盟非欧盟公司。预期受监管的公司包括大约13 000家欧盟企业和约4 000家欧盟境外企业。目前该指令还处于提案状态。

以上政策法规都有一个重要的共同点：都要求商家知道他们在欧盟市场上出售的产品是如何生产的，并能够出示文件证据来证明这一点。

---

① Batteries: deal on new EU rules for design, production and waste treatment[EB/OL]. [2023-03-02]. https://www. europarl. europa. eu/news/en/press-room/20221205IPR60614/batteries-deal-on-new-eu-rules-for-design-production-and-waste-treatment.

（五）高管薪酬

高管薪酬是ESG中G维度下的重要议题。2022年8月底美国证券交易委员会（SEC）投票通过了一项重要的新披露规则，以执行《多德-弗兰克法案》的要求，即上市公司应披露支付给高管的薪酬与公司财务业绩之间的关系[①]。SEC主席根斯勒（Gensler）表示，薪酬与业绩披露新规则的目的是促进透明度，使股东更容易评估上市公司在其高管薪酬政策方面的决策。除了少数例外情况，所有上市公司都必须遵守这些新的披露要求。由于这些规定将在发布后30天内生效，大多数财政年度在2022年12月31日结束的上市公司将需要在2023年的公开报告或信息声明中包括"薪酬与业绩"的披露。特别的是，该规则修订了S-K条例第402（v）项，要求公司在其公开报告或信息声明中加入一个新的表格，披露最近三至五个财政年度的高管薪酬和财务业绩指标以及二者间的关系。该表必须披露以下信息：①公司主要高管的总薪酬，以及支付给其他高管的平均薪酬；实际支付给主要执行官的薪酬，以及实际支付给其他高管的平均薪酬。②公司的股票回报率，以及其同行的股票回报率；公司的净收入以及公司选择采用的财务业绩指标。③财务业绩指标与实际支付给高管的薪酬间的关系。

（六）多样性、平等与包容

多样性、平等与包容（Diversity, Equity & Inclusion, DEI）是近几年ESG的热点议题。DEI通常可归类于S维度。2022年4月，英国监管机构FCA发布针对上市公司DEI问题的新规则，以提高公司董事会及其执行管理层在多样性方面的透明度。FCA的新规则为上市公司设置了具体的DEI目标，公司应在其年度报告中加入一份声明，说明他们是否实现了这些目标；如果没有达到目标，必须解释原因。这些目标是：至少40%的董事会成员为女性，董事会高级职位（主席、首席执行官、首席财务官或高级独立董事）中有一名女性，以及有一名拥有少数族裔背景的董事会成员。

此外，2021年8月，SEC批准了纳斯达克交易所的一项新规，即所有在纳

---

① SEC Adopts Pay Versus Performance Disclosure Rules[EB/OL]. [2023-03-02]. https://www.sec.gov/news/press-release/2022-149.

斯达克上市的公司都需要披露其董事会多样性（如性别、种族等）。披露须采用纳斯达克制定的矩阵（matrix）格式。这项披露新规已于2022年8月生效。另外，2022年11月，欧洲议会通过了一项法律，要求上市公司在2026年7月前至少有40%的非执行董事职位或所有董事职位的三分之一由女性担任[1]。这项法律的雏形于2012年提出，十年后获得通过。

部分投资人反对一些企业的DEI政策。例如，一家美国智库代表一部分投资人，向沃尔玛、Lowe's、Meta、AT&T、强生、美洲银行等12家公司提交了反DEI提案付诸表决。这些提案要求董事会审计和分析公司的DEI政策如何影响公司业务[2]。

（七）网络安全

回顾2022年，对于企业而言，网络安全正成为一个日益突出的ESG问题。随着经济的数字化转型和互联网更深地介入企业业务，企业面临的网络安全风险不断提高。世界经济论坛在2022年发布的一份报告称，网络安全风险是一种新常态[3]。保险巨头安联下属机构于2022年1月发布的一份面向风险管理人员的调查称，网络安全风险是排名第一的商业风险，其风险程度甚至超过COVID-19和供应链中断[4]。加拿大皇家银行的一份调查称，资产管理机构认为网络安全是所有ESG相关议题中第二重要的议题，其重要性超过气候变化，仅次于G维度下的反腐败[5]。

网络安全风险的常见表现形式包括数据泄露、黑客攻击和勒索软件。这些风险可能会影响ESG三个维度。例如，针对燃油管道和发电设施等基础设

---

[1] Gender equality: the EU is breaking the glass ceiling thanks to new gender balance targets on company boards[EB/OL]. [2023-03-02]. https://ec. europa. eu/commission/presscorner/detail/en/statement_22_7074.

[2] DEI initiatives under attack by activists[EB/OL]. [2023-03-02]. https://corpgov. law. harvard. edu/2022/10/07/dei-initiatives-under-attack-by-activists/.

[3] Global Cybersecurity outlook 2022[EB/OL]. [2023-03-02]. https://www. weforum. org/reports/global-cybersecurity-outlook-2022/.

[4] Allianz risk barometer 2022: cyber perils outrank Covid-19 and broken supply chains as top global business risk[EB/OL]. [2023-03-02]. https://www. allianz. com/en/press/news/studies/220118_Allianz-Risk-Barometer-2022. html.

[5] 2022 key findings responsible investment survey[EB/OL]. [2023-03-02]. https://www. rbcgam. com/documents/en/other/esg-key-findings. pdf.

施的黑客攻击和勒索软件可能会带来环境危害，数据泄露会危害S维度下的员工和用户隐私，针对公司管理层的攻击和个人账户入侵可能会危害公司治理，等等。另一方面，有证据表明，网络安全事件对于公司股票价格有显著且持久的负面影响。晨星Sustainalytics的一份研究报告称，网络安全事件对于股价的负面影响甚至可持续长达一年①。

随着数字化进程深入推进，有理由认为，网络安全问题在各ESG议题中的重要性将进一步提升。

五、企业ESG行动

2022年，ESG正在更深地介入企业的组织架构、战略和运营。从组织结构而言，2022年度有研究表明，FTSE100指数中超过一半（54%）的公司现在设有董事会级别的ESG委员会②。同时，设置ESG委员会的公司比例因行业而异。例如，100%的石油、天然气和矿业公司设立了董事会级别的ESG委员会，而非银行金融服务公司（如保险公司、资产管理公司等）中只有13%的公司设有董事会级别的ESG委员会。在设有董事会级别的ESG委员会的公司中，56%的委员会完全由非执行董事组成。在德勤的一项调查中③，近五分之三（57%）的高管表示已经组建了一个跨职能的ESG工作组，负责推动ESG战略；另有42%的高管正在采取同样的步骤。2021年的调查对象的类似情况表明，只有21%的人组建了跨职能的ESG工作组。针对美国标普500企业的调查显示④，有21%的企业由CSO或ESG Head来负责ESG事宜，有16%的企业由ESG委员会来负责，有10%的企业由CEO负责。

公司实施ESG相关战略和举措的原因则多种多样。晨星Sustainalytics 2022

---

① HUDSON M, ZERTER L. Cybersecurity: a growing ESG and business risk[EB/OL]. [2023-03-02]. https://www. Sustainalytics. com/esg-research/resource/investors-esg-blog/cybersecurity-a-growing-esg-and-business-risk.

② More FTSE 100 companies have ESG committees[EB/OL]. [2023-03-02]. https://www. nasdaq. com/articles/more-ftse-100-companies-have-esg-committees.

③ Sustainability action report[EB/OL]. [2023-03-02]. https://www2. deloitte. com/us/en/pages/audit/articles/esg-survey. html.

④ What's ESG got to do with It? [EB/OL]. [2023-03-02]. https:// corpgov. law. harvard. edu/2022/10/13/whats-esg-got-to-do-with-it/.

年度的一项调查显示①，公司采取ESG行动的原因，重要性从高到低分别是：合规（83%的受访者认为非常重要）、达成环境目标（67%）、提升品牌和声誉（65%）、成为好的企业公民（64%）、应对股东压力（62%）、提升财务业绩（56%）。可见，目前合规可能是企业采取ESG行动的最重要的推动力。此外，不同身份的利益相关者对于企业ESG行动的影响有较大区别。晨星Sustainalytics的调查显示，将利益相关者的影响力从高到低排序，分别是：管理层（81%的受访者认为有重大影响）、政府监管部门（54%）、客户（53%）、机构投资者（46%）、员工（33%）。

在披露方面，采用"ESG报告"这种命名方式的企业数量持续上升。对2022年上半年美国标普500企业发布报告的研究表明②，大约三分之一的报告采用"ESG报告"命名（33%），"可持续报告"紧随其后（31%），其他命名包括"企业责任报告"（14%）、"社会责任报告"（7%）和"影响力报告"（6%）等。在报告长度方面则差别较大，从最短的11页到最长的超过200页。有大约70%的报告采用了表格化的方式来呈现ESG数据。在披露标准方面，标普500企业发布的ESG报告中，对第三方ESG披露框架的使用继续增加。其中，SASB（已整合入ISSB）和TCFD的应用最为广泛，这主要是由于许多大型机构股东强制要求公司按照这些披露框架进行报告。

就披露内容而言，企业对范围3排放的顾虑较大。德勤对于全球企业的一份调查显示③，许多（61%）公司表示准备披露范围1的温室气体排放，超过四分之三（76%）的公司准备披露范围2的温室气体排放。然而，对于范围3排放，只有约三分之一（37%）的受访者准备披露，比2021年略有增加（31%）。绝大多数（86%）受访者表示，测量范围3排放存在挑战。另外，公司对可持续发展数据的准确性和完整性感到担忧。高管们将质量（35%）列为首要的数据挑战。

就企业内部的ESG职能而言，晨星（Morningstar）针对全球企业内ESG从

---

① The Morningstar sustainalytics corporate ESG survey report 2022[EB/OL]. [2023-03-02]. https://www. sustainalytics. com /corporate-esg-survey-report.

② What's ESG got to do with it? [EB/OL]. [2023-03-02]. https:// corpgov. law. harvard. edu/2022/10/13/whats-esg-got-to-do-with-it/.

③ Sustainability action report[EB/OL]. [2023-03-02]. https://www2. deloitte. com/us/en/pages/audit/articles/esg-survey. html.

业者的调研显示[①]，ESG职能人员对于ESG相关工作的参与程度，从高到低包括：报告与披露、评级打分、目标制定和衡量、项目规划和执行、股东参与、可持续运营、供应链管理、融资。

六、不足与争议

2022年国际ESG发展也暴露出一些新的不足与争议，包括不同ESG议题的披露率参差不齐，ESG评级的透明度和可靠性问题及对评级进行监管的探讨，对ESG投资回报的质疑，反ESG基金的出现，对ESG金融产品管理费的争议，以及对ESG实效的质疑。

在披露方面的突出问题是不同ESG议题的披露率参差不齐。例如2022年度，G20金融稳定委员会（Financial Stability Board，FSB）发布了题为《2022年TCFD现状报告》等的多篇ESG与气候相关的报告[②]。报告发现：

- 在2021财年的报告中，80%的公司按照TCFD的11项建议披露中的至少1项进行了披露；然而，只有4%的公司按照所有11项建议进行了披露，只有约40%的公司按照至少5项进行了披露。
- 对气候相关风险和机遇的披露高于其他TCFD建议事项的披露率。对于风险管理过程的披露低于平均水平，但在稳步提高。
- 在所有TCFD建议的披露事项中，披露率最低的是公司战略在不同气候相关情境下的弹性，披露率仅为16%。

此外，ESG涉及诸多与自然相关的议题，包括水资源消耗、化学与塑料污染、生物多样性。但是，依据麦肯锡2022年度发布的一份报告[③]，虽然越来越多的全球500强企业认识到自然相关ESG议题的重要性，但大部分公司的关注点都在碳排放和气候变化议题上面，对于其他自然相关ESG议题的关注和披露严重不足。

---

① The Morningstar sustainalytics corporate ESG survey report 2022[EB/OL]. [2023-03-02]. https://www. sustainalytics. com/ corporate-esg-survey-report.

② Progress report on climate-related disclosures[EB/OL]. [2023-03-02]. https://www. fsb. org/2022/10/progress-report-on-climate-related-disclosures/.

③ Where the world's largest companies stand on nature[EB/OL]. [2023-03-02]. https://www. mckinsey. com/business-functions/ sustainability/our-insights/where-the-worlds-largest-companies-stand-on-nature.

在评级评价方面，2022年一些经济体已开始探索对于ESG评级评价进行监管。监管的合理性主要取决于ESG评级评价的市场影响（包括对市场参与者带来的成本和可能造成的金融市场风险）以及对于ESG评级产品的定性。由目前的监管态势可见，主要倾向采用的方法是通过较为软性的行业行为准则来约束机构的评级过程。评级机构对于采用行业行为准则的方式来监管ESG评级也较为认可。评级机构和监管机构的分歧主要在于：监管的范围是否还应包括ESG数据产品？评级机构反对将ESG数据产品纳入监管范畴，理由也很充分，即ESG数据产品应比照传统的金融数据（如彭博、IHS等金融信息提供商的金融数据产品），不宜和ESG评级采用同样的监管。

在ESG投资方面，少数投资机构推出了与ESG理念背道而驰的金融产品。美国市场出现了多个以反ESG为主题的ETF基金（Anti-ESG ETF）。例如，一家名为Strive的美国资产管理公司发行了名为DRLL的反ESG的ETF基金，在不到一个月的时间里吸引了3.15亿美元的资金。一位基金负责人称，决定推出反ESG基金，是因为ESG的日益普及意味着许多投资组合对涉及军火或烟草等行业的公司的权重不足，而这些公司的股票有更大的上升空间。反ESG基金的出现也部分呼应了对于ESG投资的一种保留看法，即以ESG为导向的基金流入ESG资产，会导致非ESG资产的价格低估，从而推高投资非ESG资产的财务回报。当然，这种看法是否合理恐怕难以有令人信服的答案，其结论依赖于时间、地区和选取的资产类型。总体而言，2022年ESG投资的回报普遍未能超越大盘。ESG投资是否能够带来超额回报依旧是一个充满争议的问题。

对于ESG金融产品收取的管理费也有较大争议[1]。根据波士顿咨询公司（BCG）的数据，随着被动投资产品的不断普及，管理费占资产规模的比例在过去五年中下降了4.6个基点。而ESG基金收取的费用通常比传统基金高40%，这使它成为应对资产管理利润率压缩的一个有效工具。但另一方面，ESG基金的回报通常与普通基金密切相关，这些较高的管理费用是否合理值得商榷。例如，先锋领航（Vanguard）所发行的规模最大的ESG基金——ESG US Stock ETF，与标准普尔500指数的相关度为0.997 4。

此外，根据一些机构的调查，对金融业绩的担忧、ESG缺乏透明度和数

---

[1] KEN P, KING A. ESG investing isn't designed to save the planet[J]. Harvard business review, 2022（1）.

据、ESG信息披露和报告框架缺乏一致性是ESG投资的主要障碍。投资机构施罗德发布的一份报告称①，58%的美国机构投资者认为，绩效问题是ESG投资的障碍，而全球同行的这一比例为53%。另有59%的受访者表示，更清晰地了解可供他们选择的不同ESG投资方案非常重要，这表明资产管理行业需要提供更透明的ESG产品。施罗德调查发现，投资者非常需要量化的证据来支持ESG投资：超过一半的投资者（51%）指出，缺乏透明度和数据是ESG投资的挑战；68%的人希望能获得更多关于ESG投资财务回报的量化证据。关于ESG投资的最大挑战，47%的受访者认为信息披露和ESG报告框架缺乏一致性是一个关键问题；43%的受访者指出，对ESG投资缺乏明确、一致的定义导致"漂绿"是另一个问题。

ESG的实际效果还面临争议与挑战。例如，以气候为重点的投资者参与倡议的"气候行动100+"（CA100+）于2022年度宣布了对净零排放公司进行评估的结果②。CA100+研究了世界上最大的温室气体排放公司的减排目标、去碳化战略和气候披露表现。评估表明，主要排放企业在设定净零承诺方面继续稳步前行，但许多企业在设定过渡战略以配合其脱碳目标方面没有取得进展。这说明，企业做出了净零排放的承诺，但如何将承诺转化为具体的短期和中期行动还需要细致计划。CA100+是一项于2017年启动的投资者倡议，目前有管理超过68万亿美元资产的700多个投资机构参与。全球环境信息研究中心（CDP）分析了全球企业制定和披露的碳排放目标③。CDP认为G7国家企业制定的碳排放目标尚不符合限制升温1.5℃的要求。CDP报告称，从G7国家的总体情况来看，企业的排放目标与全球变暖2.7℃相一致。报告显示，德国和意大利的公司在G7中拥有最雄心勃勃的减排目标，其集体排放量预计将

---

① Now available – Sustainability & Impact report 2022[EB/OL]. [2023-03-02]. https://www.schroders.com/en/us/institutional/ insights/institutional-investor-study-2022/.

② Climate action 100+ net zero company benchmark shows continued progress on net zero commitments is not matched by development and implementation of credible decarbonisation strategies[EB/OL]. [2023-03-02]. https://www.climateaction100.org/news/climate-action-100-net-zero-company-benchmark-shows-continued-progress-on-net-zero-commitments-is-not-matched-by-development-and-implementation-of-credible-decarbonisation-strategies/ .

③ G7 firms failing Paris agreement on 2.7℃ warming path[EB/OL]. [2023-03-02]. https://www.cdp.net/en/articles/investor/g7-firms-failing-paris-agreement .

与将全球变暖限制在2.2℃所需的脱碳速度相匹配。紧随其后的国家是法国（2.3℃）、英国（2.6℃）和美国（2.8℃）。加拿大公司在G7中表现最差，其目标平均与3.1℃的变暖相一致。就地区而言，亚洲和北美的公司落后于欧洲公司，温度评级分别为3.1℃和2.9℃。

总而言之，考察ESG的实效就需要回答：ESG投资在多大程度上改善了环境和社会，促进了可持续发展？这个问题恐怕暂时难以有严谨科学的答案。

第二章　中国ESG发展态势

2022年，中国ESG实践在信息披露、评级评价以及ESG金融投资等方面进入一个新阶段。在政府政策方面，国内上海、深圳两大证券交易所以及国资委、证监会等机构都发布了鼓励国内企业，尤其是国企央企和上市公司，积极进行ESG实践的相关法规，明确了企业ESG未来的工作方向。国家经济想要实现高质量发展，企业经营与ESG理念的深度融合是一个重要抓手，是企业响应国家新发展理念、助力建设社会主义现代化国家的有效工具。

在信息披露的法规方面，2022年度上海证券交易所（简称"上交所"）、深圳证券交易所（简称"深交所"）以及生态环境部正式推出《上海证券交易所科创板上市公司自律监管指引第2号——自愿信息披露》《深圳证券交易所上市公司自律监管指引第1号——主板上市公司规范运作》《企业环境信息依法披露管理办法》等政策法规，从披露主体、披露内容以及披露形式等方面进一步规范了企业ESG信息披露工作。

在评级评价方面，近年来国际评级机构对中国市场的关注度不断增加，这主要体现在两个方面：一是中国企业与摩根士丹利资本国际公司（MSCI）等国际ESG评级机构的互动增多；二是国际评级机构推出中国ESG指数系列，以便投资者在中国市场进行ESG投资。其次，近年来国内评级机构数量持续增多。虽然国内尚未形成统一的ESG评级标准，诸多评级机构开发了自有评级体系，评级标准呈现出多元化趋势，但是在指标构成上大部分是E、S、G自上而下构建、自下而上加总的金字塔式结构。另外，在整体上，我国头部上市公司ESG表现有较好的改善，由低ESG评价等级向较高的ESG等级转移。截至2022年，所有公司ESG表现处于正态分布的态势，中等级别的公司数量占据大多数，企业在信息披露、ESG治理方面存在较大的提升空间，仍需要积极进行ESG理念实践。

另外，在信息披露和评价方面，2022年度也见证了一批初具影响力的ESG相关团体标准的发布，重要进展包括由中国企业改革与发展研究会立项、首都经济贸易大学中国ESG研究院研制并牵头起草的《企业ESG披露指南》、《企业ESG评价体系》和《企业ESG报告编制指南》三份团体标准。其中，《企业ESG披露指南》采用"1+N+X"架构，是我国首个ESG团体标准，填补了我国企业ESG披露标准领域的空白，为中国ESG的发展奠定了基石，其发布和实施在国内外引起高度关注和极大反响。

在ESG金融投资方面，ESG基金与ESG债券是国内主要的ESG金融产品，2022年度ESG投资规模呈现一定的波动性。ESG基金规模相比2021年年底出现小幅度下降；而ESG债券存量呈现上升趋势。ESG金融产品的种类有所增加，纯ESG基金、泛ESG基金以及ESG债券的数目都有明显增长，但分类别基金（环境主题或公司治理主题等）或债券（绿色债券、社会责任债券等）的增加存在不均衡性。2022年度，投资服务、基金公司等各大机构表现了强烈的ESG投资参与意愿，积极签订了UN PRI，进一步说明ESG理念在投资市场也得到了认可。

综上，国内的ESG发展正逐渐步入快车道，相关政策法规出台、信息披露标准制定、评级评价方法确立都在推进形成一个本土化的ESG生态系统。

一、经济高质量发展与ESG

2017年10月，党的十九大报告首次提出"高质量发展"的表述，并指出中国经济已由高速增长阶段转向高质量发展阶段。2020年11月，党的十九届五中全会提出"十四五"时期经济社会发展要"以推动高质量发展为主题"。2022年10月，党的二十大报告提出"高质量发展是全面建设社会主义现代化国家的首要任务"。ESG理念强调企业注重环境保护、履行社会责任、改善治理水平，与新发展理念和高质量发展的主题高度契合，企业积极践行ESG理念，是对新发展理念的落实，能够助力构建新发展格局，推动经济高质量发展。

（一）ESG与新发展理念具有契合性

ESG中"环境保护（E）、社会责任（S）、公司治理（G）"与新发展理念的"创新、协调、绿色、开放、共享"契合。"E"与"绿色"一致。改革开放以来，我国经济的快速发展带来的环境负面影响让我们清醒地认识到经济发展不应以牺牲环境为代价，出政绩不能只看数字，经济发展必须尊重自然、顺应自然、保护自然，促进经济增长与生态保护协调发展。当今，绿色低碳循环发展是我国经济转型升级的重要方向，绿色、循环、低碳是经济发展的标志。"E"强调关注企业资源消耗、污染防治、能源使用管理、碳排放量等因素，与新发展理念中绿色发展一致。"S"与"协调、共享"契合。党的十九大报告指出，我国社会主要矛盾已经转化为人民日益增长的美好生活需要和不平衡不充分的发展之间的矛盾。"不平衡不充分"主要表现在区域不平衡、领域不平衡、群体收入差距不平衡，发展成果共享性不充分，公共服务缺位等。"S"关注企业员工权益、工作环境、产品责任、供应链管理、所在社区、债权人等利益相关主体之间的利益平衡，有利于企业贯彻共享发展和协调发展理念，更好地处理经济发展与社会和谐之间的关系，从而契合协调、共享发展理念。"G"与"创新"相通。当今，经济社会发展越来越依赖理论、制度、科技、文化等领域的创新，国际竞争新优势也越来越体现在创新能力上，创新是经济高质量发展的第一动力。"G"关注企业股东权益、所有权治理结构、董事会独立性和有效性、透明度与复杂性以及关联方交易等因素，有利于企业构建创新性体制架构，优化管理资源配置，提高企业竞争力，从而与新理念中提倡的创新发展相通。"ESG"这一国际主流的投资理念和"开放"契合。ESG这一理念可以指导和促进国内企业顺应全球化的潮流，按照更高的标准融入国际大循环，实现高水平的"走出去"和金融市场的双向开放，契合开放发展理念。

（二）ESG助力构建新发展格局

企业、投资者等微观主体的积极配合和大力支持可以促进构建新发展格局，助力实现经济高质量发展。对企业和投资者来说，ESG涉及信息披露与企业运营管理、市场监督与资金投向。企业和投资者实施ESG理念和ESG投资有助于促进资源的优化配置，促进提升经济增长动能，加大对外开放的力度。企业在生产经营中积极倡导ESG理念，有助于很好地满足消费者需求、激发创新动能、实现可持续发展；投资者根据ESG理念进行投资，能够引导和规范企业行为、推动资本市场健康发展、发挥资本市场服务实体经济和支持经济转型的功能。由此来看，ESG实践有助于推动经济高质量发展。

（三）监管机构引导企业落实ESG理念和实践

2022年，上交所、深交所、证监会等机构陆续出台了ESG的各类政策，进一步明确了企业或其他组织在ESG实践中的责任和义务（如表2.1所示）。

表2.1　国内各监管机构发布的ESG相关政策

监管机构	政策名称	政策要求	发布日期	执行时间
证监会	《上市公司投资者关系管理工作指引（2022）》	该文件首次将企业的环境、社会责任以及公司治理情况纳入投资者关系管理的沟通内容，督促企业严格落实新发展理念的要求强化了对上市公司的约束作用	2022年4月11日	2022年5月15日
国家发展改革委	《国家发展改革委关于进一步完善政策环境加大力度支持民间投资发展的意见》	该文件明确，引导民间投资更加注重环境影响优化、社会责任担当和治理机制完善，提升投资质量，积极探索开展投资项目的ESG评价工作	2022年11月7日	—
国资委	《提高央企控股上市公司质量工作方案》	该文件明确要求中央企业集团要进一步完善ESG工作机制，立足国有企业实际参与制定本土化的ESG信息披露规则、ESG绩效评价方法等，力争到2023年实现央企控股上市公司ESG报告披露的"全覆盖"	2022年5月27日	—
上交所	《上海证券交易所股票上市规则（2022年1月修订）》	该文件明确指出公司应当按照规定编制和披露社会责任报告等非财务报告，主动承担社会责任，维护社会公共利益，重视环境保护	2022年1月7日	2022年1月7日

续表

监管机构	政策名称	政策要求	发布日期	执行时间
深交所	《深圳证券交易所股票上市规则（2022年修订）》	该文件指出上市公司应积极践行可持续发展理念，规定公司按要求披露履行社会责任的情况，并强调公司董事应该支持企业履行社会责任	2022年1月7日	2022年1月7日

资料来源：根据证监会、国资委、上交所等官方网站资料整理所得。

从上交所和深交所发布的股票上市规则来看，国内企业社会责任披露的强制性程度增强，明确将可持续发展理念注入企业未来的发展中，指出上市公司在应当按规定披露社会责任的情况。企业出现下列情形之一的，应当履行披露义务：

- 发生重大环境、生产及产品安全事故。
- 收到相关部门整改重大违规行为、停产、搬迁、关闭的决定或通知。
- 不当使用科学技术或违反科学伦理。
- 其他不当履行社会责任的重大事故或负面影响事项。

根据国资委发布的《提高央企控股上市公司质量工作方案》，国有企业的信息披露压力不断增加，其提出央企控股的上市公司有义务编制和发布ESG专项报告，并应争取在2023年实现ESG专项报告披露的"全覆盖"。在2022年，国资委将科技创新与社会责任局一分为二，将社会责任局单独分设出去，这一行动充分表明国资委对于企业社会责任承担的重视程度。科技创新是经济发展的重要驱动力，社会责任则促进经济向高质量发展方向迈进。社会责任局主要负责研究提出推动国有企业履行社会责任的政策意见，为所监管企业履行社会责任提供指导意见，促进国内经济实现绿色发展。

二、ESG信息披露

ESG相关信息披露是企业ESG等级评价的重要依据，国内上市公司目前主要通过独立发布企业ESG报告或社会责任报告进行环境（E）、社会责任（S）和公司治理（G）相关信息的公布，内容篇幅或格式并不统一，且以描述性内容为主，存在一定的主观性。国际主流的ESG信息披露标准有SASB、GRI等，但中国企业有其独特的市场环境，企业的ESG实施具备一定的独特性、本土化特点。制定符合中国特色的ESG信息披露标准是市场需求，国内两大证券交易所以及各监管机构也相应出台了不同层面的政策，鼓励国内上市公司积极主动披露ESG的相关信息，为制定中国企业ESG信息披露标准和推进上市企业积极公布承担的ESG责任情况提供政策性支持。

（一）现行披露政策

目前国内多家部门和机构，例如深交所、生态环境部和上交所等都开始对ESG信息进行监管，要求各个企业对相关信息进行披露（见表2.2）。

表2.2　国内各监管机构发布的ESG披露政策

监管机构	政策名称	政策要求	发布日期	执行时间
深交所	《深圳证券交易所上市公司自律监管指引第1号——主板上市公司规范运作》	该文件要求"深证100"样本公司披露公司履行社会责任的报告，并鼓励其他有条件的上市公司积极履行披露义务。其中还明确要求上市公司应当根据自身生产经营特点、对环境的影响程度等情况，履行环境保护责任，并要求公司在社会责任报告中或单独披露相关的环境信息	2022年1月7日	2022年1月7日
生态环境部	《企业环境信息依法披露管理办法》	该文件明确企业是环境信息依法披露的主体，企业披露环境信息所使用的相关数据及表述应当符合环境监测、环境统计等方面的标准和技术规范要求，优先使用符合国家监测规范的污染物监测数据、排污许可证执行报告等	2021年12月11日	2022年2月8日
上交所	《上海证券交易所科创板上市公司自律监管指引第2号——自愿信息披露》	该文件明确，科创公司在披露环境保护、社会责任履行情况和公司治理一般信息的基础上，要根据所在行业、业务特点、治理结构，进一步披露环境、社会责任和公司治理方面的个性化信息	2022年1月7日	2022年1月7日

资料来源：根据深交所、上交所和生态环境部官方网站资料整理所得。

2022年深交所发布的《深圳证券交易所上市公司自律监管指引第1号——主板上市公司规范运作》，明确规定"深证100"样本公司要在发布年度报告的同时公布企业履行的社会责任信息，要求上市公司根据自身行业特点履行环境保护责任并公布相关环境信息。2022年上交所发布的《上海证券交易所科创板上市公司自律监管指引第2号——自愿信息披露》还鼓励上市公司在披露一般性信息的基础上进行个性化的ESG信息披露。

从发布的披露政策来看，环境相关信息占据企业ESG信息披露的主要地位。在气候变化和能源节约方面，《企业环境信息依法披露管理办法》中还明确提出鼓励企业使用符合国家监测规范的污染物自动监测数据等具体环境数据。强制性披露的环境信息应当以容易理解、方便查询的方式及时开展，并输送至环境信息强制性披露系统，做到信息完备、随时可查。

在国内各机构发布的政策中，绝大多数要求以定性描述为主，缺乏可视化数据的佐证，因此国内企业ESG信息披露标准量化程度还有待提升。与环境信息相关的定量指标相比社会责任和公司治理来说，因其可借鉴的官方标准较多而体现更高的丰富性。但是，企业社会责任承担和公司治理具有本土化特色，例如党企共建、脱贫攻坚等具备中国特色的企业治理方式，国际上缺乏相应的借鉴标准，故加快具备本土化特色量化标准的制定对促进ESG在中国的发展具有重大意义。

2022年，中国企业改革与发展研究会向社会公布了《企业ESG披露指南》和《企业ESG报告编制指南》，该指南由中国ESG研究院、中国企业改革与发展研究会等单位组织牵头起草，为企业编制ESG报告的内容以及格式等提供依据，推进企业ESG信息披露的正规化、标准化和科学化。《企业ESG报告编制指南》中包括3个一级指标、10个二级指标和35个三级指标（见表2.3）。《企业ESG披露指南》则针对各指标提出了具体的测量、评估方式，从定性和定量的角度细化了指标的内涵。以上两项指南对国内企业开展ESG信息披露工作有重要的借鉴意义。

各个企业因其发展阶段、所处行业、利益相关者等不同，重点披露的内容也有所不同，企业应该在报告中详细介绍重要议题的筛选和评定，科学编制独立的ESG报告。未来国内的各大监管机构应当在关注环境信息披露政策制定以外，针对性地完善企业社会责任和公司治理流程信息披露的流程，建立相应的信息披露形式，实现ESG三维度信息披露标准制定的协同发展，推进国内制定国际认可的适合中国企业的ESG信息披露标准。

表2.3　2022年《企业ESG报告编制指南》披露指标

一级指标	二级指标	三级指标
环境议题	资源消耗	水资源，物料，能源，其他自然资源
	污染防治	废水，废气，固体废物，其他污染物
	气候变化	温室气体排放，减排管理
社会议题	员工权益	员工招聘与就业，员工保障，员工健康与安全，员工发展
	产品责任	生产规范，产品安全与质量，客户服务与权益
	供应链管理	供应商管理，供应链环节管理
	社会响应	社区关系管理，公民责任
治理议题	治理结构	股东（大）会，董事会，监事会，高级管理层，其他最高治理机构
	治理机制	合规管理，风险管理，监督管理，信息披露，高管激励，商业道德
	治理效能	战略与文化，创新发展，可持续发展

资料来源：中国企业改革与发展研究会官网。

（二）企业披露现状

2022年，以单独发布报告形式披露企业ESG信息的中国上市公司数量有所提升。截至2022年年底，共有1 412家A股上市公司发布了ESG相关报告（含可持续发展报告、社会责任报告和ESG报告等），比例为所有A股上市公司的29.24%。相比2021年（1 366家发布报告，占比为29.42%），2022年度A股上市公司发布报告的数量有所增长。

此外，2022年度一些具有代表性的重量级企业也发布了ESG相关报告。例如，2022年8月阿里巴巴集团发布了《2022阿里巴巴环境、社会和治理（ESG）报告》。此前，阿里巴巴每年都会发布社会责任报告，用ESG报告代替社会责任报告说明ESG理念得到了阿里巴巴的认可。在ESG报告中，阿里巴巴阐述了公司的ESG战略，并提出了"修复绿色星球""支持员工发展""服务可持续的美好生活""助力中小微企业高质量发展""助力社会包容和韧性""推动人人参与的公益""构建信任"七个ESG领域。在ESG管理架构上，阿里巴巴采用董事会可持续发展委员会、可持续发展管理委员会、ESG工作组三层架构的组织设计。

2021年7月，贵州茅台在MSCI ESG评级中处于CCC等级，是全球二十大市值公司中在MSCI ESG评级中最低的公司。在国内ESG政策的推动下，2022年3月，贵州茅台首次发布了环境、社会及治理（ESG）报告，该行动表明贵州茅台正式开启企业ESG的系统性工作。贵州茅台在编制2022年ESG报告时，主要的参考标准有联合国可持续发展目标（SDGs）、全球报告倡议组织的《可持续发展报告标准》（GRI Standards）、国资委《关于国有企业更好履行社会责任的指导意见》、中国社会科学院《中国企业社会责任报告指南4.0之食品行业》、上交所《〈公司履行社会责任的报告〉编制指引》、上交所《上市公司自律监管指引第1号——规范运作》。在报告中，贵州茅台表明了自身的社会责任观，将"公司治理"、"经济责任"、"环境责任"和"社会责任"视作其ESG工作的组成部分。

（三）与国际标准制定机构的合作情况

2022年，中国与国际标准制定机构的沟通合作进一步加强。隶属于国际财务报告准则基金会（IFRSF）的国际可持续准则理事会（ISSB）成立后，中国积极参与了ISSB的标准制定工作。2022年4月，中国财政部加入ISSB特别工作组，以推动世界各国披露标准的兼容性；2022年6月，ISSB任命中国财政部代表担任委员。2022年12月底，中国财政部与IFRSF签署备忘录，IFRSF将设立北京办公室，于2023年年中投入运营①。依据备忘录，IFRSF北京办公室主要负责领导和执行ISSB的新兴和发展中经济体战略，促进与亚洲利益相关者的深入合作，并为帮助新兴和发展中经济体以及中小企业开展相关能力建设活动。

---

① 国际财务报告准则基金会北京办公室谅解备忘录正式签署[EB/OL]. [2023-03-02]. http://www.mof.gov.cn/zhengwuxinxi/caizhengxinwen/202212/t20221230_3861571.htm.

此外，2022年度中国财政部和中国证监会对于ISSB发布的两份披露标准草案也给予了正式反馈意见。

中国财政部的意见包括[①]：

- 提高对于不同国家、不同地区和不同实体的包容性，例如允许企业采用其所在国家或地区已经推行的温室气体核算方法。
- 改善披露框架的结构，例如更加清晰地定义主题标准和行业特定标准之间的联系。
- 提高可用性，例如和不同国家、不同地区已经出台的披露法规保持兼容。

中国证监会的意见包括[②]：

- 草案没有充分考虑发达国家和新兴市场、大公司和中小企业之间的差异。
- 部分标准难以实施，例如价值链相关信息难以收集，范围3排放信息受制于数据可得性与核算方法的精度。
- 可靠性问题，即草案涉及的大量预测性和前瞻性披露对传统财务会计准则的可靠性原则构成了潜在的挑战。

三、ESG评级评价

（一）中国市场备受国际评级机构关注

近年来，中国企业与MSCI等国际ESG评级机构交流互动逐步增多。在MSCI中国指数成分中，企业与MSCI的互动比例从2017年的13%上升到2021

---

① Overall response to IFRS Sustainability Disclosure Standards（ISDS）[EB/OL]. [2023-03-02]. https://www. ifrs. org/ content/ dam/ifrs/project/climate-related-disclosures/exposure-draft-comment-letters/c/china-accounting-standards-committee-48bf7de1-851d-4b9f-90ba-a0e05f1309f5/ard-of-mof-p. r. china-and-casc. -exposure-draft-of-ifrs-s1-and-s2. pdf.

② China Securities Regulatory Commission（CSRC）comments on ISSB exposure drafts of IFRS S1（general requirements for disclosure of sustainability-related financial information）and IFRS S2[EB/OL]. [2023-03-02]. https://www. ifrs. org/ content/dam/ifrs/project/climate-related-disclosures/exposure-draft-comment-letters/c/china-securities-regulatory-commission-db46067b-e0c9-4758-9b5c-8453c0fcd291/csrc-general-comments-on-issb-exposure-drafts-of-ifrs-s1-and-ifrs-s2. pdf.

年的33%。增幅最大的是MSCI新兴市场指数，自2017年的18%上升到2021年的48%[①]。

2022年9月，彭博和MSCI共同推出彭博MSCI中国ESG指数系列，将ESG固定收益指数系列推广至中国[②]。该ESG指数系列总共包括9只ESG指数。其中新推出的指数系列有彭博MSCI中国ESG加权指数、彭博MSCI中国社会责任投资（SRI）指数、彭博MSCI中国可持续发展指数。

此外，ESG评级机构晨星Sustainalytics于2022年3月和8月分别上线界面新闻[③]和新浪财经[④]；2022年9月5日，标普道琼斯指数公司（S&P Dow Jones Indices）推出S&P China A 300 Sustainability Screened Index指数产品[⑤]；2022年12月8日，富时罗素（FTSE Russell）与中国平安结成战略合作伙伴关系，将中国平安专有的中国ESG数据与评级和富时罗素中国领先指数相结合，推出富时平安中国ESG指数系列[⑥]。由此看来，2022年以来国际评级机构大幅提升了对中国市场的关注。

（二）中国评级机构持续增加

相比于海外，我国ESG评级体系发展较晚，目前正在有序形成。近年来，自我国倡导企业积极践行ESG理念、重视企业ESG信息披露以来，国内ESG评级机构数量增幅明显，且机构属性更趋多元化。据不完全统计，截至2022年ESG评级机构数量达到23家，这些机构主要有专业数据库、学术机构、咨询服务公司、公益性社会组织和资管机构等，但缺乏较为权威的得到市场认可

---

① ESG与中国战略性政策转变的联系[EB/OL]. [2023-03-02]. https://www.msci.com/www/research-report/esg-/0320 556 7939.

② Bloomberg and MSCI expand ESG fixed income index family into China[EB/OL]. [2023-03-02]. https://www.msci.com/documents/10199/e747a47e-b967-8d6a-534a-ca4944d60831.

③ 晨星Sustainalytics上线：界面新闻ESG评级查询范围扩大到港股[EB/OL]. [2023-03-02]. https://www.jiemian.com/article/7242178.html.

④ 第10家机构入驻：新浪财经正式上线晨星Sustainalytics ESG评级[EB/OL]. [2023-03-02]. https://finance.sina.com.cn/esg/investment/2022-08-15/doc-imizirav7878497.shtml.

⑤ S&P China A 300 sustainability screened index[EB/OL]. [2023-03-02]. https://spglobal.com/spdji/en/indices/esg/sp-china-a-300-sustainability-screened-index/#data.

⑥ 富时罗素与中国平安联合推出中国ESG指数[EB/OL]. [2023-03-02]. http://www.eeo.com.cn/2022/1208/570186.shtml.

的评级体系，且基本面对国内上市公司进行ESG评价。到目前为止，还没有统一的ESG评价标准和评价方法。

国内推出ESG评级的机构主要有中国ESG研究院、秩鼎技术、万得、妙盈科技、商道融绿、微众揽月、鼎力公司治商、中证指数、华证指数、盟浪、国证指数公司、中诚信绿金、润灵环球、嘉实基金、社会价值投资联盟、华测检测、中债估值中心、恒生聚源、责任云、中债估值中心、中国证券业协会、商道纵横、和讯等。

ESG评级机构的类型多种多样，包括专业数据服务商、学术机构、指数公司、公益性组织、资管机构、咨询服务机构及其他组织。专业数据服务商评级机构主要有万得（Wind）、恒生聚源、商道融绿、秩鼎技术、盟浪、鼎力和微众揽月等，学术机构主要有首都经济贸易大学中国ESG研究院、中央财经大学绿色金融国际研究院等，指数公司主要有国证指数公司、中证指数公司及华证指数公司等，公益性组织主要有社投盟和中国证券投资基金业协会，资管机构主要有嘉实基金，咨询服务机构主要有责任云。

从评级对象范畴看，绝大多数评级机构主要针对A股上市公司进行评级。也有少数机构如中国ESG研究院开始将ESG评级对象扩展至城市和城投债领域。

表2.4汇总呈现了2022年国内较有影响力的ESG评级机构和其评级对象范畴与评价指标体系。

表2.4 2022年国内主要ESG评级机构及评级标准

评级机构	评级对象范畴	评价指标体系
首都经济贸易大学中国ESG研究院	A股上市公司、城市、城投债	企业ESG评价指标体系包括3个一级指标，10个二级指标，35个三级指标，135个四级指标
秩鼎技术	A股、港股、中概股	3个一级议题（环境、社会、治理），16个二级议题以及200余个标准化指标
万得（Wind）	A股和港股上市公司	3个维度，27个议题（包括9个环境议题，11个社会议题，5个公司治理层面的指标，2个商业道德层面的指标），300余个指标

续表

评级机构	评级对象范畴	评价指标体系
妙盈科技	包含中国内地、中国香港、中国台湾以及新加坡全部上市公司	3个支柱，19个议题，1 000余个数据点和700余个标准化指标
商道融绿	全部A股上市公司	3个一级指标，13个二级指标以及200余项三级指标
盟浪	A股上市公司	6个维度（财务表现、创新发展方式、商业伦理与价值观、环境、社会、公司治理），30个主题以及对应的90个关键议题和300余项评级指标
微众揽月	沪深300成分股	3个维度、41个二级指标
鼎力公司治商	中证800成分股	5个一级指标，20个二级指标及超过150项底层指标，基础数据涵盖超过1 000个信息点
中证指数	A股和港股上市公司	3个维度，14个主题，22个单元和180余项指标
华证指数	A股上市公司和债券主体	3个一级指标，14个二级指标，26个三级指标，以及超过100项底层数据指标
国证指数公司	全部A股上市公司	3个维度（环境、社会、公司治理），其中环境维度涉及5个主题和11个领域，社会责任维度涉及4个主题和9个领域，公司治理维度涉及6个主题和12个领域
中诚信绿金	A股和H股上市公司以及发债主体	3个维度，16个一级指标，超过55个二级指标，超过180个三级指标，超过700个四级指标，57个ESG行业评级模型
润灵环球	中证800成分股	针对全球行业分类标准（GICS）68个行业分类中的56个行业，3大类议题，涉及100项指标
嘉实基金	A股和H股上市公司	3个一级主题，8个议题，23个事项及超过110个底层指标
中财绿金院	涵盖上市公司与债券发行主体	3个一级指标，涵盖诸如健康议题、绿色议题以及低碳健康符合议题等二级指标，由定性指标和定量指标构成的三级指标
社会价值投资联盟	沪深300成分股	由"筛选子模型"和"评分子模型"两个部分组成。"筛选子模型"包括6个方面、17个指标；"评分子模型"包括3个一级指标、9个二级指标、28个三级指标和57个四级指标

续表

评级机构	评级对象范畴	评价指标体系
CTI 华测检测	A股和H股上市公司	3个一级指标，10个二级指标，22个三级指标及220余个四级指标
中债估值中心	公募信用债发行主体	E、S、G维度3个评分项，14个评价维度，39个评价因素，160余项具体计算指标

资料来源：公司官网及公开数据整理。

除以上评价机构，和讯、责任云、恒生聚源、商道纵横、中国证券投资基金业协会等机构也都发布了ESG评价体系。

从国内整体ESG评价指标构成上看，我国评价机构大多根据国内发展状况搭建金字塔式评级体系，大致分为E、S、G三个维度，在ESG每个维度进行延伸，细分为各个议题、事项和底层众多具体数据指标。另外，国内ESG评价体系加入了中国本土化的特色指标，譬如：恒生聚源在"S"维度评级中加入与乡村振兴相关的指标，在"E"维度的评级中将公司是否获得ISO 14000环境管理体系认证纳入考察范围；华证指数公司和中诚信绿金ESG评级中纳入了扶贫相关指标；中证指数公司ESG评级将扶贫和抗疫纳入考量指标。

从数据来源上看，国内各评级机构的数据来源基本一致，即包含上市公司披露的报告文件、媒体资源、专业数据库、政府与非政府组织发布的信息等。其次，评级指标基本从环境、社会、治理三个维度自上而下构建、自下而上加总的方式。最后，评级机构在构建评级体系时基本将行业的差异性考虑在内，对不同的行业设计不同指标并分配权重。

从计算方法上看，不同的评级机构都采用大致相同的方法。首先，根据行业特性，在E、S、G三个维度以及三个维度下含的次级指标上赋予不同权重。权重可来自专家意见或采用相同的权重。通过加权平均，对每个维度的指标的分值进行计算，从下到上逐层得出评级分数，加总后得出最终分数和排名。

（三）评级结果整体呈上升趋势

中国企业在国际评级机构的得分呈现上升趋势。例如，MSCI中国指数成分股的ESG评级分布不断上升，从2019年至2021年，ESG评级为CCC和B的企业比例从2019年的59%下降到2021年的46%[①]（见图2.1）。然而，从总体上看，中国的ESG评级在AAA和AA的企业仍然为少数，大量企业的ESG评级结果在BBB等级及以下。

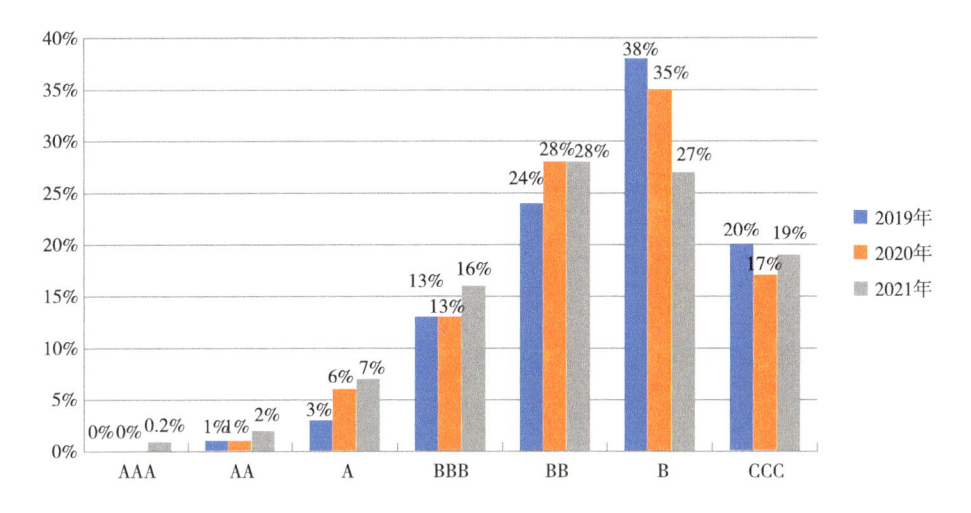

图2.1　2019年—2021年MSCI中国指数的分布情况

资料来源：MSCI ESG Research LLC，公开资料整理。

根据万得（Wind）、商道融绿、华证指数、国证指数、润灵环球等多家评价机构的数据，从整体上看，2018年至2022年，A股公司的ESG评级有较大的改善和提升。

商道融绿STaR ESG平台评价数据显示，自2018年以来，中证800的ESG总得分增长了13%，中证800的ESG评级获得A的公司数量翻了2倍，在B级以上的公司数量（包含B级）增幅达到406%，等级在C（包含C级）以下的公司数量下降了67.9%[②]。

据国证指数评级分析数据，深证100样本中有92家公司评级在BBB级以

[①] ESG与中国战略性政策转变的联系[EB/OL]. [2023-03-02]. https://www.msci.com/www/research-report/esg-/03205567939.

[②] A股上市公司ESG评级分析报告2022[EB/OL]. [2023-03-02]. https://www.syntaogf.com/products/asesg2022.

上，其中有23家处于AAA级。

中诚信绿金的ESG对A股公司ESG分析结果显示，截至2022年6月，绝大多数公司评级处于B~BBB等级（90%以上的公司），其中A等级以上的有6.3%，B级以上的公司有49.0%，但没有公司处于AAA等级[①]。

根据华证指数2022年4月份对A股公司的评级结果，绝大多数公司的评级等级在B~BBB等级（75%以上的公司），超过20%的公司评级处于领先水平，但超过8%的公司还处在等级的落后水平[②]。

依据国内机构的评价数据，从整体上看，我国头部上市公司对ESG理念与实践的重视程度、管理与治理水平、ESG表现有较好的提升，公司由低等级ESG评价等级向较高的ESG等级迁移。但是截至2022年，评价结果在A级及以上的公司数量仍然较少，公司ESG表现处于正态分布的态势，中等级别的公司数量占据大多数，企业在信息披露、ESG治理与规划方面存在较大的提升空间，仍需要积极参与ESG理念实践。

四、ESG投资

ESG投资，又称责任投资、可持续性投资，要求投资者既要关注财务和绩效指标，又要将ESG因素纳入评估决策之中，以对抗未知风险，从而获得稳定且可持续的投资收益。ESG投资并不意味着企业为了追求可持续性的发展目标而牺牲财务绩效，是为了揭示财务效益之外的利益，降低企业的外部风险，增强企业的投资收益。

（一）投资机构参与意愿增强

联合国于2006年4月设立联合国责任投资原则组织（UN PRI），发布了6条遵循ESG投资理念的相关原则，如将ESG问题纳入投资决策过程中、要求投资实体企业进行合理的ESG信息披露等，都给ESG投资提供了标准化的依据。

---

① 中诚信绿金科技总裁沈双波：企业是ESG生态圈核心，ESG评价级别有待提升[EB/OL].[2023-03-02]. https://m.21jingji.com/article/20220830/herald/5a7412b745e2c895f0b669af21fd5942_zaker.html.

② ESG评级详解之Wind ESG评级、华证ESG评级：ESG专题报告[EB/OL].[2023-03-02]. https://xueqiu.com/2598 25 6636/223484008.

所有签署该组织的机构都将严格遵循其公布的6条基本原则进行ESG投资。从这个角度看，投资机构主动加入联合国责任投资原则组织是其向公众表现出自身ESG投资意愿的重要依据之一。

自2012年中国有机构签署UN PRI以来，国内企业签署UN PRI的数目一直呈现增长趋势，各大机构（投资服务机构、基金公司、评级机构等）逐渐认可其6项原则，并自愿成为践行该投资理念的一员。截至2022年年底，中国已有121家机构自愿签署了UN PRI，相比2021年增加了40家，增长率为49.38%。签署UN PRI的机构数目呈现增长趋势，表明国内机构主动参与ESG投资的意愿逐渐增强（见图2.2）。

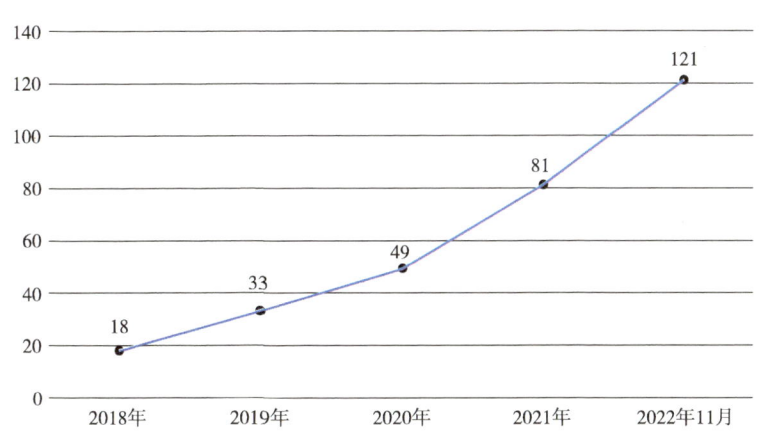

图2.2　2018年—2022年中国内地签署UN PRI的机构数目（单位：家）

资料来源：UN PRI官方网站。

（二）投资规模增长趋势呈现波动性

中国作为ESG投资的跟随者，虽然起步较晚，但其在ESG投资品方面展现了巨大的发展潜力。ESG债券包含绿色债券、社会债券、可持续发展债券（见表2.5）。根据2015年国家发展改革委公布的《绿色债券发行指引》，绿色债券是指募集资金主要用于支持节能减排技术改造、绿色城镇化、能源清洁高效利用、新能源开发利用、循环经济发展、水资源节约和非常规水资源开发利用、污染防治、生态农林业、节能环保产业、低碳产业、生态文明先行示范实验、低碳试点示范等绿色循环低碳发展项目的企业债券。

可持续发展债券有两种，分别为可持续发展债券和可持续发展挂钩债券。

可持续发展挂钩债券相比其他ESG债券主要有两点优势：第一，不限定资金的投资方向，相比于绿色债券规定将资金投向绿色项目，可持续发展挂钩债券更强调目标是否达成。其对发行主体、发行方式和资金投向均无强制要求，只看重企业是否完成了自定的目标。第二，债券条款与关键绩效情况挂钩，其在发行时会设定与关键绩效指标相对应的可持续发展绩效的目标。

2019年新冠疫情突发，各大企业和广大投资者们开始重视企业承担社会责任和投资者行为对于整个社会发展的影响，ESG相关的投资逐渐增大。2021年年底，国内ESG基金规模达2 700亿元，较上年增加了675亿元（见图2.3）；ESG债券存量为59 071.64亿元，增加了14 687.51亿元（见表2.5）。但伴随疫情蔓延，市场环境受到影响，企业生产经营面临更大的不确定性，投资者们在ESG上的投资实践也转向债券类投资，2022年年底国内ESG债券存量达71 662.26亿元，而ESG基金规模出现小幅下降。

表2.5　2018年—2022年11月国内ESG债券存量　　　　　　单位：亿元

ESG债券存量	2018年	2019年	2020年	2021年	2022年11月
绿色债券	449.88	1 970.98	7 812.08	12 606.6	17 657.67
社会债券	237.45	873.69	35 524.35	44 873.04	51 731.19
可持续发展（挂钩）债券	758.80	963.70	1 047.70	1 592.00	2 273.40

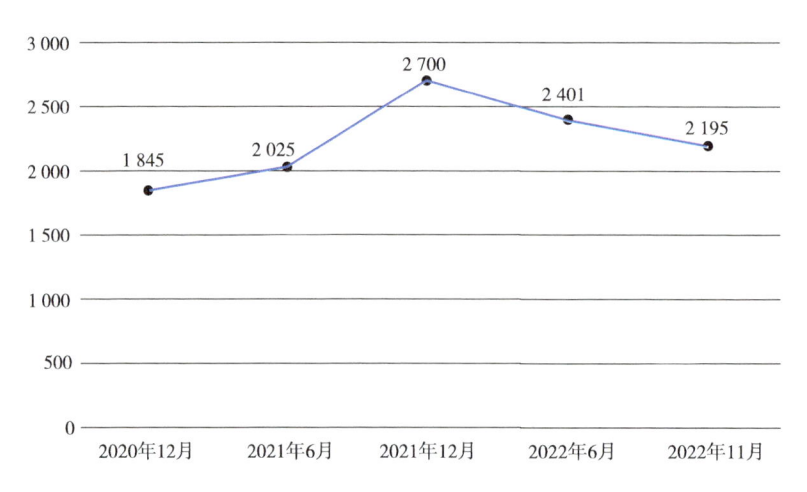

图2.3　2020年—2022年11月国内ESG基金规模（单位：亿元）

资料来源：基于Wind数据库。

（三）投资产品种类增多

目前国内主要的ESG产品有基金和债券两类。ESG基金被分为纯ESG基金泛ESG基金两类，环境主题、社会责任主题及公司治理主题基金均属于泛ESG基金。

纯ESG基金是指仅采用部分或采用全部ESG因子作为投资决策依据的基金，此类基金发行仍处于起步阶段。由于其仅将环境保护、社会责任和公司治理三个维度的相关因素作为投资依据，要求极高，因此纯ESG基金在中国比较稀缺。2022年，国内仅发行了18只纯ESG基金，市场目前共有纯ESG基金42只。由图2.4可知，在泛ESG基金中，环境保护主题基金发行数目一直处于前列，公司治理和社会责任主题基金发展速度相对缓慢。

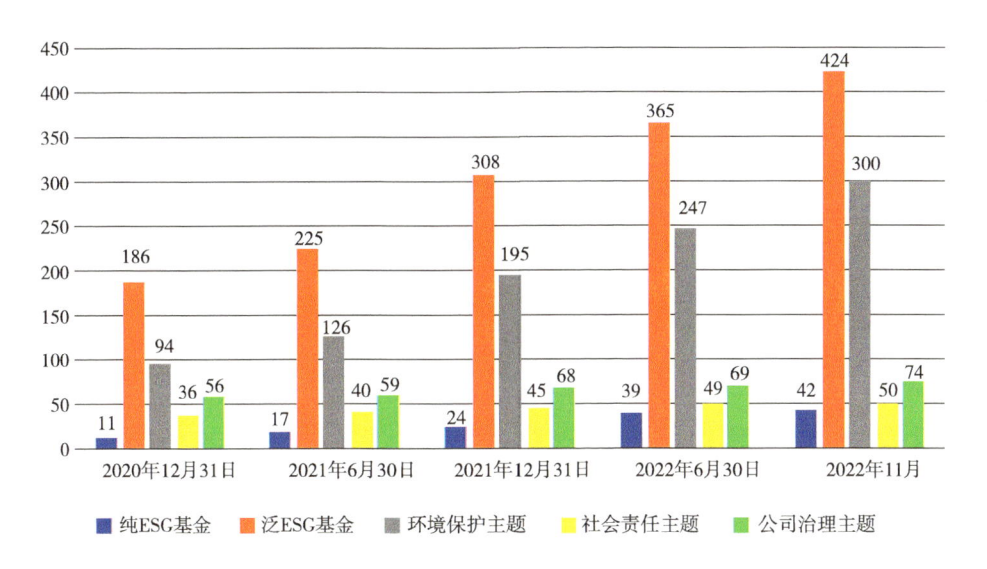

图2.4　2020年—2022年11月ESG基金发行数目概况（单位：只）

资料来源：基于Wind数据库。

由图2.5可知，ESG债券发行数目增长趋势明显。截至2022年11月，国内现存ESG债券数量为2 872只，相比2021年增加了770只，增长率为36.63%。受疫情影响，此类固收投资品受到的追捧度较高。2022年，社会责任债券发行规模最高，达6 858.15亿元，绿色债券和可持续发展债券发行规模分别为5 051.07亿元、681.4亿元，侧面反映了ESG债券市场发展的不均衡性。

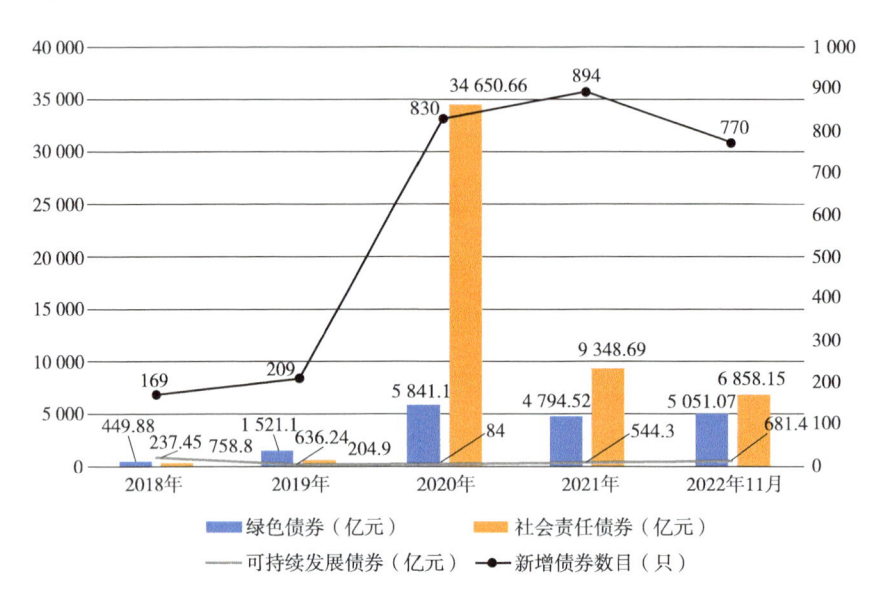

图2.5　2018年—2022年11月国内市场ESG债券发行详情

资料来源：基于Wind数据库。

根据图2.4、图2.5和表2.5可以看出，国内市场的ESG产品种类正在逐渐增加，但各类型的投资品增长趋势并不一致。绿色债券和环境主题基金的规模增长较快，其他投资品种类还有待丰富。其中，社会责任和公司治理主题基金发行远落后于环境主题基金，这从一定角度说明了国内ESG投资仍处于发展的初级阶段，具有广阔的发展前景。

第三章 中国企业ESG信息披露

ESG披露标准是ESG生态系统的关键基础设施。在新发展阶段，研究制定具有中国特色的ESG披露标准，推动企业落实非财务行为责任，有助于夯实负责任大国的微观基础，为企业和相关监管部门提供信息披露依据，对于中国经济高质量发展和融入国际经济体系、参与全球经济治理都具有十分重要的现实意义。ESG理念与我国的绿色发展理念十分契合，推动ESG投资高质量发展能够为"双碳"（碳达峰、碳中和）目标的实现提供科学、精准、有序、高效的金融支持，贡献金融智慧和金融力量。ESG理念的应用和"双碳"目标的实现是实现经济社会高质量发展的必经之路，也是实现企业可持续发展的核心保障。构建中国特色ESG政策体系，对引导绿色低碳转型发展乃至引领带动经济高质量可持续发展具有重要意义。因此，我国亟须构建中国特色ESG标准体系，助力"双碳"目标实现和经济社会绿色低碳转型。本章呈现中国ESG披露标准发展情况和《企业ESG披露指南》团体标准体系。

一、中国ESG披露标准实践发展情况

（一）"E"环境维度相关披露标准

1.GB/T 24031—2021主要内容体系及实践情况（TC207）

环境绩效评价（environmental performance evaluation，EPE）是通过持续向管理当局提供相关和可验证的信息，来确定企业的环境绩效是否符合组织的管理当局所制定标准的内部过程和管理工具。它主要包括：帮助了解企业的

环境绩效,提供有意义的环境报告;确定重要的环境影响因素;追踪环境活动和方案的相关成本和收入,揭示企业环境管理的重点;为组织内不同团体和个人提供激励机制;等等。

在经济发展过程中,资源和生态环境遭到破坏。近年来,我国在污染治理与环境保护方面制定了一系列法律法规,对企业的生产起到监督作用,规范企业生产过程中的行为,帮助企业向环境治理的标准化方向发展。企业在生产中是否会对环境造成污染,通过企业的环境绩效可以得知。环境绩效评价能反映企业在治理过程中存在的问题,帮助企业解决后续发展过程中存在的问题[①]。

从发展历程来看,关于环境绩效评价的研究在20世纪末在国外兴起。1999年国际标准化组织(ISO)下发ISO 14031环境绩效评价标准。2000年世界可持续发展工商理事会(WBCSD)发布了首个评价量化架构。GRI于2001年下发了《可持续发展报告指南》并在2002年对该文件做出了修订。与此同时,联合国贸发会议(UNCTAD)在生态管理方面也制定了相关标准。2000年,环境绩效评价作为术语首次被正式提出,主要是因为(ISO)发布了ISO 14031标准体系,指导组织如何进行环境绩效评价。《环境管理 环境绩效评价指南》(GB/T 24031—2021)等同采用ISO国际标准ISO 14031:2013。按ISO 14031的定义,环境绩效评价是一种管理工具,这种管理工具是指对个人、团体或组织能否实现环境目标的结果的评价,评价是否符合管理当局所制定的标准。它以一种可持续的方式向管理当局提供可验证的相关信息,是一种内部过程。环境绩效评价是通过选择指标、收集和分析数据、信息评价、报告和交流进行组织环境绩效测量与评估的一个系统程序,并针对过程本身进行定期评审和改进。环境绩效评价的过程就是将组织的环境绩效转化为简单易懂的信息的过程,实现这样的过程就必须建立合适的评价指标。建立合适的评价指标是一项必要程序,这项程序就是要组织展现出对环境管理所做出的努力。实施环境绩效评价主要的难点在于识别环境问题并构建指标体系。识别环境问题指的是根据所构建的指标体系,识别出环境管理中的缺陷和不足。识别出缺陷和不足这样的定性指标需要运用统计调查的数据对环境现状和环境目标进行比较分析,所以构建评价指标体系显得尤为关键,在整个环境绩

---

① 黄进:《ISO 14031:2013〈环境管理环境绩效评价指南〉助力组织环境绩效评价》,载《标准科学》2015年第6期,第67~71页。

效评价过程中构建合适的指标体系是环境绩效评价的基础，评价指标体系构建质量越高，则企业环境绩效评估结果的有效性和正确性越高，反之亦然。

从主要框架来看，ISO 14031环境绩效评估标准是一份指导纲要，而非验证标准或绝对的环境绩效准则。其内容是对组织的环境绩效进行测量与评估的一种系统化程序。依据所产生的信息，组织可确认环境管理方案的实施是否达到环境方针、目标与指标，并符合法规的要求。它也可用来确认组织的潜在风险、机会及造成环境绩效不佳的主要原因。所以，环境绩效评估是环境管理体系的重要工具，可应用于任何规模及形态的组织。

从应用范围来看，ISO 14031：2013环境绩效评价体系由环境状况指标（ECIs）以及环境绩效指标（EPIs）两方面组成，其中后者又细分为管理绩效指标（MPIs）与运营绩效指标（OPIs）。政府部门通常将环境状况指标作为对环境质量检测与测评的标准。在对环境绩效作出评价的过程中，要用环境运营绩效指标作为评价数据的依据。该数据表示企业在经营过程中所产生的环境绩效，即表示企业生产的商品在市场流通的过程中给周围的环境带来的影响。该管理方式适用于大多数企业。

2. GB/T 32150—2015主要内容体系及实践情况（TC548）

从发展历程来看，2012年1月9日，国家标准计划《工业企业温室气体排放核算和报告通则》（20111538-T-469）下达，项目周期为24个月，由TC548（全国碳排放管理标准化技术委员会）归口上报及执行，主管部门为国家发展改革委。全国标准信息公共服务平台显示，该计划已完成网上公示、起草、征求意见、审查、批准、发布工作。2015年11月19日，国家标准《工业企业温室气体排放核算和报告通则》（GB/T 32150—2015）由中华人民共和国国家质量监督检验检疫总局、中国国家标准化管理委员会发布。2016年6月1日，国家标准《工业企业温室气体排放核算和报告通则》（GB/T 32150—2015）实施，全部代替标准《工业企业温室气体排放核算和报告通则》（GB/T 15496—2003）。

从主要框架来看，《工业企业温室气体排放核算和报告通则》（GB/T 32150—2015）规定了工业企业温室气体排放核算与报告的基本原则、工作流程、核算边界、核算步骤与方法、质量保证、报告内容等六项重要内容。其中，核算边界包括企业的主要生产、辅助生产、附属生产等三大系统。核算范围包括企业生产的燃料燃烧排放，过程排放以及购入和输出的电力、热力产生的排放。核算方法分为"计算"与"实测"两类,并给出了选择核算方法的参考因素,方便企业使用。

从主要应用范围来看,《工业企业温室气体排放核算和报告通则》(GB/T 32150—2015)适用于指导行业温室气体排放核算方法与报告要求标准的编制,也可为工业企业开展温室气体排放核算与报告活动提供方法参考。

从影响力分析来看,《工业企业温室气体排放核算和报告通则》(GB/T 32150—2015)充分吸纳了中国碳排放权交易试点经验,同时参考了有关国际标准,有效解决了温室气体排放标准缺失、核算方法不统一等问题。企业可按照上述系列国家标准提供的方法,核算温室气体排放量,编制企业温室气体排放报告。

3.《企业环境信息依法披露管理办法》

为深入推进环境信息依法披露制度改革,《企业环境信息依法披露管理办法》于2021年12月11日由生态环境部发布,自2022年2月8日起施行。

从发展历程来看,制定《企业环境信息依法披露管理办法》是深化环境信息依法披露制度改革的重要举措,是推进生态环境治理体系和治理能力现代化的具体行动。该文件贯彻落实党中央、国务院决策部署,加快推动建立企业自律、管理有效、监督严格、支撑有力的环境信息依法披露制度。低碳新时代下,该办法将进一步促进"碳排放"基数的理清,支撑"双碳"目标的更好落地。

从框架体系来看,《企业环境信息依法披露管理办法》明确了企业环境信息依法披露的主体、内容、形式、时限、监督管理等基本内容,强化企业生态环境保护主体责任,规范环境信息依法披露活动。首先,文件明确了环境信息依法披露主体:重点关注环境影响大、公众关注度高的企业,要求重点排污单位、实施强制性清洁生产审核的企业、符合规定情形的上市公司、发债企业等主体依法披露环境信息,同时对制定环境信息依法披露企业名单的程序、企业纳入名单的期限进行了规定。其次,文件明确了企业环境信息依法披露内容。对于年度环境信息依法披露报告,要求重点排污单位披露企业环境管理信息、污染物产生、治理与排放信息、碳排放信息等八类信息;要求实施强制性清洁生产审核的企业在披露八类信息的基础上,披露实施强制性清洁生产审核的原因、实施情况、评估与验收结果等信息;要求符合规定情形的上市公司、发债企业在披露八类信息的基础上，披露融资所投项目的应对气候变化、生态环境保护等信息。对于生态环境行政许可变更、行政处罚、生态环境损害赔偿等市场关注度高、时效性强的信息，要求企业以临时环境信息依法披露报告形式及时披露。再次，文件对企业环境信息依法披露系统建设、信息共享和报送、监督检查和社会监督等进行了规定，明确了违规情形及相应罚则，同时将企业环境信息依法披露的情况作为评价企业信用的重要内容。最后，面对碳达峰、碳中和"3060"目标，文件将碳排放信息（排放量、排放设施等）纳入企业年度环境信息依法披露报告内容之一，有助于从企业层面完善碳信息披露，从而推动企业低碳转型。

从实践应用情况来看，《企业环境信息依法披露管理办法》的发布标志着信息披露的进一步强化，是我国在努力探索"本土化"信息披露管理的体现。《企业环境信息依法披露管理办法》发布会倒逼环境影响大、公众关注度高的企业重视环保问题，从企业层面加速发现与解决环保问题，从而进一步推动我国整体信息披露的进程。

（二）"S"社会维度相关披露标准

1. GB/T 36000—2015 主要内容及实践情况

从GB/T 36000—2015标准的发展历程来看，2015年6月2日，国家质量监督检验检疫总局和国家标准化管理委员会正式发布GB/T 36000—2015《社会责任指南》，并于2016年1月1日正式实施。该标准修改采用ISO国际标准，即ISO 26000：2010，由424-cnis（中国标准化研究院）归口上报及执行，主管部门为国家市场监督管理总局。该国家标准适用于所有类型的组织，不适用于认证目的，不包含要求，仅为组织社会责任活动提供相关建议。该标准在保持ISO 26000：2010技术内容不变的前提下，总体上对标准正文进行了适当的精简，对重复、冗长的段落和语句描述进行了重新整合和高度凝练，删除了正文中多余的资料性描述信息、不必要的解释性信息，并改善了原标准举例过多的问题，以及仅适合国际层面而非国家层面的相关内容。

从GB/T 36000—2015标准的框架体系来看，GB/T 36000—2015《社会责任指南》为推荐性国家标准，主要包括理解社会责任、社会责任原则、社会责任基本实践、关于社会责任核心主题的指南、关于将社会责任融入整个组织的指南等内容。为界定组织社会责任范围、识别相关议题并确定其优先顺序，标准给出了以下7项核心主题：组织治理、人权、劳工实践、环境、公平运行实践、消费者、社区参与和发展。这7项核心主题又包含31项议题。组织的类型多样，各个行业、企业的发展特点及所承载的责任也各不相同。标准中所列出的核心主题虽然与每个组织都息息相关，但是其中的各项内容并不要求同等地适用于所有类型的组织，核心主题下的所有议题也并非都与每个组织相关。组织应该结合自身实际，通过与利益相关方沟通来识别和确定与自身相关的、重要的核心主题和议题。

从GB/T 36000—2015标准的实践应用情况来看，在我国多年的社会责任实践中，企业、地方政府、各类机构均不同程度地开展着社会责任实践。从这些实践中我们可以看到，各类组织的社会责任实践确实都取得了成功，并不存在不适合开展社会责任实践的情况。因此，标准起草工作组将标准适用对象定为组织，而不仅仅是企业，即社会责任指的是组织的社会责任，比企业社会责任的范围更大。作为指导社会责任活动的基础性国家标准，该标准的发布实施使我国社会责任领域的相关概念及实践得到统一和规范，为组织开展社会责任活动提供了依据，能更好地促进组织履行社会责任，有助于我国社会责任活动健康、有序地发展。

2. GB/T 39604—2020 主要内容及实践情况

从GB/T 39604—2020标准的发展历程来看，2020年12月14日，国家市场监督管理总局和国家标准化管理委员会正式发布并实施GB/T 39604—2020《社会责任管理体系 要求及使用指南》。该标准由424-cnis（中国标准化研究院）归口上报及执行，主管部门为国家市场监督管理总局。本标准并非将GB/T 36000按管理体系标准模式修改而成。两者不同之处在于：GB/T 36000为非管理体系标准，属于"指南"性标准，不可用于认证或相关目的；而本标准则是基于国际标准化组织（ISO）通用的管理体系标准高层结构而全新制定的一项社会责任管理体系标准，属于"要求"标准，可用于认证或相关目的。本标准适用于任何规模、类型和活动的组织。本标准适用于组织控制下的社会影响，这些影响必须考虑到诸如组织运行所处环境、组织利益相关方及更广泛的社会需求和期望等因素。本标准既不规定具体的社会责任绩效准则，也不提供社会责任管理体系的设计规范。

从GB/T 39604—2020标准的框架体系来看，该标准符合ISO对管理体系标准的要求，旨在方便本标准的使用者实施多个ISO管理体系标。GB/T 36000—2015的评价要求包括组织所处的环境、领导作用和利益相关参与、策划、支持、运行、绩效评价和改进。该标准所采用的社会责任管理体系的方法基于"策划—实施—检查—改进"（PDCA）的概念。PDCA是一个迭代过程，可被组织用于实现持续改进，可应用于管理体系及其每个单独要素：在策划方面，可确定和评价不良影响和有益影响，以及其他风险和其他基于制定社会责任目标并建立所需的过程，以实现与组织的社会责任方针相一致的结果；在实施方面，可实施所策划的过程；在检查方面，可依据社会责任方针和目标，对活动和过程进行监视和测量，并报告结果；在改进方面，可采取措施持续改进社会责任绩效，以实施预期结果。

3. 中国企业社会责任报告编写指南（CASS-CSR）

从发展进程来看，在国资委研究局的支持下，"中国企业社会责任报告编写指南"（CASS-CSR）系列是由中国社会科学院经济学部企业社会责任研究中心研发编制，WTO经济导刊、企业公民工作委员会参与编写的。2009年，《中国企业社会责任报告编写指南（CASS-CSR1.0）》发布，此后升级到5.0版本。

CASS-CSR的通用指标体系主要包括六个部分、164个指标，分别为报告前言（P系列）、责任治理（G系列）、市场绩效（M系列）、社会绩效（S系列）、环境绩效（E系列）、报告后记（A系列）。

CASS-CSR的服务对象主要是中国企业，为中国企业编制社会责任报告提供了基本框架。从CASS-CSR的实践应用情况看，2016年，400余家中外大型企业参考CASS-CSR 3.0编写社会责任报告。CASS-CSR是全球报告倡议组织（GRI）官方认可的全球国别报告标准，有力地提升了中国在国际社会责任运动中的话语权。2022年参考5.0版本编制企业社会责任报告的企业包括华电集团、中国移动、神华、中煤三星、中国电子、华润医药、松下中国、南方电网、中国建筑、华润地产、中国石化、中储棉、华润、蒙牛、安浦项、武钢等多家企业。

4. ESG标准披露情况

由我国国家标准化管理委员会（SAC）颁布现行"社会责任"相关标准

共计22个（见表3.1），包括国家计划（推荐性）5个、国家标准（推荐性）5个、行业标准（推荐性）7个、地方标准（推荐性）5个，其中覆盖认证认可（RB）、电子（SJ）、国内贸易（SB）和通信（YD）四个行业，以及山东、河北、河南、宁波和广东五个区域。

表3.1 我国现行"社会责任"相关标准

序号	标准类型	标准编号	标准名称	下达/实施日期
1	国家计划	20193350-T-424	第三方电子商务交易平台社会责任实施指南（Guidance on the implementation of social responsibility for third party e-commerce trading platform industry）	2019-10-24
2	国家计划	20193349-T-424	社会责任管理体系 要求及使用指南（Social responsibility management systems—Requirements with guidance for use）	2019-10-24
3	国家计划	20121530-T-424	社会责任绩效分类指引（Guidance on classifying social responsibility performance）	2013-2-18
4	国家计划	20120660-T-424	社会责任指南（Guidance on social responsibility）	2012-10-12
5	国家计划	20120659-T-424	社会责任报告编写指南（Guidance on social responsibility reporting）	2012-10-12
6	国家标准	GB/T 39626—2020	第三方电子商务交易平台社会责任实施指南（Guidance on the implementation of social responsibility for third party e-commerce trading platform industry）	2020-12-14
7	国家标准	GB/T 39604—2020	社会责任管理体系 要求及使用指南（Social responsibility management systems—Requirements with guidance for use）	2020-12-14
8	国家标准	GB/T 36002—2015	社会责任绩效分类指引（Guidance on classifying social responsibility performance）	2016-1-1
9	国家标准	GB/T 36000—2015	社会责任指南（Guidance on social responsibility）	2016-1-1

续表

序号	标准类型	标准编号	标准名称	下达/实施日期
10	国家标准	GB/T 36001—2015	社会责任报告编写指南（Guidance on social responsibility reporting）	2016-1-1
11	行业标准	YD/T 3836—2021	信息通信行业企业社会责任管理体系 要求	2021-4-1
12	行业标准	YD/T 3837—2021	信息通信行业企业社会责任评价体系	2021-4-1
13	行业标准	SJ/T 11728—2018	电子信息行业社会责任管理体系	2019-1-1
14	行业标准	RB/T 178—2015	合格评定 社会责任要求	2018-12-1
15	行业标准	RB/T 179—2018	合格评定 社会责任评价指南	2018-12-1
16	行业标准	SJ/T 16000—2016	电子信息行业社会责任指南	2016-12-1
17	行业标准	SB/T 10963—2013	商业服务业企业社会责任评价准则	2013-11-1
18	地方标准	DB41/T 876—2020	民营企业社会责任评价指南	2020-4-20
19	地方标准	DB3302/T 1047—2018	宁波市企业社会责任评价准则	2018-6-21
20	地方标准	DB13/T 2516—2017	企业社会责任管理体系 要求	2017-8-01
21	地方标准	DB41/T 876—2013	民营企业社会责任评价与管理指南	2014-2-25
22	地方标准	DB44/T 767—2010	广东省食品医药行业社会责任	2010-9-1

资料来源：根据相关资料手工整理。

基于目前的社会责任实践情况，国家标准化体系建设工作正在有序开展。为推动其发展，实现"到2020年，基本建成支撑国家治理体系和治理能力现代化的具有中国特色的标准化体系；到2025年，实现标准供给由政府主导向政府与市场并重转变，标准运用由产业与贸易为主向经济社会全域转变，标准化工作由国内驱动向国内国际相互促进转变，标准化发展由数量规模型向质量效益型转变"，国务院办公厅印发《国家标准化体系建设发展规划（2016—2020年）》，中共中央、国务院印发《国家标准化发展纲要》，为我国标准化建设进行战略指导；国家标准化管理委员随即出台《2022年全国标准化工作要点》《关于加强国家标准验证点建设的指导意见》《关于促进团体标准规范优质发展的意见》，将战略落地并进一步细化。2022年，国家将标准化工作划分为六大切入面、88个着手点，指导下一级单位实践。

（三）"G"治理维度相关披露标准

国内企业管治守则的主要内容及实践紧密围绕香港联交所发布的《企业管治守则》及其历次修订。2021年12月，香港联交所刊发了《有关检讨〈企业管治守则〉及相关〈上市规则〉条文以及〈上市规则〉的轻微修订》的咨询总结，采纳了《检讨〈企业管治守则〉及相关〈上市规则〉条文》中大部分的建议，并做出若干修改或澄清，对《企业管治守则》做出了最新的修订。本次守则的修订旨在推动香港上市公司改变董事会组建思维，提升董事会独立性，并推进公司更新董事会成员组合及继任规划，以全面提升公司董事会成员的多元化水平及企业管治水平。

从我国企业管治守则发展来看，香港联交所通过结合资本市场的声音，以新《企业管治守则》内容作为载体（见图3.1），加强上市公司对企业文化、董事会组建、企业管治、环境、社会及治理等方面的管理意识与深度思考，优化资本市场环境。具体而言，新守则变化的关键要点集中在企业文化，要求董事会确保公司的文化与其目的、价值与策略一致，并制定反贪污及举报的相关政策，支持业务往来方以匿名形式向审核委员会提出关于公司的不当事宜。董事会独立性方面新增对独立非执行董事的要求、对董事会意见机制的披露要求，以及授予股本权益酬金的建议。董事会多元化方面更强调成员性别多元化，董事会及雇员层面新增强制披露性别多元化的要求，同时要求董事委任后提供性别资料。与股东的沟通方面，新增强制披露公司与股东的沟通政策，政策应包括股东向公司表达意见渠道及方式，并每年检讨政策的实施情况与有效性。ESG的管理与监督方面新增董事会有关ESG风险的检讨要求。董事会应每年检讨包括ESG风险在内的风险管理及内部监控系统的有效性，持续监察包括ESG风险在内的重大风险。其他修订则聚焦股东大会出席率和非执行董事的委任规定等方面，说明在企业的成功运营与长期可持续发展中良好的公司治理起着至关重要的作用。

企业文化
健康的企业文化对良好的管治至关重要：强调企业文化与愿景及策略必须一致

董事会独立性
重视董事的独立性：提升董事会独立性、推动董事会更新成员组合及继任方面的规划，以及加强提名委员会的作用

董事会多元化
董事会多元化有利于提高董事会效能：董事会进一步推动上市发行人董事会成员（性别）多元化

与股东的沟通
与股东及持股份者有效互动：加强与股东的沟通

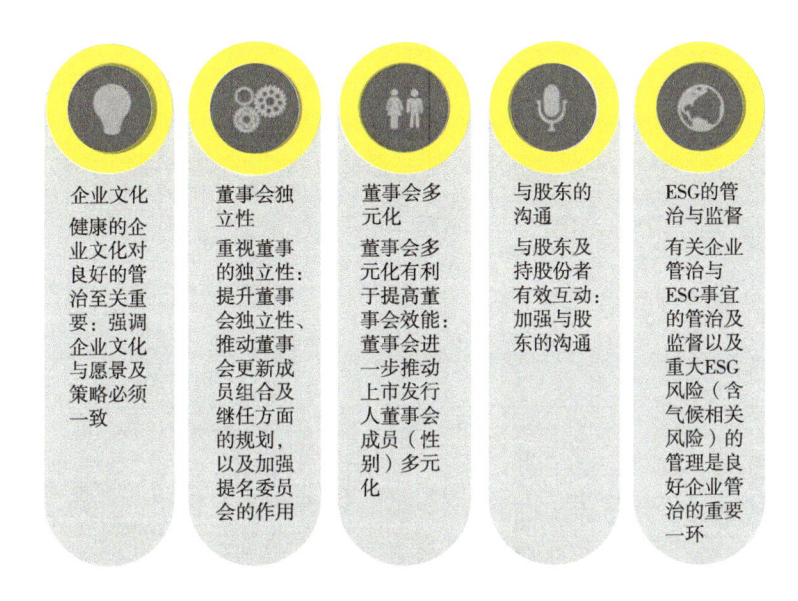

ESG的管治与监督
有关企业管治与ESG事宜的管治及监督以及重大ESG风险（含气候相关风险）的管理是良好企业管治的重要一环

图3.1《企业管治守则》条文修订主要内容

资料来源：香港联交所发布的《企业管治守则》。

从我国企业管治守则实践应用来看，香港联交所正进一步致力于推广香港上市发行人良好的企业管治标准，推动董事会的实际作用与董事会思维模式的转变，强化发行人与股东之间的沟通要求，强化环境、社会及治理的管理、监督和披露。此外，由于企业管治必然涉及恰当管理环境及社会事项，企业管治与ESG是相辅相成的，因而企业管治守则的存在也强调公司应识别并评估可能严重影响其业务和运作的ESG风险，并采取适当措施加以管理，董事会则应以对待其他风险的相同方式对待ESG风险。

国内ESG披露标准中的不同内容基本散落在E、S、G三个不同的维度中，总体上缺乏ESG信息融合性（见表3.2），《企业ESG披露指南》的颁布能够打破这一僵局，为中国ESG标准体系构建创造良好开端和坚实基础。

表 3.2 国内ESG披露标准比较

标准	《企业ESG披露指南》	《企业环境信息依法披露管理办法》	GB/T 36000—2015《社会责任指南》	GB/T 39604—2020《社会责任管理体系要求及使用指南》	《上市公司治理准则》	《企业管治守则》修订	《中国企业社会责任报告指南（CASS-ESG 5.0）》
发布时间	2022年	2021年	2015年	2020年	2002年	2021年	2022年
发起组织	中国企业改革与发展研究会、首都经济贸易大学	生态环境部	国家市场监督管理总局和国家标准化管理委员会	国家市场监督管理总局和国家标准化管理委员会	证监会	香港联交所	中国社会科学研究院
目标	提高披露的质量和数量，按照中国国情进行社会责任报告的撰写，提升ESG绩效	规范企业环境信息依法披露活动，加强社会监督	帮助组织在遵守法律法规和基本道德规范的基础上实现更高的组织社会价值，最大限度地致力于可持续发展	使组织能够通过防止和纠正不良影响，促进有益影响以及主动改进其社会责任绩效来更好地履行其社会责任，从而成为对社会负责任的组织	推动上市公司建立和完善现代企业制度、规范上市公司运作，促进我国证券市场健康发展	推动香港上市公司改变董事会组建思维，提升董事会独立性，推进公司更新董事会成员组合及继任规划，全面提升公司董事会成员的多元化水平及企业管治水平	推动我国企业社会责任报告在更大程度、更广维度上发挥作用，明确加强报告价值管理，使报告真正起到对内强化管理、对外提升品牌的作用

资料来源：根据相关资料手工整理。

（四）其他ESG披露相关要求

1. 香港ESG披露标准

香港联交所于2012年首次出台了《环境、社会及管治报告指引》并于2019年对其进行了重大修订。根据《环境、社会及管治报告指引》及《企业管治守则》等条文规定，香港ESG披露主要涵盖环境、社会和公司治理3个维度共17个重要议题，其披露责任可分为"不遵守就解释"和"强制披露"2个层次，如表3.3所示。

表3.3 中国香港ESG披露标准

维度	议题	关键绩效指标披露责任
环境（E）	排放物	不遵守就解释
	资源使用	
	气候变化	
	环境及天然资源	
社会（S）	雇佣	不遵守就解释
	反贪污	
	劳工准则	
	社区投资	
	产品责任	
	发展及培训	
	健康与安全	
	供应链管理	
公司治理（G）	治理结构	强制披露
	薪酬制度	
	汇报原则的应用	
	汇报范围的界定	
	风险管理与内部监督	

注：根据《环境、社会及管治报告指引》（2019）和《企业管治守则》编制；"不遵守就解释"指发行人可就有关议题选择披露条文所要求的资料，或解释不披露有关资料的原因，如因该议题对发行人的业务不重要或其不适用于发行人的行业。

2. 证监会关于ESG信息披露的相关要求

近年来，证监会持续强化上市公司环境、社会责任和公司治理信息披露要求（见表3.4）。

表3.4　证监会发布关于ESG的相关文件（2018—2022年）

机构	时间	名称	内容
证监会	2018年	《中国上市公司治理准则》	规定上市公司应当依照法律法规和有关部门的要求，披露环境信息以及履行扶贫等社会责任相关情况，形成ESG信息披露基本框架
证监会	2020年5月	《科创板上市公司证券发行注册管理办法（试行）》	要求在信息披露文件中以投资者需求为导向，有针对性地披露公司治理信息，并充分揭示可能对公司核心竞争力、经营稳定性以及未来发展产生重大不利影响的风险因素
证监会	2021年6月	《年度报告的内容与格式》和《半年度报告的内容与格式》	新增"第五节 环境和社会责任"
证监会	2022年4月	《上市公司投资者关系管理工作指引》	将ESG信息作为投资者关系管理中上市公司与投资者沟通的内容之一

资料来源：根据相关资料手工整理。

2022年2月18日，在对《关于推进制度开放，加快完善中国责任投资信息披露标准及评价体系的提案》答复中，证监会表示下一步将深入落实新发展理念，持续优化上市公司信息披露制度，不断完善上市公司环境、社会责任和公司治理信息披露有关要求，引导上市公司在追求自身经济效益、保护股东利益的同时，更加重视对利益相关者、社会、环境保护、资源利用等方面的贡献。这预示着上市公司ESG方面的信息披露体系将愈发完善，虽然目前距离强制披露ESG报告仍有些距离，但ESG无疑是未来信息披露改革的一个重点方向。

2022年4月15日，证监会官网发布《上市公司投资者关系管理工作指引》，该指引正式将ESG纳入其中，作为投资者关系管理中上市公司与投资者沟通的内容之一。与2021年的征求意见稿相比，正式版本将ESG表述做了微调，即从"公司的环境保护、社会责任和公司治理信息"调整为"公司的环境、社会和治理信息"。

从目前已有的信息披露规定来看，在环境信息披露方面，证监会两次修订上市公司定期报告内容与格式准则，逐步完善了分层次的环境信息披露制度。在社会责任信息披露方面，鼓励上市公司在年度报告中披露履行社会责任的有关情况。公司治理信息披露方面，证监会修订上市公司定期报告内容与格式准则，要求全部上市公司披露报告期内因环境问题受到行政处罚的情况，鼓励上市公司自愿披露在报告期内为减少其碳排放所采取的措施和效果。

在目前我国的经济发展阶段，完善上市公司ESG信息披露意义重大，最明显的意义就是提高上市公司的环保、社会责任、管理意识，其中社会责任意识一直是多数上市公司的薄弱之处。ESG信息披露有望逐步唤醒企业的社会责任意识，为共同富裕作出更大贡献。

3. 上交所关于ESG信息披露的相关要求

近年来，上交所持续强化上市公司环境、社会责任和公司治理信息披露要求（见表3.5）。

表3.5　上交所发布关于ESG的相关文件（2018—2022年）

部门	时间	文件名	主要内容
上交所	2018年	《上海证券交易所科创板股票上市规则》	对环境等相关信息做出了强制披露要求；重点说明了企业应履行生产和安全保障责任以及员工权益保障责任
上交所	2019年	《上海证券交易所科创板股票上市规定》	要求科创板上市公司披露保护环境、保障产品安全、维护员工与其他利益相关者合法权益等履行社会责任的情况
上交所	2020年	《上海证券交易所股票上市规则（2020年12月修订）》	进一步完善退市标准，简化退市程序，加大退市监管力度，保护投资者权益等
上交所	2020年	《上海证券交易所科创板上市公司自律监管规则使用指引第2号——自愿信息披露》	鼓励科创板公司自愿披露ESG方面的更多信息
上交所	2022年	《上海证券交易所股票上市规则（2022年1月修订）》	对上交所上市公司进行环境、社会和治理（ESG）的社会责任方面信息披露提供了更为明确的内容指引

续表

部门	时间	文件名	主要内容
上交所	2022年	《关于做好科创板上市公司2021年年度报告披露工作的通知》	科创板上市公司视情况单独编制和披露ESG报告等文件
上交所	2022年	《"十四五"期间碳达峰碳中和行动方案》	提出优化股权融资服务，强化上市公司环境信息披露，推动企业低碳发展，针对ESG提出要在行动期末达成"上市公司环境责任意识得到提高，ESG信息披露形成规范体系"的目标

资料来源：根据相关资料手工整理。

2020年9月25日，上交所发布《上海证券交易所科创板上市公司自律监管规则适用指引第2号——自愿信息披露》，纳入ESG信息披露内容。2022年1月7日上交所发布了《上海证券交易所股票上市规则（2022年1月修订）》，对上市公司重视环境及生态保护、积极履行社会责任、建立健全有效的公司治理结构、按时编制和披露社会责任报告等非财务报告也有了明确的要求，对上交所上市公司进行ESG中社会责任方面信息披露提供了更为明确的内容指引。与2020年12月的旧版相比，新版上市规则首次纳入企业社会责任（CSR）相关内容，包括在公司治理中纳入CSR、要求按规定披露CSR情况、损害公共利益可能会被强制退市三个方面。2022年1月，上交所对科创板公司提出在年报中披露ESG信息的相关要求，上交所通过内部系统向科创板上市公司发布的《关于做好科创板上市公司2021年年度报告披露工作的通知》中提出：科创板公司应当在年度报告中披露ESG相关信息，科创50指数成分公司应当在本次年报披露的同时披露社会责任报告或ESG报告。2022年上交所发布《上海证券交易所"十四五"期间碳达峰碳中和行动方案》，提出优化股权融资服务，强化上市公司环境信息披露，推动企业低碳发展，针对ESG提出要在行动期末达成"上市公司环境责任意识得到提高，ESG信息披露形成规范体系"的目标。

4. 深交所关于ESG信息披露的相关要求

近年来，深交所持续强化上市公司环境、社会责任和公司治理信息披露要求（见表3.6）。

表3.6 深交所发布关于ESG的相关文件

部门	时间	文件名	主要内容
深交所	2015年	《中小板上市公司规范运作指引》	规定上市公司出现重大环境污染问题时，应当及时披露环境污染产生的原因、对公司业绩的影响等
深交所	2020年	《深圳证券交易所上市公司信息披露工作考核办法（2020年修订）》	纳入ESG报告加分项，对上市公司履行社会责任的披露情况进行考核，增加了第十六条"履行社会责任披露情况"，并首次提及ESG披露
深交所	2022年	《深圳证券交易所上市公司自律监管指引第1号——主板上市公司规范运作》	要求"上市公司应当积极履行社会责任，定期评估公司社会责任的履行情况，深证100样本公司应当在年度报告披露的同时披露公司履行主板上市公司规范运用社会责任的报告"，并给出了社会责任报告的内容范围和需于社会责任报告中披露的环境信息

资料来源：根据相关资料手工整理。

2020年9月4日，深交所发布《深圳证券交易所上市公司信息披露工作考核办法（2020年修订）》（以下简称《办法》），纳入ESG报告加分项。《办法》共包括五章内容，分别为总则、考核内容和标准、考核标准、考核实施、附则。比对2020年修订版和2017年修订版发现，考核内容和标准方面，新版考核办法新增对上市公司信息披露的有效性、自愿性披露情况、投资者关系管理情况、履行社会责任的披露情况等方面的考核要求。深交所按照本《办法》规定的考核标准对上市公司信息披露工作开展考核，对照本《办法》中上市公司信息披露工作考核结果不得评为A、评为C以及评为D的负面清单指标，在基准分基础上予以加分或者减分，确定考核期内上市公司评级，从高到低划分为A、B、C、D四个等级。公司信息披露评级为A的数量占考核总数量比例不超过25%。2022年1月，深交所更新了上市规则，首次纳入企业社会责任（CSR）相关内容，包括在公司治理中纳入CSR、要求按规定披露CSR情况、损害公共利益可能会被强制退市三个方面。同月，深交所还通知，科创50指数成分公司应在年报披露的同时披露社会责任报告。2022年深交所发布《深圳证券交易所上市公司自律监管指引第1号——主板上市公司规范运作》，要求"上市公司应当积极履行社会责任，定期评估公司社会责任的履行情况，'深证100'样本公司应当在年度报告披露的同时披露公司履行社会责任的报告，同时鼓励其他有条件的上市公司披露社会责任报告"。

5. 北交所关于ESG信息披露的相关要求

2022年1月18日，北京证券交易所（以下简称"北交所"）上市公司管理部总监张华在"2022宏观形势年度论坛"上提出要"发挥北交所市场功能，推动中小企业践行ESG发展理念"，并表示：中小企业在ESG领域有较大的提升空间。作为服务创新型中小企业主阵地，北交所充分发挥市场功能，加大对中小企业的金融支持，推动中小企业践行ESG发展理念，推动上市公司技术革新，实现双碳目标。

（五）中国ESG信息披露体系的发展特点与不足

目前，中国尚未建立统一的ESG披露标准框架（见表3.2），但我国在环境、社会、治理等方面的信息披露政策和要求从未停止脚步，政府相关部门和有关机构都在为构建中国ESG披露标准作出不懈努力和贡献。目前，我国ESG信息披露体系已经取得明显发展和长足进步，但与先进国家（地区）的ESG政策和实践发展相比仍存在一定差距，我国ESG披露标准尚存在许多不足之处。

1. 自愿披露向强制披露转变，但信息披露的强制化程度仍不足

2013年，深交所发布《深证证券交易所主板上市公司规范运作指引》，针对环境问题进行了强制披露要求，规定上市公司在出现重大环境污染问题时应及时披露环境信息。2018年9月，证监会修订并发布了《上市公司治理准则》，其中第八章（利益相关者、环境保护与社会责任）初步搭建了上市公司ESG信息披露框架，并在2020年成为强制性要求。2019年，上交所发布《上海证券交易所科创板股票上市规则》，对ESG相关信息做出了强制披露要求，要求科创板上市公司披露保护环境、保证产品安全、维护员工与其他利益相关者权益等情况。2020年10月，国务院印发《关于进一步提高上市公司质量的意见》，明确要求上市公司规范公司治理和内部控制并提升信息披露质量。2021年，生态环境部印发《环境信息依法披露制度改革方案》，根据方案，2022年国家发展改革委、中国人民银行和证监会要完成上市公司、发债企业信息披露有关文件格式修订，2025年基本形成环境信息强制性披露制度。2022年9月，中国人民银行发布《深圳经济特区绿色金融条例》，要求银行披露绿色信贷余额、绿色信贷占总信贷余额比重、不良贷款余额及不良率、资产结构、较之前报告期的变动情况等，为金融机构开展环境信息披露提供统一指引，设定了符合条件的金融机构强制性披露环境信息的工作要求。通过以上文件可以看出，国内对企业社会责任信息的披露要求由"自愿披露"逐渐过渡到"强制披露部分环境信息"，如今逐步向"强制披露ESG信息披露框架"方向发展。

目前中国内地对ESG信息披露的要求以上市公司自愿披露为主，只对部分上市公司的特定ESG信息才有强制披露要求，虽然已初步构建ESG信息披露框架，但仍处于由自愿披露向强制披露转变的发展过程中。从当前发展来看，ESG相关信息的披露仍以企业自愿为主，但部分国家和地区（例如中国香港地区、澳大利亚、印度和南非等）已经开始采取半自愿半强制的原则，要求企业"不遵守就解释"，或要求有重大影响的企业（如高污染高风险企业、市值达到一定规模的上市公司）披露完整的ESG信息内容。中国香港地区2019年发布的第三版《环境、社会及管治报告指引》将所有"自愿披露"事项转变为"不披露就解释"，一些关键指标提升为"强制披露"水平，并新增强制性披露的指标。与国外先进经济体及中国香港地区相比，中国内地ESG披露的强制化程度仍相差甚远，因此中国内地应逐渐提高披露要求，从当前以企业自愿披露为主的要求逐步向自愿和强制结合过渡，最后实现全面的强制披露要求。从中国内地信息披露情况来看，虽然每年发布ESG相关报告的上市公司数量都在增长，但信息披露程度仍然不足，反映出相关政策强制化要求不够，因此，ESG信息披露政策强制化程度仍需加强。

2. 披露内容逐渐全面化，但披露要求缺乏统一规定

自2003年国家环保总局颁布《关于企业环境信息公开的公告》开始要求企业披露环境信息，中国在环境等方面的披露制度和政策要求逐步完善。2017年6月，环保部、（证监会）联合签署《关于共同开展上市公司环境信息披露工作的合作协议》，推动建立和完善上市公司强制性环境信息披露制度。"十四五"以来，中国环境监管部门陆续发布多份政策文件，包括《关于统筹和加强应对气候变化与生态环境保护相关工作的指导意见》(环综合〔2021〕4号)、《"十四五"节能减排综合工作方案》、《"十四五"土壤、地下水和农村生态环境保护规划》和《"十四五"期间碳达峰碳中和行动方案》,对上市公司等企业的环境信息披露提出要求。深交所和上交所陆续发布《上市公司社会责任指引》《上市公司环境信息披露指引》等,对上市公司包括环境保护在内的社会责任信息披露提出了具体要求和指引,证监会也针对上市公司信息披露及相关治理提出了具体要求。反观"社会"和"治理"方面,并没有发布任何独立的相关政策,虽然2022年深交所发布的《深圳证券交易所上市公司自律监管指引第1号——主板上市公司规范运作》、2022年证监会发布的《上市公司投资者关系管理工作指引》正式稿、2022年银保监会发布的《银行业保险业绿色金融指引》等相关指引文件中加入该部分内容,但相比"环境"部分披露要求仍然比重较少,且缺乏披露要求的统一规定。

由于国内各交易所对环境、社会、治理报告披露的内容、格式等并无统一的规定,仅有指引性的建议,各家上市公司的报告内容格式也为自主决定,对于关键信息并不像欧美市场一样有统一编码,因此国内市场呈现出报告内容、格式参差不齐的情况。2018年,证监会修订了《上市公司治理准则》,为上市公司披露ESG信息提供框架,但具体细则过于宽泛,并未从根本上解决ESG信息披露指标存在差异、数据口径不一致等问题,因此ESG信息披露仍然缺乏统一的规定和要求。

3. 披露主体范围逐步扩大,但发展较为缓慢

2014年,《中华人民共和国环境保护法》将环境治理信息披露的主体规定为"重点排污单位"。2016年,中国人民银行、财政部等七部委联合中的《关于构建绿色金融体系的指导意见》以及2017年环保部和证监会联合签署的《关于共同开展上市公司环境信息披露工作的合作协议》提出逐步要求全体上市公司披露环境信息;当前除了"上证公司治理板块""深证100"样本股必须披露社会责任报告,对其他上市公司仅作鼓励性要求。2021年,生态环境部发布《企业环境信息依法披露管理办法》,要求重点排污单位、实施强制性清洁生产审核的企业、符合规定情形的上市公司、发债企业等主体依法披露环境信息,同时对制定环境信息依法披露企业名单的程序、企业纳入名单的期限进行了规定。2022年1月,深交所发布《深圳证券交易所上市公司自律监管指引第1号——主板上市公司规范运作》，要求"上市公司应当积极履行社会责任，定期评估公司社会责任的履行情况，'深证100'样本公司应当在年度报告披露的同时披露公司履行社会责任的报告，同时鼓励其他有条件的上市公司披露社会责任报告"，并给出了社会责任报告的内容范围和需于社会责任报告中披露的环境信息。2022年，上交所发布《上海证券交易所"十四五"期间碳达峰碳中和行动方案》，提出优化股权融资服务，强化上市公司环境信息披露，推动企业低碳发展，针对ESG提出要在行动期末完成"上市公司环境责任意识得到提高，ESG信息披露形成规范体系"的目标。由最初只要求"列入名单的企业"公开环境信息向要求"全体上市公司"披露环境信息转变，可见我国要求的披露主体范围逐步扩大。

中国内地的披露主体范围正在逐步扩大，但发展缓慢，当前除了"上证公司治理板块""深证100"样本股必须披露社会责任报告，对其他上市公司仅作鼓励性要求。而中国香港地区在起步时要求披露的主体范围就比较广，并且中间直接经历了从全港上市公司到所有香港注册公司的跨越式发展。美国ESG法律文件的规约主体从上市公司开始逐步扩大到养老基金和资产管理者，再进一步延伸到证券交易委员会等监管机构。日本早期的ESG政策法规主要针对上市公司和机构投资者。因此，我国政府部门以央企控股上市公司为抓手，从提出央企"有条件的企业发布报告"到"ESG报告全覆盖"，范围逐步扩大；报告形式要求也由社会责任报告向ESG报告转变，披露范围和内容进一步扩宽，更为全面地反映企业可持续发展的表现。国内监管机构则以金融机构为核心，2022年分别出台了《金融机构环境信息披露指南》《银行业保险业绿色金融指引》等系列指引文件，旨在通过完善金融机构的环境信息披露逐步提升企业的ESG管理能力，但其规定的ESG披露主体仍主要集中在金融行业等，因此，ESG信息披露主体范围仍需要进一步扩大，从而全面促进企业ESG实践发展。

4. 披露标准逐步细化，但总体信息披露质量有待提高

2017年，中共中央办公厅、国务院办公厅印发《关于创新体制机制推进农业绿色发展的意见》，对农业提出了绿色发展等要求。2020年，国家发展改革委、司法部印发《关于加快建立绿色生产和消费法规政策体系的意见》，提出推行绿色设计，强化工业清洁生产，发展工业循环经济。由此看来，国内

ESG分行业披露标准建设正在路上。2021年，生态环境部发布《生态环境保护专项考察办法》，规范生态环境保护专项督查工作，推动解决突出生态环境问题，落实生态环境保护责任。2022年，证监会印发《上市公司投资者关系管理工作指引》正式稿，进一步增加和丰富投资者关系管理的内容及方式，明确上市公司投资者关系管理工作的主要职责，要求公司制定制度和机制。2022年6月，银保监会印发《银行业保险业绿色金融指引》，要求金融保险机构的董事会或理事会承担绿色金融的主体责任，从战略高度确认了将ESG纳入管理流程和风险管理体系的重要意义，并要求银行、保险机构充分公开绿色金融战略和政策，充分披露自身绿色金融的发展情况。由此可见，各部门正逐渐细分标准，加强对ESG各维度的披露程度和披露质量。

目前我国ESG披露的信息仍然比较单一，国内对社会责任内容的披露要求多集中于"环境"方面，对于"社会"及"治理"方面的规定较少，且指标不明确，虽然中国ESG信息披露要求在政府部门的推动下已经逐步由环境方面转向ESG全覆盖要求，但仍处于发展不平衡不充分的阶段，因此要加快完善ESG信息披露体系建设。

与此同时，我国ESG报告缺乏独立验证。截至2022年，发布ESG相关报告的上市公司达到了1 427家，当年披露ESG相关报告有1 513份。近两年增速有所加快，2021年新增135家，2022年新增285家，但是在披露了ESG报告的公司中，只有少数的报告经过了第三方审计。在沪港深ESG研究的6个案例中，只有中国平安一家发布的ESG报告附上了由德勤出具的独立鉴定报告，可见第三方审计能力和水平亟待提升。虽然越来越多的中国企业开始发布ESG报告，但绝大多数ESG报告未经审验，在可信度方面有待验证。相比于内地ESG验证情况，香港联交所发布的新版ESG指引鼓励公司就其ESG报告获取独立验证以加强所披露ESG数据的可信性；公司若取得独立验证，应在ESG报告中清晰描述验证的水平、范围和所采用的过程。因此，内地应该尽快完善ESG报告独立验证的政策体系，促进ESG报告信息独立验证，提升信息可信度和信息可比性。

5. 董事会作用逐步强化，但ESG实践和管理水平有待加强

国内自1993年《中华人民共和国公司法》发布就对董事会、监事会的设立与委任做出了规定。2002年，证监会与国家经贸委联合发布《上市公司治理准则》，对控股股东行为、董事与董事会义务责任作出明确的规定。2015年，国务院发布《关于深化国有企业改革的指导意见》，提出要推进董事会建设。2015年印发的《国务院办公厅关于加强和改进企业国有资产监督防止国有资产流失的意见》，要求落实董事对董事会决议承担的法定责任。2021年12月，香港联交所刊发《有关检讨〈企业管治守则〉及相关〈上市规则〉条文以及〈上市规则〉的轻微修订》，推动香港上市公司改变董事会组建思维，提升董事会独立性，并推进公司更新董事会成员组合及继任规划，以全面提升公司董事会成员的多元化水平及企业管治水平。总体上，各部门正逐步强化董事会在企业ESG实践中的作用，同时加强对董事会的监督约束机制。部分企业从治理层、管理层、执行层三个维度加强可持续ESG管理，通过设置战略与可持续发展委员会、可持续发展管理委员会、可持续发展与气候行动办公室、可持续发展专家委员会和ESG执行小组等制订可持续ESG战略实施方案。其中，战略与可持续发展委员会作为公司战略与ESG决策层，承担制定企业ESG战略和发展方向，判定企业面临的风险及机遇，核准企业的ESG长期、中期及短期目标，定期核查企业ESG绩效业绩，决策重大ESG议题事项如审定社会责任报告等职能。但目前，大多数企业的ESG战略管理和实践仍处于初步探索阶段，各层面的组织架构、人员配备及相关配套措施都不甚完善，仍然需要提高董事会、管理层和执行层在企业ESG实践方面的协调配合程度，以完善的治理结构和治理机制推动企业ESG绩效提升，从而实现企业可持续健康发展。

（六）国外ESG标准对国内ESG披露标准体系的启示

相比于发达国家，中国目前尚未建立一套既适用于中国国情又能够对接国际相关标准的ESG披露标准体系。因此，亟须政府相关部门牵头制定统一的中国ESG标准体系，全面吸纳各利益相关者所关切的问题和内容，利于各市场经济主体之间的ESG信息良性互动，从而提高中国ESG信息披露标准体系的社会影响力和国际认可度。随着ISSB等国际ESG标准的逐步完善，欧盟以及美国、日本、英国、新加坡等经济体纷纷加速布局ESG标准的政策规划，以全面促进各自和国际ESG规范发展。因此，我国应基于中国国情和企业发展现状，从各国的政策演进和实践发展中总结先进经验和有益启示，尽快推动中国特色ESG披露标准体系建成。

1. 基于中国国情制定中国特色ESG披露标准体系

首先，从全球和各国ESG标准发展经验来看，美国和欧盟等地区的ESG标准都是立足于本国国情构建的，因此我国也应该结合中国国情构建ESG披露标准体系。此外，国际标准中的部分指标在中国情境下不适用，部分能够充分体现中国企业在社会责任与治理等方面特征的重要指标未包含在国际标准中。因此，基于中国国情和企业发展情况，构建和推行一套客观、公正、符合实际的中国ESG披露标准体系才能指导企业ESG实践，促进企业和资本市场ESG良性互动发展。

其次，制定ESG标准时要考虑地区和行业的特征，确定披露核心原则，初期搭建普适性标准框架，后期再根据不同行业特性进行特色标准议题的补充；同时，上市和非上市公司、国有企业和非国有企业等企业的实践应用情况不同，可采取"分步走"策略全面推动企业ESG披露规范化、标准化发展。

最后，ESG信息披露标准应具有一致性、可比性和兼容性，相关披露主体应通过专门的行业协会、研究机构组织进行披露，以保证信息的公平准确，并通过信息共享平台和机制降低信息不对称问题带来的风险，保证信息披露的及时性、可靠性、权威性、有效性，使政府、企业、机构、公众等ESG市场主体能够及时获取ESG信息，在提高企业ESG信息透明度的同时增加各利益相关方的信息互联互通水平，全面促进ESG标准化发展和实践应用。

2. 引导ESG市场主体共同参与ESG标准体系构建与发展

政府相关部门应积极引导企业、行业协会、标准制定机构、机构投资者、国际组织、社会公众等各类ESG实践主体共同参与、协力促进中国ESG标准体系构建与发展。其中，政府相关部门应抓紧完善国内相关法律法规并加大执法、监督力度；企业应将ESG纳入其管理、运营中，树立企业发展的全新理念和价值导向，并自上而下积极贯彻和践行ESG理念；行业协会应搭建好企业与政府之间信息交流的桥梁，做好行业内部协同发展与咨询服务工作；标准制定机构应对标国际ESG标准体系，制定适合中国国情的披露标准体系，多方协作共同促进国内ESG标准统一发展；机构投资者要积极协同发展多层次资本市场体系，加大长期价值投资理念的宣传力度，优化ESG可持续投资和产品发展；国际组织与倡议是实现国际对话的桥梁，国内ESG标准制定机构应该积极对标国际，构建国内国外ESG标准良性互动、相互影响的良好局面；社会公众则以消费者和个人投资者的身份持续关注ESG可持续发展，从而"倒逼"企业ESG实践发展。

3. 促进ESG投资市场参与主体间良性互动

政府相关部门应积极推动ESG相关政策体系的制定与完善，消除ESG市场中各参与主体对ESG政策的认知偏差，使ESG理念尽早在资本市场得到普遍认可。因此，在资本市场中，应以国家长期投资基金为主导，充分发挥国家金融监督管理总局等国家机构持续监督与评测的作用，通过政策与市场双轮驱动，尽快将ESG责任投资落地，进一步带动更多机构投资者加入ESG投资市场；探索构建统一的ESG信息披露标准，引导公司ESG信息披露实践，从而形成政府、监管、投资、企业等各要素之间ESG的良性互动。

4. 提高ESG披露体系的强制化和指标量化要求

首先，中国ESG披露要求可从大型上市公司着手，待相关制度建设相对成熟、ESG信息披露成本下降后，再逐步推广到中小微企业和未上市公司等。从行业的角度来看，可以先在少数行业进行尝试，由金融行业扩大到其他行业，而后不断扩大强制披露的行业范围，因此ESG披露框架可以针对特定行业进行测试使用，待标准体系的指标基本确定后再将披露范围扩大到所有行业，循序渐进地提出披露要求。在披露内容方面，可以扩大必要披露信息的范围，由环境到社会再到公司治理，逐步整合ESG报告内容。其次，监管部门应当将更多实质性议题和量化指标纳入披露要求，从而提高企业ESG信息披露质量，保证ESG报告切实可应用于投资实践。最后，通过对美国、欧盟以及中国香港地区的政策梳理可以看出，企业ESG信息披露将会是一个循序渐进的过程，针对参与披露ESG信息的企业应先采取鼓励、引导为主的态度，随着披露制度的完整性、统一性、科学性不断增强，再逐步增加强制性披露指标的数量和强制性披露要求。另外，在提高ESG披露效率的同时要考虑到大量中小微企业的信息披露水平和披露成本承担能力，政府或监管机构应当出台相应的政策和配套服务体系，以帮助中小微企业降低ESG信息披露和ESG报告编制成本。

5. 目的明确、方法合理与格式规范

中国在研制ESG标准体系时应该明确目的、方法和格式规范要求。首先，标准研制相关部门要明确制定该标准的目的是促进可持续发展还是促使企业、社会、环境和谐共生。ESG标准体系所选用的指标应明确是基于定量数据对企业实践行为进行严格明确的数据描述还是基于定性资料划分等级。其次，中国ESG标准制定更应基于实证调研，搜寻各行业的相关材料以确定研究主题和每个主题所对应的具体标准；在指标制定方面还应结合市场发展的实际情况，广泛征求社会各界利益相关者的意见，不断对标准进行调整和更新，以制定一套全面有效的ESG标准体系。最后，中国ESG披露标准中采用的财务数据应该与中国会计准则中对财务报告的要求一致，关于企业的信息应该与市场监督管理总局中登记的信息保持一致，若有变更，应及时修改，便于审计活动的开展。值得注意的是，披露标准中应该指出每个主题需要披露的商业数据，所有的计量单位应该选用国际计量单位制，方便企业活动的计量、管理和报告，也便于企业ESG报告和信息的横向和纵向比较。

6. 侧重披露ESG实质性议题

在制定我国ESG标准时，应充分考虑企业实质性议题。主要应从三个层面考察：一是企业应注重可持续发展的重要影响，对于行业中确定的每个主题，选择或开发可用于决策的会计指标，以说明该主题下的公司绩效。在制定ESG标准时，不仅要重视会计指标涉及可持续发展的影响，还要重视创新机会。二是要将实质性议题纳入利益相关方的评估和决策，在披露实质性议题时应足够准确翔实，以供利益相关方评估报告组织的表现。ESG报告中披露的数据信息应经过充分的测量，并对报告中披露的会计指标进行充分的描述，通过会计指标可以反映出企业在可持续发展背景下的经营表现。三是要综合经济、社会、环境可持续发展的重要影响，在人类可持续发展系统中，生态环境可持续是基础，经济可持续是条件，社会可持续才是目的。

7. 探索建立信息披露鉴证制度

为提高企业ESG信息的可比性，应在ESG披露制度中明确ESG信息披露方式。应根据ESG可持续发展信息披露的特点，全面采用定性披露和定量披露相结合的方式，提高企业ESG信息披露的数量和质量。此外，对可以采用货币计量的ESG信息，可以在企业现有企业资产负债表、利润表、现金流量表等基本会计报表中增设相关项目来揭示企业ESG责任，同时，针对企业ESG报告内容多、可货币化计量项目少的特点，可要求企业在现有财务报告基础上编制单独的ESG报告（可持续发展报告），如"ESG年报"或"可持续发展年报"，按年度定期编制并对外公告，促进企业全面披露ESG信息。基于中国国情，ESG信息披露鉴证制度应抓紧培养第三方咨询服务机构审验ESG报告（可持续发展报告）的能力，从而规范中国上市公司ESG信息披露的方式。

综合来看，在当前阶段抓紧启动我国企业ESG标准化建设，是符合国际趋势也符合国内发展趋势的必然选择，ESG标准化建设能够有效地提高企业ESG信息披露的规范性、统一性，推进双碳战略目标的实现和经济社会全面绿色低碳转型。与此同时，中国ESG标准化发展还能促进中国企业更好地与国际接轨，展示我国的负责任大国形象，提升国际话语权，推动我国更好融入国际经济体系，领导参与全球经济治理进程。

二、《企业ESG披露指南》团体标准体系

（一）ESG披露标准的"1+N+X"体系构建

1. 企业ESG披露标准化工作的必要性

开展企业ESG标准化工作符合我国经济发展需要。ESG标准是推动经济社会高质量发展的基础设施。ESG生态系统建设涉及标准制定、治理实践、信息披露、政策监管、投资决策、评级认证、咨询服务、社会共识等活动，以及企业、标准制定者、投资机构、政策制定与监管机构、第三方服务机构、倡议组织等多元利益相关者。通过制定企业ESG标准，可以引导企业实现价值理念转变，指导企业信息披露实践，为投资者进行投资决策、评级机构对企业进行评价、政府监管机构制定相关政策提供依据和参考，以此推动我国经济社会全面绿色转型、实现高质量发展。

同时，我国ESG生态系统建设正在蓬勃发展。从宏观层面来看，ESG已成为各国政府关注并着力推动的制度和政策创新，中国政府也致力于完善与本国资本市场相匹配的ESG相关政策。除政府行为外，随着ESG理念在我国的推广，投资者、交易所、评价机构、数据服务商以及非营利机构等开始关注ESG，越来越多的企业也在政策法规、市场环境的推动下纷纷接纳ESG理念，

并积极参与开展相关ESG实践。标准制定机构通过制定和推广ESG标准促使企业采用规范化和系统性的方式践行ESG，披露ESG信息，从而有力推动ESG发展。其中，首都经济贸易大学中国ESG研究院于2022年研发了企业ESG标准的"1+N+X"体系框架，致力于构建立足全局、符合国情、接轨国际的ESG领域标准体系，指导企业ESG标准体系建设，持续推进研究标准、制定标准、推广标准和国际交流等活动，以标准化工作促进企业可持续发展，助力"双碳"目标实现，推动构建"双循环"新发展格局，为经济高质量发展做贡献。

2. 企业ESG披露标准的"1+N+X"体系构建

首都经济贸易大学中国ESG研究院自主开发研制的企业ESG披露标准的"1+N+X"体系是企业ESG标准体系的重要基石（见图3.2）。其中："1"代表企业ESG披露的通用标准，分为环境、社会和治理三个维度，是中国企业ESG标准的共性议题；"N"代表行业专项议题，是根据企业所在行业或专业领域特点制定的行业实质性议题（目前已完成9个ESG披露行业专项议题：货币金融服务行业、房地产行业、医药制造行业、水上运输行业、软件和信息技术服务行业、教育行业、废弃资源综合利用行业、金属制品行业和零售行业）；"X"代表企业ESG披露的特色化模块议题，是根据企业所属的类型或主题等特点制定的特色议题，目前首都经济贸易大学中国ESG研究院已经受邀深度参与钢铁企业、能源企业、农业等领域的特色企业模块议题和相关标准的制定工作。该ESG标准体系的构建有利于促进我国形成适用于所有企业、具有中国特色的ESG标准体系。

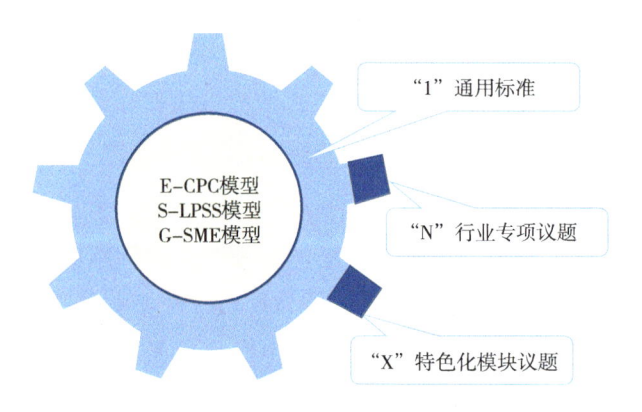

图3.2 企业ESG披露标准"1+N+X"体系

ESG披露标准"1+N+X"构建逻辑为：

企业ESG披露标准"1+N+X"体系以"演进中的企业价值重构"和"企业ESG标准的实质性"为根本定位，中国ESG研究院通过科学运用扎根理论研究法，以理论、制度、市场三个维度的信息为梳理对象，充分梳理学术期刊、学术著作，中央政策、部门规定，以及行业新闻和行业报告等内容，以实质性、客观性、导向性、广泛性和集成性为原则，拟定以下标准筛选梳理对象：首先，筛选对象、与筛选对象相关的政策规定、企业ESG报告等能为制定行业ESG标准提供有价值的信息；其次，筛选对象相关信息的获取和收集是可操作的，便于进行原始资料的整理；最后，从合法渠道获取相关信息，进一步提高公众和市场对于研究结果的认可度（见图3.3）。

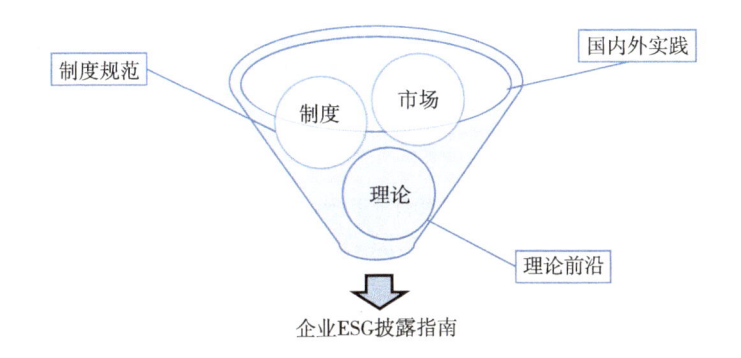

图3.3 ESG披露标准"1+N+X"体系的样本选择

在数据分析过程方面，中国ESG研究院基于扎根理论研究法研发ESG披露标准"1+N+X"体系，在原始资料和经验事实中进行不断地归纳分析，逐步形成理论基础，通过对资料的深入分析寻找反映事物现象本质的核心概念，然后通过这些概念之间的联系建立理论，进而指导实践。因此，采取一级编码（开放式）、二级编码（轴心式）、三级编码（选择式），提高编码的客观性，对于编码不一致的条目，则请研究人员进行核对检查，以保留达成一致的编码结果。与此同时，在研究过程中写分析型备忘录，在数据信息、编码结果和备忘录之间反复对比分析，不断完善研究结果，以充分保证数据分析的科学性、合理性和前瞻性。其数据分析的具体过程分为四个步骤：第一，收集企业ESG披露的学术期刊中有价值的研究内容、中央关于企业ESG披露的政策、监管部门的规定以及相关新闻和报告等多个渠道的信息，以其作为原始资料；第二，基于扎根理论研究法，运用三级编码对原始资料进行编码分析，不断归纳分析形成理论框架；第三，在上述两个阶段的基础上，分析提取出标准议题；第四，在确定标准议题后，系统化地制定企业ESG标准体系。其过程的研究路径如图3.4所示。

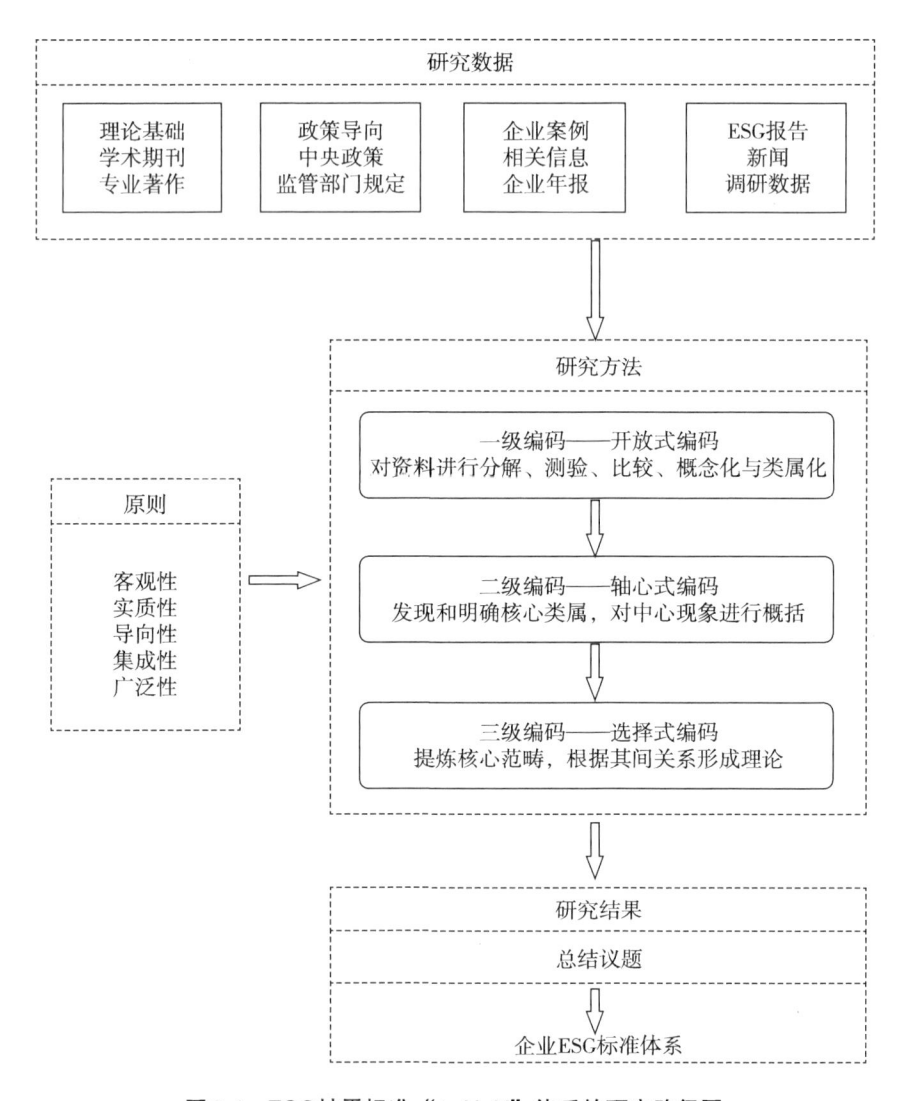

图3.4 ESG披露标准"1+N+X"体系的研究路径图

ESG披露标准"1+N+X"体系在市场实践中取得了丰硕成果。中国ESG

研究院在ESG标准化建设工作上，以"1+N+X"体系为基础，对标国内外ESG相关标准，初步形成适用于所有企业、具有中国特色的ESG标准体系。目前，已经在"1""N""X"多维度下开展扎实的研究和实践工作，并且取得丰硕成绩。

（1）"1"通用标准研制工作

"1"代表通用标准，分为环境、社会和治理三个维度，是中国企业ESG标准的共性议题。目前已经开发了一系列共用标准，如《企业ESG披露指南》（T/CERDS 2—2022）、《企业ESG评价体系》（T/CERDS 3—2022）、《企业ESG报告编制指南》（T/CERDS 4—2022），受到国内和国际诸多关注和高度评价，为探索中国企业在本地环境下适用ESG标准提供了良好的起点和扎实的基础。

"1"通用标准是所有企业通用的ESG标准体系，基于C（commensalism）O（obligation）R（resource）E（empowerment）价值模型，推动企业价值重构，并提出促进企业ESG发展的实质性议题和标准框架。其中："E"是"E-CPC"循环模型，其指标体系包含资源消耗、污染防治、气候变化3个二级指标，10个三级指标，43个四级指标；"S"是"S-LPSS"社会模型，对员工、消费者、供应商、社会等四个利益相关方负责，其指标体系包含员工权益、产品责任、供应链管理、社会响应4个二级指标，11个三级指标，32个四级指标；"G"是"G-SME"治理模型，其指标体系包含治理结构、治理机制、治理效能3个二级指标，14个三级指标，43个四级指标。"1"通用标准指标体系中的一级指标是基于环境、社会、治理三个维度提出的，二级指标和三级指标是基于ESG相关的理论、相关法律法规和标准梳理得出的，四级指标是针对三级指标的具体测量、评估方式。

目前，"1"通用标准研制工作部分已经完成一个团体标准，即我国首个ESG团体标准《企业ESG披露指南》。该标准于2022年4月16日发布、2022年6月1日实施。该标准填补了我国企业ESG披露标准领域的空白，为中国ESG的发展奠定了基石。以《企业ESG披露指南》为基础，《企业ESG评价体系》团体标准（T/CERDS 3—2022）和《企业ESG报告编制指南》团体标准（T/CERDS 4—2022）已于2022年11月正式发布。

中国ESG研究院在ESG标准化工作方面的进展和成果获得国际组织广泛关注，成功搭建起国际ESG标准对话桥梁。2021年开始，中国ESG研究院与

GRI、SASB、ISSB、TCFD、CDP、UN PRI等国际组织开展沟通与相关合作；2022年，研究院与福特基金会开展"中国环境、社会和治理（ESG）研究、教学与平台搭建"项目合作；2022年，研究院反馈ISSB《国际财务报告可持续披露准则第1号——可持续相关财务信息披露一般要求》和《国际财务报告可持续披露准则第2号——气候相关披露》两份征求意见稿。中国ESG研究院研制的ESG团体标准系列受到诸多国际关注和高度评价，此标准为探索中国企业在本地环境下适用ESG标准提供了一个良好的起点。

（2）"N"行业专项议题研制工作

"N"代表行业专项议题，是根据企业所在行业特点制定的行业特色实质性议题，其目的是开发反映行业特色的标准和指标体系。目前，中国ESG研究院已自行研发9个企业ESG披露标准的行业专项议题（包括货币金融服务行业、房地产行业、医药制造行业、水上运输行业、软件和信息技术服务行业、教育行业、废弃资源综合利用行业、金属制品行业和零售行业），并且已成功申请著作权。

"N"行业专项议题的研制逻辑是：各种行业体系是构成整个国民经济体系的基础要素，各行业既存在着所有行业共有的ESG因素，又由于各行业的特殊属性而具有特定的行业个性因素，因此需要针对国民经济各类行业研制"N"行业专项议题。

中国ESG研究院科学运用扎根理论研究法，以理论、制度和市场三个维度的信息为梳理对象，以行业学术期刊和专业著作的信息为理论基础，以中央政策和监管部门规定为政策导向，以行业内企业案例、企业ESG报告、企业年报等内容为市场维度信息，以客观性、实质性、导向性、集成性和广泛性为原则，采用三级编码（开放式编码、轴心式编码、选择式编码）方法对原始资料进行编码分析，从而形成"N"行业专项议题，并根据企业实践情况进行优化调整，实现"N"行业专项议题全面服务国民经济行业ESG实践发展的目标。

中国ESG研究院积极联系各行业协会，推进企业ESG战略转型，目前已与中国企业联合会、中国企业改革与发展研究会、中国上市公司协会、中国中小企业协会、中国计量测试学会、中国发展研究基金会、中国证券基金业协会、中国汽车协会、中国建材协会、中国投资协会、中国农业国际合作促进会、中国质量万里行促进会、科技产业化促进会、中国钢铁工业协会、深圳市公司治理研究会、深圳市绿色金融协会、北京绿色金融协会、中国汽车工业经济技术信息研究所等达成合作意向，并积极展开ESG行业标准研制方面的密切合作。现阶段，正在进行汽车、建材、非金属矿物制品、材料和投资等相关行业协会及相关企业的ESG相关标准研究，制定行业团体标准。

①服务国家绿色转型战略，深度参与钢铁行业ESG相关团体标准

钢铁工业是我国国民经济发展不可替代的基础原材料产业，是典型的资源能源密集型行业，是工业领域绿色低碳转型和碳减排发展重点领域，亦是开展ESG评价的重点领域。结合钢铁生产自身特点及现有ESG评价指标体系构建针对钢铁企业的ESG评价标准，不仅可以规范行业内上市公司的环境（E）、社会责任（S）和公司治理（G）行为，为投资者规避风险或实现价值投资提供重要的决策参考，也可促进钢铁企业积极履行环境和社会责任，完善公司治理制定，推动企业的绿色低碳和可持续发展。

2022年8月，中国ESG研究院联合中国特钢企业协会起草《钢铁企业环境、社会和公司治理（ESG）指南 第1部分 信息披露》《钢铁企业环境、社会和治理（ESG）第2部分 评价要求》《钢铁企业环境、社会和治理（ESG）第1部分 信息披露 团体标准编制说明》《钢铁企业环境、社会和治理（ESG）第2部分 评价要求 团体标准编制说明》等团体标准，先后于2022年8月至2022年12月多次参与其标准制定流程和内容研制等工作，并反馈10余份团体标准"意见征求表"，对其适用范围、基本原则、披露要求、披露内容及规范性问题等均提出了极具参考价值的意见和建议，为其成功发布和实施提供有力的智慧支持，进而促进工业可持续和绿色转型发展，为"双碳"战略目标尽早实现贡献力量。

②引领国家绿色行业发展，起草能源行业ESG披露标准

党的二十大报告提出，"加强重点领域安全能力建设，确保粮食、能源资源、重要产业链供应链安全"，明确将确保能源资源安全作为维护国家安全能力的重要内容。能源是维系国计民生的稀缺资源，也是国家竞争之要素，以市场需求为导向，以促进智慧能源产业质量提升和技术创新为目标，可以高效促进能源行业可持续高质量发展。当今世界正经历百年未有之大变局，全球地缘政治、经济、科技、治理体系等正经历深刻变化，能源局势将更加错

综复杂，威胁能源安全的各种"灰犀牛""黑天鹅"事件时有发生，促使国际能源版图深刻变迁。为了有效应对能源风险，我国应坚定以习近平总书记关于能源工作的重要论述为指导思想，贯彻"四个革命、一个合作"能源安全新战略，深度推进能源革命，确保国家能源安全，促进能源高质量发展。另外，实现碳中和的一个前提是能源安全：一是能源结构的多元化，即化石能源比重进一步下降，绿色能源的比重逐渐上升；二是智慧能源技术和系统的广泛应用。

目前，中国ESG研究院已经与中关村智慧能源产业联盟建立了良好的合作关系，共同研制《能源企业ESG披露指南》《能源企业ESG评价指南》等能源企业ESG团体标准，相关项目均已成功立项，并预计于2023年6月完成标准研制工作，其中《能源企业ESG披露指南》旨在以国家相关法律法规和标准为依据，结合我国国情，构建一套能源企业ESG披露指标体系，为能源企业开展ESG披露提供基础框架，推动能源企业绿色低碳转型，促进能源企业的可持续发展与高质量发展；《能源企业ESG评价指南》旨在为能源企业ESG评价建立一套评价指标体系，提供评价方法，综合分析评价能源企业的可持续发展能力和绿色低碳发展水平，促进能源企业的绿色低碳转型与高质量发展。未来中国ESG研究院将联合相关单位重点围绕能源数字化、综合智慧能源服务等重点领域研制相关的ESG标准体系，为国家能源安全、能源行业绿色转型和高质量发展献计献策。

（3）"X"特色化模块议题研制工作

"X"代表特色化模块议题，研制目的是开发反映特色化模块的标准和指标体系。特色化模块议题能够充分量化经济主体活动过程中造成的"某种特定主体或者环境（如自然资源）"的损失以及这部分损失蕴含的风险，并利用ESG标准指标体系帮助企业识别这类"特定"（如自然资源）的风险，建立保护策略及具体措施与目标，更全面地管理企业ESG风险。目前，中国ESG研究院已开始研制"生物多样性"等特色化模块标准体系。中国ESG研究院科学运用扎根理论研究法，以理论、制度和市场三个维度的信息为梳理对象，结合全球温室气体排放和自然资源现状，重点梳理气候变化和生物多样性流失等风险及其导致传粉者灭绝、水资源短缺以及土壤侵蚀等的可能性，量化其对食品行业、农业等行业造成的影响，分析其对我国产业结构、行业发展和企业ESG转型所造成的潜在风险，帮助企业更好地识别自然资源、自然环境中蕴含的风险，建立保护策略及具体措施与目标，从而实现企业ESG与"自然界"可持续发展的良性互动。

在"X"特色化模块议题研制成果方面，目前，中国ESG研究院正在积极研制"生物多样性"方面的特色模块ESG披露标准：

2021年第26届联合国气候变化大会后，生物多样性议题受到国际社会广泛关注。2022年6月28日，全球报告倡议组织（Global Reporting Initiative，GRI）宣布推出针对农业、水产养殖和渔业部门的新披露标准，旨在指导参与农作物和海产品生产的公司传达它们对关键可持续性领域的影响，包括对环境、经济发展和人权的影响。SASB于2018年发布了全球首套可持续发展会计准则，并将企业分为77个行业（涵盖11个部门）。在食品和饮料领域，包含农产品、肉类家禽与奶类，通过相关标准和指标体系引导生物多样性的相关行业如食品、农业等行业的企业更好地识别创造长期价值的机会，促进企业ESG发展与生物多样性间的良性互动。

中国ESG研究院持续密切关注"生物多样性"特色模块议题研究，目前正在积极联系世界自然基金会北京办事处、农业农村部国际合作司、联合国粮农组织驻华代表处和中国农业国际合作促进会等相关组织机构，并与已经开展生物多样性议题的CDP、TCFD等标准组织建立长期合作关系，联合研发中国特色"生物多样性"特色模块标准，筛选与"生物多样性"特色模块标准密切相关的企业（如中粮国际有限公司等），与其进行积极接洽，培养合作意向和合作基础，以理论与实践相结合的方式展开"生物多样性"特色化模块议题和标准体系构建。同时，中国ESG研究院持续密切关注ISO、GRI、SASB等其他国际标准化组织在"生物多样性"模块方面提出的标准规划和活动等，基于国际视野和中国国情，积极推动中国"生物多样性"特色模块ESG披露标准发展。

此外，中国ESG研究院也基于全球气候变化和环境治理前沿，跟踪国际ESG发展趋势，持续关注和研发企业气候风险、生物多样性以及多元化、平等及包容性（DEI）等特色化模块ESG标准体系，并抓紧研制中小企业ESG标准体系，为广大中小企业ESG实践提供标准和依据；联合新华网提出上市公司ESG披露倡议书和ESG评价倡议书等；联合每日经济新闻联合发布《城市可持续发展能力评价研究》《上市公司ESG评价研究》等成果。

(二)团体标准《企业ESG披露指南》

1. 团体标准《企业ESG披露指南》简介

2022年4月16日,首都经济贸易大学中国ESG研究院牵头起草的我国首部企业ESG信息披露标准——《企业ESG披露指南》(T/CERDS 2—2022)进行了发布。该标准的制定与发布明确了企业ESG披露原则与指标体系,规范了披露要求与应用,适用于不同类型、不同行业、不同规模的企业,可指导企业进行ESG治理实践和信息披露,也可作为企业自我评价和第三方评价的参考依据。

此次发布的《企业ESG披露指南》基本涵盖了企业在ESG和可持续发展领域的所有实质性议题,能够为我国企业将ESG纳入公司战略、践行可持续发展理念提供指导,填补了我国企业ESG披露标准领域的空白,是具有开创性和里程碑意义的重要标准。《企业ESG披露指南》已于2022年6月1日起正式实施,以期助力中国特色ESG生态系统建设与完善,推动"双碳"战略目标实现和经济社会全面绿色低碳转型。

2. 团体标准《企业ESG披露指南》主要内容

企业ESG披露是企业关于环境(environmental)、社会(social)和治理(governance)的信息披露体系。ESG是企业可持续发展的核心框架,已成为企业非财务绩效的主流评价体系。鉴于此,为了不断适应市场的新变化,推动企业绿色低碳战略转型,引导企业高质量发展,建立适用于我国国情的企业ESG披露指南是必要的和迫切的。

《企业ESG披露指南》以国家相关法律法规和标准为依据,结合我国国情,从环境、社会、治理三个维度构建企业ESG披露指标体系,为企业开展ESG披露提供基础框架,促进企业实现经济价值与社会价值的统一。

《企业ESG披露指南》的应用范围是:提供企业ESG披露的指南,包括披露原则、披露指标体系、披露要求与应用、责任与监督;适用于各种行业、不同规模、不同类型企业的ESG披露。

《企业ESG披露指南》的披露要求与应用如下:企业应按照信息披露的制度和管理程序,遵循政府监管要求或相关机构指引,依据本文件进行披露或自愿披露。企业可以年为披露周期，或根据需要自主规定披露周期。企业应以ESG报告的形式进行披露。ESG报告应在监管部门指定或企业自主选择的平台进行披露。ESG报告可供企业、政府及监管机构、投资机构、第三方评价机构、社会公众和新闻媒体等不同主体参考使用。

3. 团体标准《企业ESG披露指南》指标体系

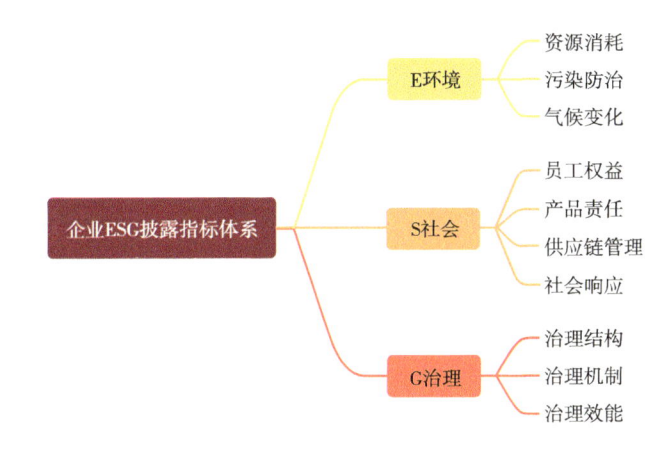

《企业ESG披露指南》中，企业ESG披露指标体系的一级指标是基于环境、社会、治理三个维度提出的。二级指标和三级指标是基于ESG相关的理论、相关法律法规和标准梳理得出的。四级指标是针对三级指标的具体测量、评估方式。企业ESG披露指标体系包括3个一级指标，10个二级指标（见图3.5），35个三级指标，118个四级指标（见附表2.1）。

图3.5　企业ESG披露指标体系

资料来源：《企业ESG披露指南》。

4. 团体标准《企业ESG披露指南》的广泛影响

《企业ESG披露指南》填补了我国企业ESG披露标准领域的空白，为中国ESG的发展奠定了基石。该标准的发布和实施在国内外引发高度关注和强烈反响。

（1）国际市场对《企业ESG披露指南》的高度评价

《企业ESG披露指南》等系列团体标准受到诸多国际关注和高度评价，他们指出此指南为探索中国企业在中国本土环境下适用ESG标准提供了一个良好的起点。美亚博国际法律事务所（Mayer Brown）合伙人指出《企业ESG披露指南》是中国发布的首份环境、社会及管治披露指南，此标准是具有中国特色的国际指南，涵盖所有公司和行业。该指南在遵循了中国生态环境部于2022年2月发布并生效的环境披露规则的基础上，丰富了披露内容，对中国企业ESG信息披露起着举足轻重的作用，能够起到引领中国ESG标准体系发展的关键作用。国际上的多名企业合伙人和专家学者对指南表示出了高度的认可，他们表示，随着越来越多的中国公司参与环境、社会和治理信息披露，对一个更符合中国商业和监管环境的ESG标准的需求变得显而易见。为了加快中国的ESG标准体系建设，为国内企业提供一个本土化的框架，中国企业改革与发展研究会（CERDS）发起了该项目，与来自中国领先研究机构和企业的专家一起制定了《企业ESG披露指南》。该指南的发布是中国环境、社会和治理发展的一个里程碑，因为它是第一个本土开发的企业环境、社会和治理披露标准。并且该标准适用于各种行业、不同规模、不同类型企业，标准披露体系框架覆盖全面，标准设置的指标及说明简洁清晰，便于理解和使用。

（2）国内市场对《企业ESG披露指南》的广泛认同

国内市场对《企业ESG披露指南》广泛认同，并给予高度评价。2022年7月28日，由南方周末主办的第十四届中国企业社会责任年会上，《企业ESG披露指南》荣获"年度ESG研究"奖项，充分体现了社会各界对标准的高度认可。标准的编制紧密契合党中央、国务院有关重要会议精神，是贯彻新发展理念的重要举措，适用于不同类型、不同行业、不同规模的企业，可指导企业进行ESG治理实践和信息披露，也可作为企业自我评价和第三方评价的参考依据。在起草过程中，标准起草组通过深入调研和分析研究，先后多次组织召开标准座谈会和研讨会，广泛听取各行业企业和业界专家意见，并通过多种渠道公开征求意见，在此基础上形成科学合理、具有中国企业特色、符合可持续发展要求的《企业ESG披露指南》。

此外，多位业界知名企业家、专家对《企业ESG披露指南》给予高度认可和由衷赞许。第一创业证券股份有限公司党委书记、监事会主席钱龙海先生认为，《企业ESG披露指南》为我国企业践行ESG理念，将ESG纳入公司战略，从环境、社会、治理三个维度践行可持续发展理念提供了指导。这是根据中国情景研究设计的"通用标准+行业特色议题"的披露标准体系，构建了中国企业ESG评级评价体系。该指南为企业开展ESG披露提供了基础框架，为推动我国企业绿色低碳战略转型提供了基础设施，也为我国更好融入国际经济体系、参与全球治理搭建了桥梁。

中国质量万里行促进会会长、原国家质检总局总工程师刘兆彬先生表示，《企业ESG披露指南》对标国际标准，把握中国特色，具有科学性、可操作性、通用性，填补了我国企业ESG披露标准领域的空白，为中国ESG的发展奠定了基石。他指出，团体标准的发布是我国ESG标准化体系建设万里长征的第一步，接下来要继续加大ESG标准化建设力度，促进ESG从理念、价值观落实到管理、行为、绩效的具体实践当中，进一步促进绿色、低碳、可持续高质量发展。

中国企业改革与发展研究会常务副秘书长李华先生表示，在新发展阶段，研究制定具有中国特色的ESG标准，为企业和相关监管部门提供信息披露依据，对于中国经济高质量发展和积极参与引领国际标准制定都具有十分重要的现实意义。《企业ESG披露指南》能够高效助力中国特色ESG生态系统建设与完善。中国企业改革与发展研究会作为国务院国资委主管的全国性一级社团组织，将以《企业ESG披露指南》团体标准发布为契机，整合优势资源，深化交流合作，进一步推进企业ESG信息披露规范化、标准化、科学化，促进我国企业增强信息披露的精准性、有效性，助力我国企业在新发展格局下践行新发展理念，实现高质量发展。

第四章 中国企业与城市ESG评价

企业ESG评价是对企业有关环境、社会和治理表现及相关风险管理的评估。ESG的重要性已体现在社会发展的各个环节中，各个领域的参与者就ESG理念的践行进行着深入的讨论。以上市公司为代表的企业作为国家经济、社会发展的重要组成部分，在"十四五"建设的重要时期，更应该主动提高环境保护表现，承担企业社会责任，提高自身治理水平。有效评价企业ESG绩效表现对企业准确定位自身发展水平，进而针对性地提升ESG绩效表现具有重要意义。在国际上较有影响力的ESG评价机构包括MSCI、晨星（Sustainalytics）、富时罗素等。国内的ESG评价行业还处于起步阶段，近年来出现了华证、商道融绿、中国ESG研究院等初具影响力的评价机构。

本章主要阐述三方面内容：中国ESG研究院于2022年发布的ESG评价体系，基于该体系的上市公司评价结果，以及中国ESG研究院研发的城市可持续发展能力ESG评价体系及评价结果。

一、中国ESG研究院ESG评价体系

中国ESG研究院旨在系统研究并推动ESG研究成果在实践中转化，推广并践行ESG理念，助力新时代经济高质量发展。研究院推出《ESG理论与实践》《ESG披露标准体系研究》《国内外ESG评价与评级比较研究》等著作，深入分析了ESG相关理论和国内外实践经验。中国ESG研究院对国内外披露标准进行总结分析，牵头起草我国首部企业ESG信息披露标准——《企业ESG披露指南》团体标准，并于2022年4月16日发布。

当前，国内外尚未形成统一的ESG评价体系，且相关成果大多关注环境、社会以及治理中的某一方面，缺乏从ESG整体进行的评价思考。在此背景下，中国ESG研究院以推进我国企业ESG评价体系建设，制定适用于我国基本国情的，符合不同行业、不同规模、不同类型企业需求的ESG评价体系为目的，通过研究ESG相关的理论、政策以及国内外ESG相关评价体系、企业ESG相关报告和国内典型企业实践，牵头起草构建了具有实质性、客观性、导向性、广泛性的《企业ESG评价体系》。《企业ESG评价体系》以《企业ESG披露指南》为基础，与已有研究成果一脉相承，并于2022年11月16日正式发布。

《企业ESG评价体系》基于环境（E）、社会（S）、治理（G）三个维度，结合中国企业具体情况和研究内容的综合考量，构建了适用于不同行业、不同规模、不同类型企业的ESG评价指标体系，并对各指标进行了详细解释，在此基础上提出了完善的ESG评价方法，可用于各行业企业评价ESG绩效表现的企业自评、第二方评价、第三方评价或者其他所需要的评价活动。《企业ESG评价体系》的内容包括评价原则、评价指标体系、评价方法、评价过程、评价主体、信息数据处理和责任与监督等，可为企业定位自身ESG水平以及未来提升提供指导，同时为行业投资者评价其ESG表现提供依据。具体内容见附录3。

本章依托中国ESG研究院研究资源，在国家高质量发展要求的背景下，以《企业ESG披露指南》和《企业ESG评价体系》为基础，对2021年A股上市公司的ESG实践进行评价，以期衡量企业ESG绩效表现，推动企业持续改进ESG实践，为政府决策、投资机构ESG投资提供参考。

二、全行业上市公司ESG评价结果

本次纳入中国ESG研究院评价范围的上市公司共计4 685家，涵盖2021年所有中国A股上市公司。表4.1展示了根据证监会分类和筛选得到的2021年全行业4 685家企业ESG总得分及环境（E）、社会（S）、治理（G）各分项得分的描述性统计结果。通过表4.1可以看出，在ESG总得分方面，4 685家企业的平均得分为27.13，说明上市公司ESG得分偏低。标准差为6.59，得分最大值64.65与得分最小值7.48相差57.17，上市公司间的极值数据差异较大。因此，我国上市公司对ESG方面的重视程度有待提升，对于企业可持续发展的关注处在较低水平。

表4.1 2021年全行业上市公司ESG得分的描述性统计

变量	样本量	均值	标准差	最小值	中位数	最大值
环境得分（E）	4 685	9.60	8.71	0	10	81.02
社会得分（S）	4 685	23.30	12.81	0.44	21.28	73.73
治理得分（G）	4 685	43.14	6.93	13.70	42.86	68.67
ESG总得分	4 685	27.13	6.59	7.48	26.42	64.65

此外，环境（E）得分、社会（S）得分和治理（G）得分的均值分别为9.60，23.30和43.14，均小于60，相比于治理，上市公司对环境、社会的重视程度有待提高。其中，环境（E）得分的最小值为0，这是因为在环境（E）的披露方面，仍存在企业披露过少乃至完全没有披露的情况，相关企业应提高对环境（E）信息披露的重视程度。同时环境（E）得分的最大值超过了80，说明有相关企业切实关注并积极披露了相关信息，并取得了卓越的成果，可以作为行业信息披露标杆，为其他企业在环境（E）的披露方面提供指引。

三、细分行业上市公司ESG评价结果

本节参考证监会行业分类标准，对上市公司分行业进行评价，评价行业主要包括农、林、牧、渔业47家，采矿业78家，制造业3 045家，电力、热力、燃气及水的生产和供应业129家，建筑业108家，交通运输、仓储和邮政业108家，批发和零售业187家，金融业127家，房地产业116家，科学研究和技术服务业90家，水利、环境和公共设施管理业90家，教育业12家，卫生和社会工作业14家，文化体育和娱乐业62家，信息传输、软件和信息技术服务业383家，住宿和餐饮业9家，租赁和商务服务业66家（不包括综合13家，居民服务、修理和其他服务业1家），同时对热门二级行业进行评价，包括医药制造业293家、汽车制造业160家、互联网和相关服务73家。

ESG总得分前五名的细分行业分别为金融业（37.37分），制造业（35.12

分），水利、环境和公共设施管理业（29.97分），电力、热力、燃气及水的生产和供应业（29.92分），以及科学研究和技术服务业（29.65分）。除文化、体育和娱乐业以外，其余14个细分行业的ESG总体得分相差无几，均在22分至29分之间。ESG总体得分最低的行业为文化、体育和娱乐业（17.47分），与其他行业有较大差距。

环境（E）得分前五名的细分行业分别为金融业（23.29分），采矿业（16.18分），电力、热力、燃气及水的生产和供应业（13.37分），制造业（10.4分），以及汽车制造业（9.7分）。其余15个细分行业的环境（E）得分均未超过10分，其中得分最低的行业为住宿和餐饮业（1.85分）。

社会（S）得分前五名的细分行业分别为金融业（36.13分）、卫生和社会工作业（34.68分）、房地产业（33.18分）、科学研究和技术服务业（32.83分）以及租赁和商务服务业（31.56分）。社会（S）得分低于20分的行业共有3个，分别为农林牧渔业（19.75分）、汽车制造业（17.24分）和文化、体育和娱乐业（14.5分）。

治理（G）得分前五名的细分行业分别为金融业（49.11分），科学研究和技术服务业（45.27分），水利、环境和公共设施管理业（45.06分），医药制造业（44.78分）以及电力、热力、燃气及水的生产和供应业（44.19分）。除文化、体育和娱乐业之外，其余14个细分行业的治理（G）得分均在37分至43分之间。文化、体育和娱乐业的治理（G）得分只有28.34分，与其他行业的差距较大。

各行业详细结果见本部分后续内容。

（一）农、林、牧、渔业上市公司ESG评价结果

表4.2为农、林、牧、渔业上市公司ESG总得分及环境（E）、社会（S）、治理（G）各分项得分的描述性统计结果。47家企业的ESG总得分均值为24.77，得分水平较低。ESG总得分的标准差为3.52，其中最大值34.48和最小值18.03差值为16.45，说明行业内部各企业ESG披露情况存在较大差异。

此外，环境（E）的得分均值仅为8.68，与社会（S）均值19.75和治理（G）均值40.60相比差距很大，说明农、林、牧、渔业在环境（E）和社会（S）相关信息的披露程度仍需继续提高。社会（S）和治理（G）最大得分

均超过了50，取得了较好的成绩，这表明在建筑业中，有少部分企业切实关注并积极披露了相关信息，可以作为行业信息披露标杆，为其他企业在社会（S）和治理（G）的披露方面提供指引。

表4.2 2021年农、林、牧、渔业上市公司ESG得分的描述性统计

变量	样本量	均值	标准差	最小值	中位数	最大值
环境得分（E）	47	8.68	2.49	6.67	10.00	21.11
社会得分（S）	47	19.75	6.99	14.37	18.95	53.50
治理得分（G）	47	40.60	5.84	28.35	40.44	53.89
ESG总得分	47	24.77	3.52	18.03	24.58	34.48

（二）采矿业上市公司ESG评价结果

表4.3为采矿业上市公司ESG总得分及环境（E）、社会（S）、治理（G）各分项得分的描述性统计结果。78家企业的ESG总得分的均值为27.94，说明整个行业的ESG得分水平较低。ESG总得分的标准差为9.03，其中最大值56.03和最小值13.16差值为42.87，说明在ESG的整体披露情况行业内部存在着较大的差异，企业对ESG的投入差异较大，部分企业投入较低，也间接反映出我国采矿业部分企业未能真正关注企业环境、社会、治理绩效。ESG总得分数据反映出我国采矿业在ESG方面的重视程度有待提升，对于企业可持续发展的关注度目前还处在较低水平。

表4.3 2021年采矿业上市公司ESG得分的描述性统计

变量	样本量	均值	标准差	最小值	中位数	最大值
环境得分（E）	78	16.18	13.75	6.67	10.00	60.28
社会得分（S）	78	20.73	11.32	7.04	19.07	60.99
治理得分（G）	78	42.16	7.96	17.27	40.95	63.03
ESG总得分	78	27.94	9.03	13.16	25.38	56.03

此外，环境（E）得分、社会（S）得分和治理（G）得分的均值分别为16.18、20.73和42.16，均小于50。由数据可知，相比于治理，整个行业对环

境、社会的重视程度有待提高。环境（E）、社会（S）和治理（G）最大得分均超过了60，取得了较好的成绩，这表明在采矿业中，有少部分企业切实关注并积极披露了相关信息，可以作为行业信息披露标杆，为其他企业在环境（E）、社会（S）和治理（G）的披露方面提供指引。

（三）制造业上市公司ESG评价结果

表4.4展示了2021年制造业上市公司总得分及环境（E）、社会（S）、治理（G）各分项得分的描述性统计结果。通过表格可以看出，在ESG总得分方面，3 045家企业的平均得分为35.12，整个行业在ESG的得分较低。标准差为5.75，得分最大值64.56与得分最小值9.48相差55.08，行业内企业间的极差较大。ESG总得分数反映出我国制造业上市公司在ESG方面的重视程度有待提升。

表4.4 2021年制造业上市公司ESG得分的描述性统计

变量	样本量	均值	标准差	最小值	中位数	最大值
环境得分（E）	3045	10.40	6.91	0.00	10.00	81.02
社会得分（S）	3045	20.39	11.29	0.44	21.12	73.60
治理得分（G）	3045	43.57	6.74	13.70	43.52	68.67
ESG总得分	3045	35.12	5.75	9.48	26.07	64.56

此外，环境（E）得分、社会（S）得分和治理（G）得分的均值分别为10.40、20.39和43.57，均小于45。其中，环境（E）得分的最小值为0，这是因为在环境（E）的披露方面，仍存在企业披露过少甚至完全没有披露的情况，企业应提高对环境（E）信息披露的重视程度。同时环境（E）得分的最大值超过了80，说明相关企业切实关注并积极披露了相关信息，并取得了卓越的成果，可以作为行业信息披露标杆，为其他企业在环境（E）的披露方面提供指引。

（四）电力、热力、燃气及水的生产和供应业上市公司ESG评价结果

表4.5展示了电力、热力、燃气及水的生产和供应业上市公司总得分及

环境（E）、社会（S）、治理（G）各分项得分的描述性统计结果。可以看到，电力、热力、燃气及水的生产和供应业129家企业的ESG总得分均值为29.92，中位数为28.52，行业总体得分较低，说明行业中仍有部分企业未能积极地披露ESG相关信息。ESG总得分标准差为7，得分最大值56.12和得分最小值14.97相差41.15，说明行业内企业间的差异较大，同时说明部分企业能够在一定程度上践行ESG理念，积极披露相关信息，重视企业可持续发展。

表4.5　2021年电力、热力、燃气及水的生产和供应业上市公司ESG得分的描述性统计

变量	样本量	均值	标准差	最小值	中位数	最大值
环境得分（E）	129	13.37	12.00	0.00	10.00	67.31
社会得分（S）	129	27.44	12.10	7.05	26.84	60.76
治理得分（G）	129	44.19	6.39	24.64	43.83	61.17
ESG总得分	129	29.92	7.00	14.97	28.52	56.12

在环境（E）得分、社会责任（S）得分和治理（G）方面，得分的均值分别为13.37、27.44和44.19，最大值为治理（G）得分，说明该行业各企业在治理（G）方面的关注程度较高，信息披露情况较为完善。环境（E）相较于社会（S）和治理（G）得分均值最低，说明在环境方面企业需要投入更多的关注。此外，环境（E）和社会（S）得分的最大值与最小值相差巨大，均在50以上，进一步反映出行业内部的披露标准尚未统一，相关部门与行业亟待进一步大力推广ESG理念并尽快形成统一的披露标准。

（五）建筑业上市公司ESG评价结果

表4.6展示了2021年建筑业上市公司ESG总得分及环境（E）、社会（S）、治理（G）各分项得分的描述性统计结果。108家企业的ESG总得分的均值为25.22，得分水平较低。ESG总得分的标准差为9.76，其中最大值64.64和最小值12.11差值为52.53，说明行业内部各上市公司ESG披露情况存在着较大的差异，在ESG披露和评价的标准制定上尚未形成行业共识，亟待相关部门的引导推进。

表4.6 2021年建筑业上市公司ESG得分的描述性统计

变量	样本量	均值	标准差	最小值	中位数	最大值
环境得分（E）	108	4.75	11.11	0.00	0.00	67.41
社会得分（S）	108	27.08	19.70	6.98	24.51	71.78
治理得分（G）	108	39.18	6.88	23.69	38.63	63.58
ESG总得分	108	25.22	9.76	12.11	23.52	64.64

此外，环境（E）的得分均值仅为4.75，与社会（S）均值27.08和治理（G）均值39.18相比差距很大，说明建筑业在环境（E）相关信息的披露上仍需提高关注度，大部分企业仅对自身的环保努力做了定性描述，导致得分的最小值与中位数均为0。但是，环境（E）、社会（S）和治理（G）最大得分均超过了60，取得了较好的成绩，这表明在建筑业中有少部分企业切实关注并积极披露了相关信息，可以作为行业信息披露标杆，为其他企业在环境（E）、社会（S）和治理（G）的披露方面提供指引。

（六）批发和零售业上市公司ESG评价结果

表4.7展示了2021年批发和零售业上市公司ESG总得分及环境（E）、社会（S）、治理（G）各分项得分的描述性统计结果。统计共包括2021年的187家批发和零售类企业，可以看到，该187家批发和零售类企业的ESG总得分均值为24.73，整体处于较低水平，最高分为60.85。ESG总得分的标准差为7.29，最小值与最大值相差近53.37，说明行业内各企业对ESG的重视程度不同，侧面反映出我国批发零售行业仍未形成践行ESG理念的共识，需要相关部门进一步规范引导。

环境（E）得分均值仅为2.91，社会（S）得分均值为28.36，治理（G）得分均值为38.38，三个指标均处于较低水平。其中环境（E）得分的均值最小，虽然较2020年有所提高，但仍然只有个位数，其原因是批发和零售类企业相关数据的披露程度较低，或仅定性披露，环境保护成果无数据支撑，导致很多企业的得分都为0，环境（E）均值得分较低。总体来讲，该行业各企业在披露ESG相关信息与贯彻ESG相关理念的力度等方面有较大提升空间。

表4.7　2021年批发和零售业上市公司ESG得分的描述性统计

变量	样本量	均值	标准差	最小值	中位数	最大值
环境得分（E）	187	2.91	8.27	0	0	67.78
社会得分（S）	187	28.36	17.43	6.67	29.64	61.56
治理得分（G）	187	38.38	5.16	13.70	38.90	55.31
ESG总得分	187	24.73	7.29	7.48	25.07	60.85

（七）交通运输、仓储和邮政业上市公司ESG评价结果

表4.8展示了2021年交通运输、仓储和邮政业上市公司ESG总得分及环境（E）、社会（S）、治理（G）各分项得分的描述性统计结果。由表4.8列示的结果可知，本次研究的108家上市公司的环境（E）得分均值为8.70，部分企业在环境保护方面取得一定成果，但大多数企业得分不高，企业在注重自身经营经济效益的同时需要秉持可持续发展的理念。社会（S）得分均值为30.06，且行业内各企业得分水平差距较大，部分企业表现良好。在治理（G）得分中，企业得分均值为40.37，行业内部差距较小，但均未超过60，整体成绩不高。由此观之，行业内部对于治理的认识较为统一，但与评价体系的要求相比有所不足。把握好治理是确保企业良性发展的重要手段，企业应该积极寻求先进经验并尝试运用于实践之中，做到经济效益与社会责任的统一。

表4.8　2021年交通运输、仓储和邮政业上市公司ESG得分的描述性统计

变量	样本量	均值	标准差	最小值	中位数	最大值
环境得分（E）	108	8.70	14.11	0.00	3.33	68.98
社会得分（S）	108	30.06	17.02	6.95	29.86	71.37
治理得分（G）	108	40.37	4.83	24.20	40.35	53.55
ESG总得分	108	27.78	8.70	11.80	27.13	56.75

行业ESG总得分均值为27.78，最大值接近60。可见ESG理念在交通运输、仓储和邮政行业中尚未充分普及，企业自身为了更持续、高质量发展，应积

(八)住宿和餐饮业上市公司ESG评价结果

表4.9展示了2021年住宿与餐饮行业上市公司ESG总得分及环境(E)、社会(S)、治理(G)各分项得分的描述性统计结果。由表4.9列示的结果可知,本次研究的9家住宿与餐饮行业环境(E)得分均值仅为1.85,分数较低;在污染防治以及气候变化两个方面,本次研究的9家企业几乎均未取得相应的成绩;在资源消耗方面,半数企业都有相关信息的披露,但并不够充分与全面,因此取得的分数都不高。在社会(S)得分中,9家企业差异较大,虽然绝大多数企业对公共关系和社会公益事业进行了披露,但在员工权益等多个指标方面,各企业披露程度存在一定的差距。企业作为社会的主要构成者以及重要参与者,在不影响自身正常经营的基础上,对于应承担的社会责任应有充分的认识以及实际的行动付出。在治理(G)得分中,各企业成绩较为一致,但均低于60,仍有着一定的上升空间。为了更好地面对未来的市场竞争,该行业企业在这一方面理应给予更多关注。

表4.9　2021年住宿和餐饮业上市公司ESG得分的描述性统计

变量	样本量	均值	标准差	最小值	中位数	最大值
环境得分(E)	9	1.85	1.66	0.00	3.33	3.33
社会得分(S)	9	21.75	8.75	6.94	22.46	32.61
治理得分(G)	9	37.38	4.14	29.89	37.96	44.72
ESG总得分	9	22.03	3.97	14.04	23.14	26.34

行业ESG总得分均值为22.03,处于较低水平。为了提高企业ESG绩效表现,相关部门可通过出台更多规范性文件以及奖励性的政策措施进一步引导企业践行ESG理念。

(九)信息传输、软件和信息技术服务业上市公司ESG评价结果

表4.10展示了2021年信息传输、软件和信息技术服务业上市公司总得分

及环境（E）、社会（S）、治理（G）各分项得分的描述性统计结果。可以看出，在ESG总得分方面，383家企业的平均得分为26.62，说明整个行业在ESG的得分偏低。标准差为5.68，得分最大值49.16与得分最小值7.48相差41.68，行业间的极值数据差异较大。ESG总得分数据反映出我国信息传输、软件和信息技术服务业在ESG方面的重视程度有待提升，对于企业可持续发展的关注度目前还处在较低水平。

表4.10 2021年信息传输、软件和信息技术服务业上市公司ESG得分的描述性统计

变量	样本量	均值	标准差	最小值	中位数	最大值
环境得分（E）	383	6.56	4.39	0.00	6.67	34.54
社会得分（S）	383	26.35	11.22	6.67	26.67	57.81
治理得分（G）	383	41.87	7.35	13.70	41.60	61.86
ESG总得分	383	26.62	5.68	7.48	26.86	49.16

此外，环境（E）得分、社会（S）得分和治理（G）得分的均值分别为6.56、26.35和41.87，均小于45。其中，环境（E）得分的最小值为0，这是因为在环境（E）的披露方面仍存在企业披露过少乃至完全没有披露的情况，相关企业应提高对环境（E）信息披露的重视程度。

（十）金融业上市公司ESG评价结果

表4.11展示了2021年金融业上市公司总得分及环境（E）、社会（S）、治理（G）各分项得分的描述性统计结果。可以看到，金融业127家企业的ESG总得分的均值为37.47，中位数为35.73，得分情况属于较低水平，说明行业中仍有部分企业未能积极地披露ESG相关指标信息。ESG总得分标准差为11.79，最大得分值62.71与最小得分值14.14相差分数接近50，说明行业内企业间的差异较大，同时说明部分企业能够在一定程度上践行ESG理念，积极披露相关信息，重视企业可持续发展。

在环境（E）得分、社会（S）得分和治理（G）方面，得分的均值分别为23.29、36.13和49.11，最大值为治理（G）得分，说明该行业各企业在治

理（G）方面的关注程度较高，信息披露情况较为完善。环境（E）相较于社会（S）和治理（G）得分均值最低，说明在环境方面企业需要投入更多的关注。此外，环境（E）和社会（S）得分的最大值与最小值相差较大，均在65以上，进一步反映出行业内部的披露标准尚未统一，相关部门与行业亟待进一步大力推广ESG理念并尽快形成统一的披露标准。

表4.11 2021年金融业上市公司ESG得分的描述性统计

变量	样本量	均值	标准差	最小值	中位数	最大值
环境得分（E）	127	23.29	18.77	0.00	10.00	72.31
社会得分（S）	127	36.13	17.37	7.13	33.35	73.73
治理得分（G）	127	49.11	8.50	25.00	51.00	63.53
ESG总得分	127	37.47	11.79	14.14	35.73	62.71

（十一）房地产业上市公司ESG评价结果

表4.12展示了2021年房地产业ESG总得分及环境（E）、社会（S）、治理（G）各分项得分的描述性统计结果。116家房地产企业的ESG总得分的均值为28.07，得分水平较低。ESG总得分的标准差为5.04，其中最大值48.98与最小值18.36的差值为30.62，说明ESG的整体披露情况在行业内部存在着较大的差异，在ESG披露和评价的标准制定上尚未形成行业共识，亟待相关部门引导推进。

表4.12 2021年房地产业上市公司ESG得分的描述性统计

变量	样本量	均值	标准差	最小值	中位数	最大值
环境得分（E）	116	4.11	6.18	0.00	0.00	50.09
社会得分（S）	116	33.18	9.33	7.05	33.63	63.21
治理得分（G）	116	42.21	6.41	26.20	42.60	60.53
ESG总得分	116	28.07	5.04	18.36	27.44	48.98

此外，环境（E）的得分均值仅为4.11，与社会（S）均值33.18和治理

（G）均值42.21相比差距较大，表明房地产业在环境（E）相关信息的披露上仍需提高关注度，大部分企业仅对自身环保努力做了定性描述，导致得分的最小值与中位数均为0。另外，社会（S）和治理（G）的最大得分均超过了60，这表明在房地产业中有少部分企业切实关注并积极披露了相关信息，可以作为行业信息披露标杆，为其他企业在社会（S）与治理（G）的披露方面提供指引。

（十二）租赁和商务服务业上市公司ESG评价结果

表4.13展示了2021年租赁和商务服务业上市公司ESG总得分及环境（E）、社会（S）、治理（G）各分项得分的描述性统计结果。该项研究包括2021年租赁和商务服务业共66家企业，通过表4.13列示的结果可知，该66家租赁和商业服务类企业的ESG总得分均值为27.73，最大值仅为45.75，这表明整个行业ESG得分处于较低水平。总得分的标准差为5.35，最大值与最小值有27.68的差值，可以看出行业内各企业对ESG的重视程度存在一定差异，同时该数据侧面反映出为使我国租赁和商务服务业达成践行ESG理念的共识，需要相关部门积极引导和督促，尽快形成统一的披露标准。

表4.13 2021年租赁和商务服务业上市公司ESG得分的描述性统计

变量	样本量	均值	标准差	最小值	中位数	最大值
环境得分（E）	66	3.89	7.27	0	0	48.89
社会得分（S）	66	31.56	8.59	14.55	28.39	55.65
治理得分（G）	66	42.75	6.24	28.38	43.41	54.78
ESG总得分	66	27.73	5.35	18.07	26.83	45.75

此外，环境（E）、社会（S）和公司治理（G）的三个分项均值分别为3.89、31.56和42.75，得分均较低，其中环境的中位数得分为0，这是因为绝大多数企业没有对环境信息进行有效披露，本行业对环境的污染较小，但相关企业仍需注意相关信息的披露。环境（E）和社会（S）得分的最大值和最小值差距较大，进一步说明目前租赁和商务服务业内各企业在披露ESG相关数据与贯彻相关理念上仍未形成统一标准，还有很大的改善空间。

（十三）科学研究和技术服务业上市公司ESG评价结果

表4.14展示了2021年科学研究和技术服务业上市公司ESG总得分及环境（E）、社会（S）、治理（G）各分项得分的描述性统计结果。由表4.14可以看到，90家科学研究和技术服务企业的ESG总得分均值为29.65，标准差为4.93，最大值仅为52.44，说明我国科学研究和技术服务业企业对于充分认识和践行ESG理念仍存在很大的改善空间，还需相关部门积极推广ESG理念，提高企业对与可持续发展的重视程度。

表4.14 2021年科学研究和技术服务业上市公司ESG得分的描述性统计

变量	样本量	均值	标准差	最小值	中位数	最大值
环境得分（E）	90	5.64	7.84	0	3.33	43.61
社会得分（S）	90	32.83	6.91	21.4	32.97	50.09
治理得分（G）	90	45.27	6.27	26.24	44.81	63.92
ESG总得分	90	29.65	4.93	22.01	28.5	52.44

同时，环境（E）、社会（S）和治理（G）的三个分项均值分别为5.64、32.83和45.27，其中环境（E）得分的均值最低，这是因为科学研究和技术服务企业ESG信息披露程度较低，且部分企业仅披露了自身对环境保护所做的努力，缺乏定量数据的支撑，导致数据搜集过程中很多企业的得分都为0。在环境（E）社会（S）和治理（G）方面，企业之间得分存在较大差异，部分企业已经逐渐重视并切实践行ESG理念，但仍有企业还未意识到践行ESG理念及可持续发展的重要性。

（十四）水利、环境和公共设施管理业上市公司ESG评价结果

表4.15展示了2021年水利、环境和公共设施管理业上市公司ESG总得分及环境（E）、社会（S）、治理（G）各分项得分的描述性统计结果。通过表4.15可以直观地看出，90家水利、环境和公共设施管理企业的ESG总得分均值为29.97，中位数为30.12，总得分均值较低，最大值与最小值相差26.60，这表明该行业内各上市公司对践行ESG理念并未达成共识，对ESG的重视程度存

在较大差异。部分企业对ESG相关评价指标数据未进行有效披露，水利、环境和公共设施管理企业应关注相关信息的有效披露，在相关部门的引导和监督下切实践行ESG理念，从而实现可持续发展。

表4.15 2021年水利、环境和公共设施管理业上市公司ESG得分的描述性统计

变量	样本量	均值	标准差	最小值	中位数	最大值
环境得分（E）	90	8.35	7.67	0	10	41.3
社会得分（S）	90	31.49	9.71	14.46	28.77	60.99
治理得分（G）	90	45.06	6.51	28.09	45.45	58.31
ESG总得分	90	29.97	5.67	18.16	30.12	44.76

环境（E）得分、社会（S）得分和治理（G）得分的均值分别为8.35、31.49和45.06，均小于50。其中环境（S）得分较低，从侧面反映出水利、环境和公共设施管理业还需进一步加强对环境污染的重视，披露更多有关环境保护的定量数据。在社会（S）得分中，企业得分均值为31.49，各企业得分差异较大。在治理（G）得分中，企业得分均值为45.06，得分相对较高，行业内部差异较小，说明各企业都认识到了其重要性，但治理水平仍有较大改善空间。

（十五）卫生和社会工作业上市公司ESG评价结果

表4.16展示了2021年卫生和社会工作业上市公司总得分及环境（E）、社会（S）、治理（G）各分项得分的描述性统计结果。通过表4.16可知，卫生和社会工作业14家企业的ESG总得分均值与中位数都为29.25，得分情况属于较低水平，最高分42.09也低于45，说明行业整体对EGS重视程度不高，企业未能积极地披露ESG相关指标信息。ESG总得分标准差为7.46，最大得分值42.09与最小得分值17.53相差24.56，说明行业内企业间存在一定差异，但整体仍处于较低水平。

在环境（E）得分、社会（S）得分和治理（G）方面，得分的均值分别为6.18，34.68和42.48，环境（E）得分较其他二者差距较大，相关企业对于

环境指标的披露仍存在较大提升空间，对环境的重视程度有待提高。同时，社会（S）得分和治理（G）得分的标准差均大于10，其中治理（G）得分的最大值达到了61.15，说明有部分企业在这两个方面重视程度较高并积极披露了相关信息。

表4.16 2021年卫生和社会工作业上市公司ESG得分的描述性统计

变量	样本量	均值	标准差	最小值	中位数	最大值
环境得分（E）	14	6.18	4.76	0.00	6.67	13.70
社会得分（S）	14	34.68	10.09	20.09	34.68	48.80
治理得分（G）	14	42.48	10.11	27.53	42.48	61.15
ESG总得分	14	29.25	7.46	17.53	29.25	42.09

（十六）文化、体育和娱乐业上市公司ESG评价结果

表4.17展示了2021年文化、体育和娱乐业上市公司ESG总得分及环境（E）、社会（S）、治理（G）各分项得分的描述性统计结果。62家房地产企业的ESG总得分的均值为17.47，得分水平较低。ESG总得分的标准差为4.34，其中最大值37.52与最小值17.47的差值为20.05，说明行业内部针对ESG的披露情况存在着较大的差异，在ESG披露和评价的标准制定上尚未形成行业共识，亟待相关部门引导推进。

表4.17 2021年文化、体育和娱乐业上市公司ESG得分的描述性统计

变量	样本量	均值	标准差	最小值	中位数	最大值
环境得分（E）	62	3.33	3.82	0.00	3.33	10
社会得分（S）	62	14.50	8.28	14.50	28.38	48.86
治理得分（G）	62	28.34	5.15	28.34	42.65	52.54
ESG总得分	62	17.47	4.34	17.47	26.28	37.52

此外，环境（E）得分最低，均值仅为3.33，标准差为3.82，说明整个行业对于环境的重视程度都不高。治理（G）得分的均值最高，也仅为28.34。

整体而言，该行业对于ESG的重视程度有待加强。

（十七）教育业上市公司ESG评价结果

表4.18展示了2021年教育业上市公司总得分及环境（E）、社会（S）、治理（G）各分项得分的描述性统计结果。表4.18显示，在ESG总得分方面，12家企业的平均得分为24.12，整个行业在ESG的得分偏低。标准差为2.79，得分最大值31.22与得分最小值20.58相差10.64，行业间的极值数据差异较小。ESG总得分数据反映出我国教育业对ESG的重视程度有待提升，对于企业可持续发展的关注度还处在较低水平。

表4.18 2021年教育业上市公司ESG得分的描述性统计

变量	样本量	均值	标准差	最小值	中位数	最大值
环境得分（E）	12	2.81	4.31	0.00	0.00	13.70
社会得分（S）	12	24.18	5.16	14.84	24.55	33.65
治理得分（G）	12	40.06	3.69	31.08	40.87	43.76
ESG总得分	12	24.12	2.79	20.58	24.02	31.22

此外，环境（E）得分、社会（S）得分和治理（G）得分的均值分别为2.81、24.18和40.06，均小于45。其中，环境（E）得分的中位数为0，这是因为在环境（E）的披露方面仍存在企业披露过少甚至完全没有披露的情况，也与教育行业对环境所产生的影响较小、相关监管较少有关。值得注意的是，教育业作为一个对社会环境依存度较高的行业，社会（S）得分也处于较低水平，相关部门应采取一定措施积极引导企业承担社会责任。

（十八）汽车制造业上市公司ESG评价结果

表4.19展示了2021年汽车制造业ESG总得分及环境（E）、社会（S）、治理（G）各分项得分的描述性统计结果。本项研究共涵盖了2021年的160家汽车制造业企业，在按照评分标准分别得到每家企业环境（E）、社会（S）及治理（G）各分项得分的基础上，根据各分项的权重汇总得到了各企业的ESG总

得分。如表4.19所示，160家汽车制造业企业的ESG总得分均值为25.56，最大值仅为33.93，这表明整个行业ESG得分较低。ESG总得分的标准差为3.22，最小值与最大值相差17.95，两个极值数据差异较大，由此得出在汽车制造业内，企业对ESG的投入差异较大，部分企业投入较低，也间接反映出相关汽车制造业企业未能真正关注企业环境、社会、治理绩效。在"双碳"目标背景下，相关企业应该加强对生态保护、低碳转型等相关领域的投入，并由此获得国内资本市场的投资机会。

表4.19 2021年汽车制造业上市公司ESG得分的描述性统计

变量	样本量	均值	标准差	最小值	中位数	最大值
环境得分（E）	160	9.70	2.63	6.67	10.00	38.15
社会得分（S）	160	17.24	6.21	0.44	14.88	45.24
治理得分（G）	160	43.70	5.83	27.57	43.08	57.92
ESG总得分	160	25.56	3.22	15.98	25.23	33.93

另外，环境（E）得分、社会（S）得分和治理（G）得分的均值分别为9.70、17.24和43.70，均小于50。其中环境（E）得分的均值最小，不足10，造成这种情况的原因是汽车制造业企业对环境方面的信息披露程度较低，得分较低。近年来，汽车制造业对生态环境产生的影响也越来越引起社会的关注，相关企业应该加大对环境保护方面的投入，实现可持续、高质量发展。

（十九）医药制造业上市公司ESG评价结果

表4.20展示了2021年医药制造业上市公司总得分及环境（E）、社会（S）、治理（G）各分项得分的描述性统计结果。本项研究共涵盖了2021年的293家医药制造业企业，在按照评分标准分别得到每家企业环境（E）、社会（S）及治理（G）各分项得分的基础上，根据各分项的权重汇总得到了各企业的ESG总得分。通过表4.20可以看出，在ESG总得分方面，293家企业的平均得分为29.29，整个行业在ESG的得分偏低。标准差为7.38，得分最大值57.64与得分最小值17.00相差40.64，行业间的极值数据差异大，由此得出在医药

制造业内企业对ESG的投入差异较大，部分企业投入较低，也间接反映出我国医药制造业部分企业未能真正关注企业环境、社会、治理绩效。ESG总得分数据反映出我国医药业在ESG方面的重视程度有待提升，对于企业可持续发展的关注度目前还处在较低水平。

表4.20　2021年医药制造业上市公司ESG得分的描述性统计

变量	样本量	均值	标准差	最小值	中位数	最大值
环境得分（E）	293	9.18	7.76	0.00	6.67	58.89
社会得分（S）	293	28.75	15.77	6.88	21.90	73.60
治理得分（G）	293	44.78	7.67	23.39	44.82	68.67
ESG总得分	293	29.29	7.38	17.00	27.92	57.64

此外，环境（E）得分、社会（S）得分和治理（G）得分的均值分别为9.18、28.75和44.78，均小于50。由数据可得，相比于治理方面，整个行业对环境、社会的重视程度有待提高。环境（E）得分的最小值为0，这是因为在环境（E）的披露方面仍存在企业披露过少乃至完全没有披露的情况，相关企业应提高对环境（E）信息披露的重视程度。

（二十）互联网和相关服务业上市公司ESG评价结果

表4.21展示了2021年互联网和相关服务业上市公司ESG总得分及环境（E）、社会（S）、治理（G）各分项得分的描述性统计结果。由表列示的结果可得，73家互联网和相关服务类企业的ESG总得分均值为23.08，水平较低，最高分仅有39.55。ESG总得分的标准差为6.23，最小值与最大值相差近33，说明行业内各企业对ESG的投入差异较大，侧面反映出我国互联网和相关服务业未形成具有行业共识的ESG披露标准，因此相关部门的引导还有待加强。

另外，环境（E）得分、社会（S）得分和治理（G）得分的均值分别为4.29、22.36和37.72，三者均未达及格线，处于较低水平。环境（E）得分的均值最小，仅为4.29，这是因为互联网和相关服务业上市公司在环境污染与治理层面上可披露的信息相对较少，导致数据搜集过程中很多企业的得分都为0。整体来讲，该行业各企业在披露ESG相关信息与贯彻ESG相关理念的力度等方面存在较大的改善空间，也更加凸显了国家加快制定相关ESG政策的必要性。

表4.21　2021年互联网和相关服务业上市公司ESG得分的描述性统计

变量	样本量	均值	标准差	最小值	中位数	最大值
环境得分（E）	73	4.29	5.26	0.00	3.33	33.33
社会得分（S）	73	22.36	12.01	6.67	21.41	50.28
治理得分（G）	73	37.72	8.48	13.70	36.95	56.03
ESG总得分	73	23.08	6.23	7.48	23.86	39.55

四、中国城市可持续发展能力评价

在对上市公司进行ESG评价的基础之上，首都经济贸易大学中国ESG研究院还进行了拓展，用ESG测量城市的可持续发展能力。本节选取2021年我国除港澳台地区外的337个城市作为评价对象，并从各城市的政府网站、《国民经济统计公报》《一般公共预算收支情况》、中经网、北大法宝等各类数据渠道收集整理相应数据，对各城市的可持续发展能力进行全面评价。

（一）城市可持续发展能力评价体系

1.环境（E）评价指标体系

（1）环境（E）评价指标体系的构建

在环境指标体系的衡量方面，本节采用由国际经济合作与开发组织（OECD）与联合国环境规划署（UNEP）共同提出的P-S-R模型，即压力（pressure）-状态（state）-响应（response）模型。"压力"指随着人口数量的增长，人类的生产生活等对生态环境造成的负面影响；"状态"指自然环境受到"压力"的影响而表现出的变化；"响应"指随着状态的改变，生态系统通过自我调节进行缓冲并向社会经济系统进行反馈，人类通过调整环境政策、经济政策等用实际行动做出"响应"。

P-S-R模型具有非常清晰的因果关系：将"环境状态发生的变化"进行

前后延伸，从而追溯了变化产生的原因，进而使下一步行动有迹可循。人类的社会活动对生态环境施加了一定的压力，压力使得生态环境状态发生了变化，人类社会感知到了变化并作出响应，以求恢复生态环境状况与防止资源枯竭，促进环境的可持续发展。P–S–R模型如图4.1所示。

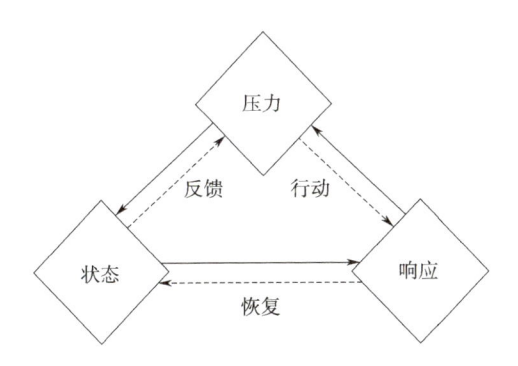

图4.1　环境（E）指标体系二级指标层级关系

资料来源：张秀梅.基于PSR模型的煤炭资源型城市生态安全评价研究[D].北京：北京林业大学，2011.

（2）环境（E）评价指标体系基本框架

在压力（P）、状态（S）以及响应（R）相应的层级关系的指引下，研究院进一步确定了其下属21个三级指标，具体描述如表4.22所示。

表4.22　环境（E）指标体系一览

一级指标	二级指标	三级指标
环境（E）指标	压力（P）	万元GDP能耗、万元GDP工业废水排放量、万元GDP工业废气排放量、万元GDP工业烟尘排放量、城市生活污水排放量
	状态（S）	人均水资源量、人均公园绿地面积、年平均气温、年降水量、二氧化硫浓度年均值、二氧化氮浓度年均值、PM2.5（细颗粒物）浓度年均值、自然保护区面积
	响应（R）	森林覆盖率、城市建成区绿化覆盖率、城市生活污水处理率、城市生活垃圾无害化处理率、工业废水排放达标率、工业固体废弃物利用率、万元GDP能耗降低或增长率、污染治理投入占GDP比重

在该环境评价体系中，压力指标从"消耗"和"排放"两个方面来反映经济社会因素对生态环境带来的负面影响，即人们对环境造成的压力。按照简明原则，消耗量方面选择了万元GDP能耗指标；排放量方面，选择了万元GDP工业废水排放、万元GDP工业废气排放、万元GDP工业烟尘排放以及城市生活污水排放四个指标。

状态指标反映了资源环境和社会环境发展的实际状况。人均水资源量、人均公园绿地面积等能够反映人均可利用资源多少，而空气环境主要通过二氧化氮及PM2.5（细颗粒物）的浓度等来综合反映。

响应指标反映了政府采取的维护资源环境的措施。森林覆盖率、城市建成区绿化覆盖率能够反映出各城市的森林绿化情况，城市生活污水处理率、城市生活垃圾无害化处理率等能够反映出公众和政府参与环保建设的情况。

2. 社会（S）评价指标体系

（1）社会（S）评价指标体系构建

为全面、客观、科学地对城市在社会层面的表现进行评价，需要建立一个完善的社会评价指标体系。本节以大量文献为基础，结合新时代中国社会治理的新局面、新形式，最终确定从效率（efficiency）、公平（justice）以及和谐（harmony）三个方面考察和评估城市的社会可持续性。

由中国ESG研究院构建的评价社会可持续性的E-J-H模型可知，效率（E）、公平（J）与和谐（H）三个指标之间是密切联系的。社会效率是社会公平的前提，能够为实现社会公平奠定物质基础。效率水平的提高意味着城市社会的不断发展和人民生活水平的不断提升。随着人民物质生活得到满足，人民的公平意识、民主意识和权利意识也会不断增强。而社会公平的本质是社会各方面利益关系的妥善协调与有序平衡，是实现社会和谐的必要前提。同时，安定的社会秩序和协调的社会关系能为社会效率提供条件，对公民生活和社会发展产生积极且深刻的影响。由此形成一个"影响力闭环"，如图4.2所示。

（2）社会（S）评价指标体系基本框架

在效率（E）、公平（J）和和谐（H）三个二级指标的指引下，研究院设置了23个三级指标作为具体评价内容，具体描述如表4.23所示。

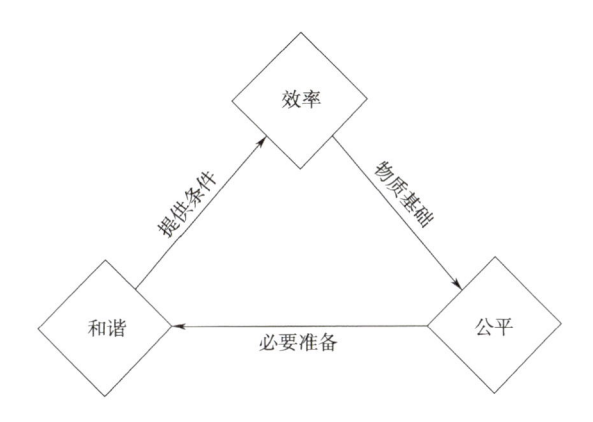

图4.2 社会（S）指标体系二级指标层级关系

表4.23 社会（S）指标体系一览

一级指标	二级指标	三级指标
社会（S）指标	效率（E）	人均GDP、第三产业占GDP比重、人均可支配收入增长率、恩格尔系数、通货膨胀率、城镇新增就业人数占城镇总就业人数比重、高中阶段毛入学率
	公平（J）	基尼系数、城乡居民收入比、农林水支出占比、市政女领导干部比重、一般预算支出教育投入比率
	和谐（H）	受理总案件数、热点刑事案件、刑事案件数量是否披露、行政案件数量是否披露、民商案件数量是否披露、每亿元GDP生产事故死亡率、城镇登记失业率、基本养老保险覆盖率、基本医疗保险覆盖率、基本失业保险覆盖率、社会保障与就业支出占财政支出的比重

社会效率是指在一定经济成本的基础上所获得的经济效益，因此，本节选取人均GDP、第三产业占GDP比重来反映该城市的经济发展和经济效益；选取人均可支配收入增长率、恩格尔系数以及通货膨胀率来反映该城市人民生活水平的提高效果和生活质量的改善程度；选取城镇新增就业人数占城镇总就业人数比重和高中阶段毛入学率来反映地方政府每年在就业和公共教育方面所做的努力和成效。综合这几项指标，能够充分反映出该城市的社会效率水平。

作为衡量社会进步的重要因素，社会公平不仅包括公民财富的合理分配，还包括机会的平等程度、规则的平等程度以及社会权力的平等程度等，其内容涵盖经济、政治、文化、教育等各个方面。基于此，选取基尼系数和城乡居民收入比这两项指标来衡量不同阶层居民收入分配的差异化程度和城乡居民人均可支配收入差别;选取农林水支出占比反映地区财政对农业的支持程度以及为实现乡村振兴所付出的努力;选取市政女领导干部比重体现参与公共决策机会方面的性别平等程度;选取一般预算支出教育投入比率反映该地方政府承担公共教育服务职责的情况。

社会和谐的本质是实现全体人民的全面发展,因此必须坚持以人为本,重视各个方面的需求和满足,使整个社会处于安定、有序、稳定的状态。受理总案件数、热点刑事案件等指标能反映公民人身和财产安全的程度,每亿元GDP生产事故死亡率能考察政府对安全生产的管理能力和水平,城镇登记失业率、基本养老保险覆盖率、基本医疗保险覆盖率等则反映地方政府对社会保障和社会救助职能履行的程度。

3. 治理(G)评价指标体系

(1)治理(G)评价指标体系构建

我国各城市在治理过程中秉持全局意识、大局意识,统筹推进"五位一体"的总体布局。因此,治理评价指标体系的构建也应当基于多维度视角,综合全面地反映政府部门的治理能力。基于此,中国ESG研究院参考了胡膨沂(2021)所建立的评价体系,最终设计出以"法治"(legislation)、"服务"(service)、"财政"(finance)为核心的L-S-F模型进行城市治理方面的评价。

城市治理与公司治理在一定程度上具有相似之处,其结果是"向内的",例如结构、机制、决策的制定等内容。因此,第一个二级指标体现的就是各城市的法制建设情况,其以政府规章制度的完善程度为核心标准。城市治理的制度越完善,法治的部分就越多,人治的部分就越少,城市治理就会更加科学、民主、高效。

为人民服务是城市治理的最终目标,更是城市治理的核心所在,各城市通过提供公共服务的方式服务人民。因此,应当设置服务二级指标来衡量各城市在治理过程中为服务人民所做的各项公共服务举措的有效程度。其服务覆盖面越广、人均拥有量越高,表明城市治理的效果越好。

财政指标用以反映城市治理的成本大小。财政储量对于城市政府部门而言既是资源也是约束。在目前地方债务高企的背景下,地方政府财力和发展的可持续性受到挑战。ESG的主旨是可持续性,因此在治理评估体系中加入该指标不仅能够衡量政府治理的效率,还能够评价其可持续性大小。法治、服务、财政之间的关系如图4.3所示。

图4.3　治理(G)指标体系二级指标层级关系

(2)治理(G)评价指标体系基本框架

在法治(L)、服务(S)和财政(F)三个二级指标的指引下,本节设置了最具代表性的17个三级指标作为具体评价内容,如表4.24所示,旨在科学评价城市政府部门治理效果和水平。

表4.24　社会(S)指标体系一览

一级指标	二级指标	三级指标
治理(G)指标	法治(L)	政策决策公众意见征集数量、12345热线与网站建设情况、腐败案件数量、新增政府规章及行政规范性文件数量、办理人大代表建议和政协委员提案数量
	服务(S)	R&D经费支出占地区生产总值比例、每万人专利数、一般预算支出医疗投入比率、每万人拥有卫生人员数、文化体育传媒支出/一般预算支出、每万人公共图书馆藏书量
	财政(F)	一般公共预算收支差额、财政赤字率、总债务率、地方人均负债额、保障倍数、可偿债财力

城市政府部门"法治"行为的内容非常复杂,但从管理过程的角度来看,可以分为三种类型:决策行为、执行行为和监控行为。对于决策行为而言,最重要的是决策的科学化和民主化,因此公民参与是政府治理中重要的内容之一。基于此,选取政策决策公众意见征集数量、12345热线与网站建设情况、办理人大代表建议和政协委员提案数量作为考察政府是否能够科学民主决策的三级指标;另选取新增政府规章及行政规范性文件数量、腐败案件数量来分别评价城市治理过程中的执行行为和监控行为。

为人民提供公共管理服务是城市治理的核心所在，因此，本评价指标体系选取了R&D经费支出占地区生产总值比例、每万人专利数、一般预算支出医疗投入比率等6个指标作为政府服务的考察内容，充分涵盖了科、教、文、卫四个方面，以衡量城市治理活动对民生生活的影响。

财政指标主要衡量各城市的财力保障水平，它是城市政府部门治理活动能够正常进行的客观条件。一般公共预算收支差额、财政赤字率能够反映地方财政的基本情况；而总债务率、地方人均负债额用来衡量城市负债压力水平；另选取保障倍数、可偿债财力来评估各城市面临的财政风险程度。

（二）城市可持续发展能力评价结果及分析

通过对各类文献的梳理总结、各个指标的不断完善以及所获取数据的对比核查，本报告根据各城市可持续发展能力的得分，将其降序排列得出中国城市可持续发展能力前100名。本部分对这些城市的可持续发展能力进行详细分析。

1. 城市可持续发展能力前100名分布情况分析

（1）地理区域划分视角

本报告以秦岭—淮河地理分界线为基准，将我国划分为南方与北方地区。统计结果发现，可持续发展能力前100名中南方城市的占比明显高于北方城市。如图4.4所示，2020年，可持续发展指数排行榜前100名的南方城市数量为81个，而北方城市仅有19个（见图4.4）。

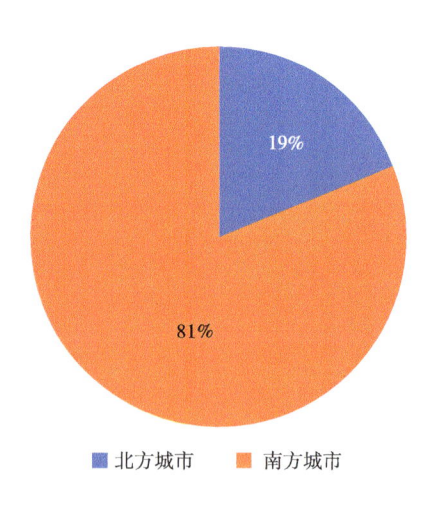

图4.4 可持续发展能力前100名城市比重

同时，对南方地区与北方地区各自可持续发展能力进行统计分析发现，南方地区与北方地区可持续发展能力前100名中地级市数量占本地区城市数量的比例存在明显差距，其中南方地区的比例为44.80%，明显高于北方地区的12.20%，结果如图4.5所示。

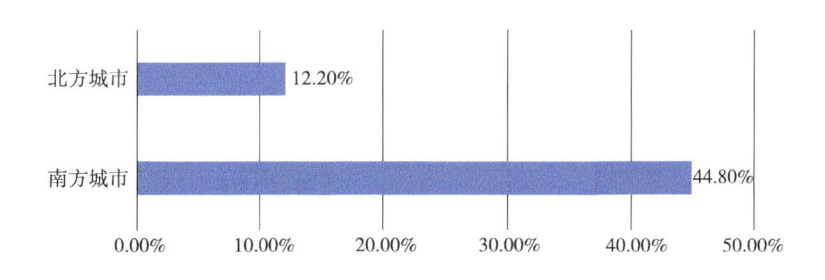

图4.5　可持续发展能力前100名的地级市数量占本地区城市数量的比例

（2）经济区域划分视角

本报告以经济区域划分为标准，将我国划分为东北、西部、中部以及东部地区。统计结果发现，东部与中部地区城市在可持续发展能力前100名的占比中明显高于其他区域。2020年，可持续发展能力前100名的东部地区城市共有49个，中部地区城市共有31个，西部地区城市和东北地区城市分别有18个和2个（见图4.6）。

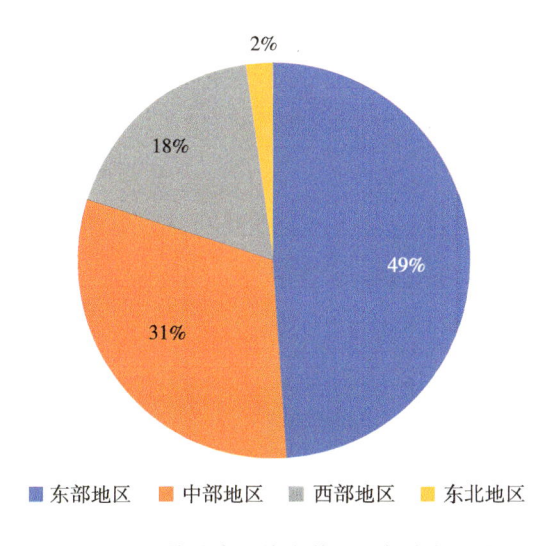

图4.6　可持续发展能力前100名城市比重

同时，本报告对各地区可持续发展能力前100名的地级市数量占本地区城市数量的比例进行统计分析。其中，东部地区前100名地级市数量占东部地区城市总数量的55.06%，说明东部地区超过一半的城市在可持续发展方面势头强劲，也说明东部地区城市可持续发展能力相对均衡且大部分处于较高水平。另外，东部（55.06%）与中部地区（37.80%）的比例明显高于西部（13.85%）和东北地区（5.56%）（见图4.7）。

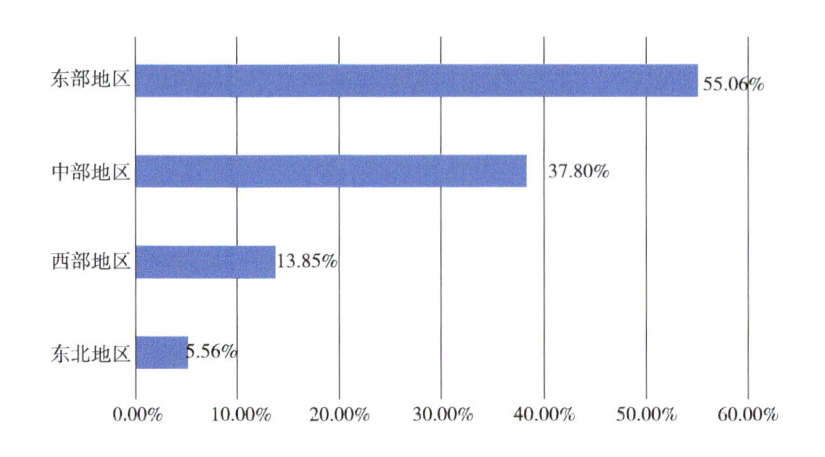

图4.7 可持续发展能力前100名的地级市数量占本地区城市数量的比例

2. 城市可持续发展能力前100名各维度得分情况分析

本报告针对E（环境）、S（社会）和G（治理）3个一级指标及一级指标下属的9个二级指标的平均值得分进行统计，如表4.25所示。从整体来看，我国城市E（环境）的均值高于S（社会）和G（治理）的均值，而G（治理）指标均值低于其他两个一级指标。具体来说，从E（环境）的分指标得分来看，压力指标中能耗与排放指标表现良好，状态指标的人均资源占有量相对较低，响应指标中污染治理投入仍需提高。从S（社会）的分指标得分来看，效率指标中经济效率仍需提升，公平指标中城乡居民收入差距较大，和谐指标中基本养老、医疗、失业保险覆盖率待提高。从G（治理）的分指标得分来看，法治指标中法治进程中公众参与度较低，服务指标中医疗、文体传媒支出待增加，财政指标中我国财政抗风险能力待提升。

表4.25　2021年互联网和相关服务业ESG得分的描述性统计

一级指标	E（环境）			S（社会）			G（环境）		
平均值	60.297			51.365			41.625		
二级指标	压力	状态	响应	效率	公平	和谐	法治	服务	财政
平均值	84.884	47.883	48.123	50.476	42.410	61.209	47.604	21.146	56.126

第五章　中国ESG金融市场与投资

一、市场规模

（一）ESG债券市场

依据Wind数据统计，截至2022年11月，中国ESG债券市场总体数量为2 872只，总规模达到71 662.26亿元。如采用Wind数据库的分类方式，可将ESG债券进一步划分为ESG绿色债券、社会责任债券和可持续发展债券三种。其中，ESG绿色债券主要指以环境相关项目为主题的债券；社会责任债券主要是从ESG中的社会层面出发，募集资金用于社会责任项目的债券；可持续发展债券指除绿色债券和社会责任债券之外的其他ESG主题债券（此处采用Wind定义）。依据Wind数据，ESG绿色债券总体数量为1 143只，规模达到17 657.67亿元；社会责任债券总体数量为1 464只，规模达到51 731.19亿元；可持续发展债券总体数量共有265只，规模达到2 273.4亿元。

1. ESG绿色债券

ESG绿色债券又称气候债券，主要从ESG中环境角度出发，是为现有和新的绿色项目融资的固定收益工具。截至2022年11月，国内ESG绿色债券共发行了1 143只，在种类上可以划分为绿色债券、碳中和债券、蓝色债券、转型债券、综合环保类债券等（见图5.1）。

绿色债券是政府、企业、银行等债务人为筹集资金，按照法定程序发行并向债权人承诺于指定日期还本付息的有价证券。目前国内绿色债券共发行了360只，平均票息为0.04，平均期限达到5.09年，其中，武汉地铁绿色债券的发行期限达到最大值，为20年。Wind将债券ESG争议事件和管理事件得分进行汇总得到主体ESG评级。绿色债券中ESG评级达到AAA的绿色债券共有170只，评级达到AA+的绿色债券共有78只，还有85只股票评级为AA及以下。可以看出公司发行的绿色债券总体评级较高，不同债券的ESG评级差异较小，ESG管理实践得当。

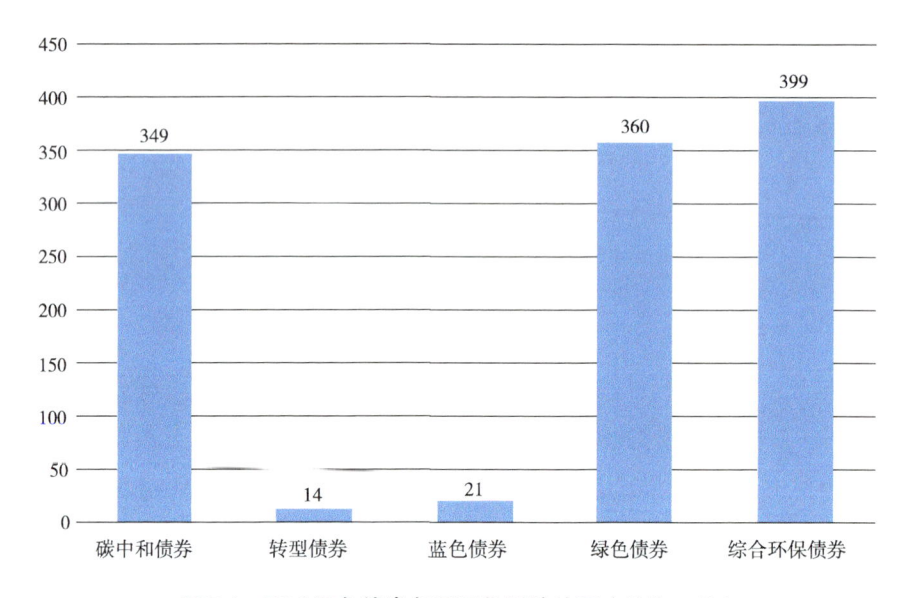

图5.1　ESG绿色债券各项目数量统计图（单位：只）

资料来源：基于Wind数据库。

碳中和债券是指募集资金专项用于具有碳减排效益的绿色项目的债券融资工具。碳中和债券在ESG绿色债券市场中规模也较为庞大，共有349只，平均年限为8.8年，平均票息为0.03。碳中和债券中有283只参与了Wind中的ESG评级，其中有220只碳中和债券评级为AAA，47只评级为AA+，16只评级为AA。

转型债券是为支持适应环境改善和应对气候变化，募集资金专项用于低碳转型领域的债务融资工具。转型债券共有14只，平均期限为2.4年，平均票息为0.02。

蓝色债券是指募集资金用于可持续性海洋经济项目的债券。蓝色债券共有21只，蓝色债券中的最大年限为（22风电G2）100年，还有4只蓝色债年限为30年，最小年限仅为（G振华D1）0.2年，平均票息为0.03。

综合环保类债券是指募集资金用于环境治理的项目的债券。综合环保类债券共有399只，其中有17只综合环保类债券的最大年限达到100年，平均年限达到31.3年，平均票息为0.03。

根据以上统计可以看出，ESG绿色债券规模较大，其中综合环保类债券占比为34.9%，在ESG绿色债券中是占比最大的。中国金融市场对ESG绿色债券的重视程度较高，且平均票息比较稳定。

2. 社会责任债券

社会责任债券主要是从ESG中的社会层面出发，募集资金用于社会责任项目的债券。截至2022年11月，国内社会责任债券共发行1 464只，在种类上可以分为乡村振兴债券、扶贫类债券、疫情防控债券、一带一路债券、社会事业债券等（见图5.2）。

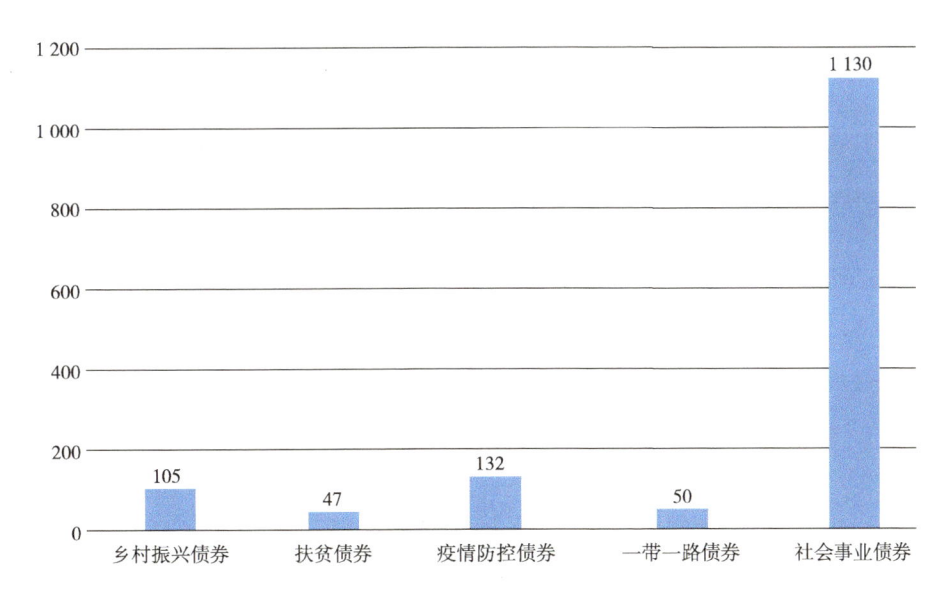

图5.2 社会责任债券各项目数量统计图（单位：只）

资料来源：基于Wind数据库。

乡村振兴债券是指用于弥补农村融资缺口、支持乡村振兴建设而发行的债券，共有105只，平均期限为2.9年，平均票息为0.03。

扶贫类债券是指募集资金主要投向精准扶贫项目的债券。扶贫类债券数量较少，仅有47只，但期限较长可达到5~10年，平均票息为0.07。

疫情防控类债券是指募集资金用于受疫情影响较大的行业、企业或者为疫情防控领域相关项目而发行的债券，共有132只，期限从3年到10年不等，平均票息为0.03。

一带一路债券是金融机构与企业在境内外发行并将募集资金用于"一带一路"建设的公司债券，共有50只，剔除两只最大年限为200年的一带一路债券后，平均期限为5.85年，平均票息为0.04。

社会事业债券是指募集资金用于中央和各级地方政府领导的社会建设和社会服务事业的债券，共有1 130只，平均期限达到54.1年，平均票息为0.03。

3. 可持续发展债券

可持续发展债券是指除绿色债券和社会责任债券之外的其他ESG债券。截至2022年11月，国内共发行265只可持续发展债券，在种类上可以划分为可持续发展挂钩债券、项目收益债券和低碳挂钩债券等（见图5.3）。

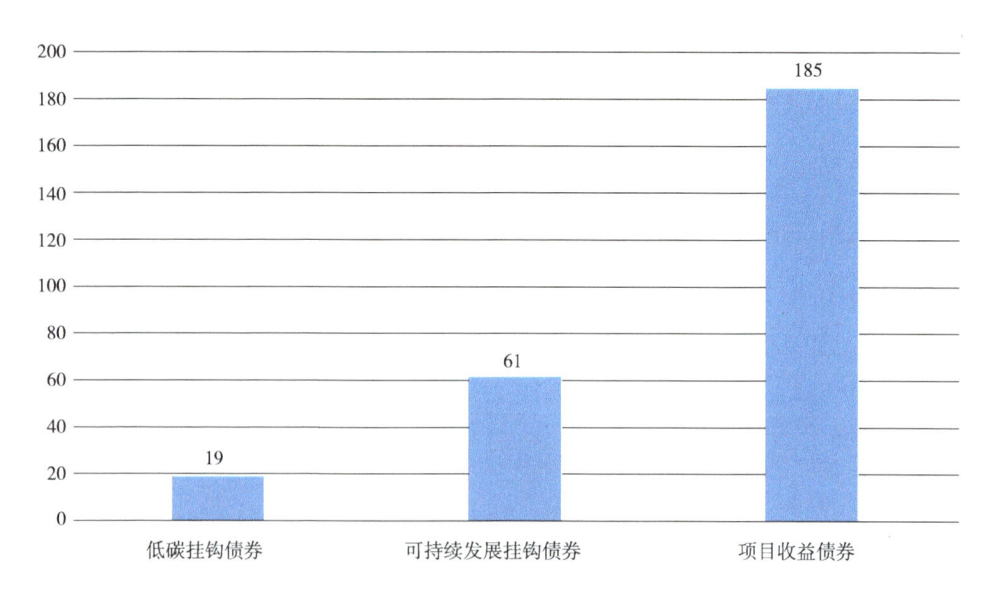

图5.3 可持续发展债券各项目数量统计图（单位：只）

资料来源：基于Wind数据库。

其中可持续发展挂钩债券是指将债券条款与发行人可持续发展目标相挂

钩的债务融资工具，共有61只，平均期限为4.37年，平均票息为0.03，Wind主体评级为AA+及以上。

项目收益债券是指与特定项目相联系的，募集资金用于特定项目的投资与建设的债券，共有185只，平均期限为7.87年，平均票息为0.06。其中，Wind主体评级AAA的债券有13只；主体评级AA+的债券有16只；主体评级为AA的债券有68只；AA-及以下评级的债券有9只。

低碳挂钩债券是指募集资金用于助力企业实现低碳转型的债券，共有19只，平均期限为4.3年，平均票息为0.02，Wind主体评级均为AAA。

（二）ESG公募基金

ESG公募基金是ESG投资的重要工具。本报告具体将公募基金划分为"纯ESG"基金和"泛ESG"基金。"纯ESG"基金指基金名称中含有"ESG"这一关键词或实质上同时考虑E、S、G三方面因素的基金。"泛ESG"基金指基金名称或投资策略、投资领域涉及ESG下辖因素的基金。例如，某"新能源基金"可归类为"泛ESG基金"，因为新能源涉及ESG因素。本节聚焦股票型公募基金。

1. "纯ESG"基金

截至2022年11月，在开放交易中的"纯ESG"基金共有9只。在这些基金中，仅有2只基金的ESG评级为AA，5只基金的ESG评级为BBB及以下，总体基金规模为22.31亿元，市场份额低。

2. "泛ESG"基金

截至2022年11月，"泛ESG"基金共有64只，市场规模达到795.92亿元（见图5.4和图5.5）。其中，环境（E）层面共有49只基金，主题词主要涉及"低碳"、"绿色"和"新能源"等，规模达到了716.97亿元。社会（S）层面共有4只"泛ESG"基金，主题词涉及"国家安全""责任"等，规模达到47.08亿元。治理（G）层面共有11只"泛ESG"基金，主题词涉及"国企改革""治理"等，规模达到31.87亿元。由此可以看出，环境层面的基金数量和规模较为庞大，社会责任和治理类基金的规模小。

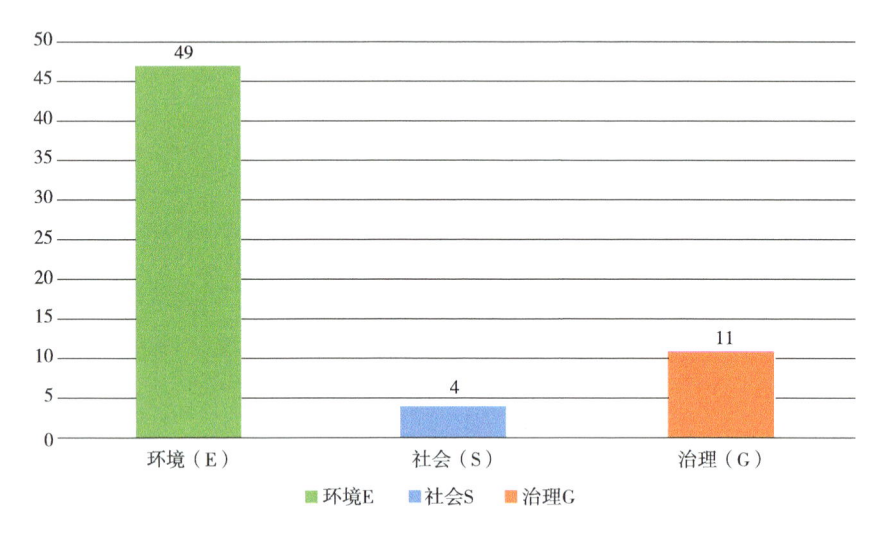

图5.4 "泛ESG"股票型基金数量统计图（单位：只）

资料来源：基于Wind数据库。

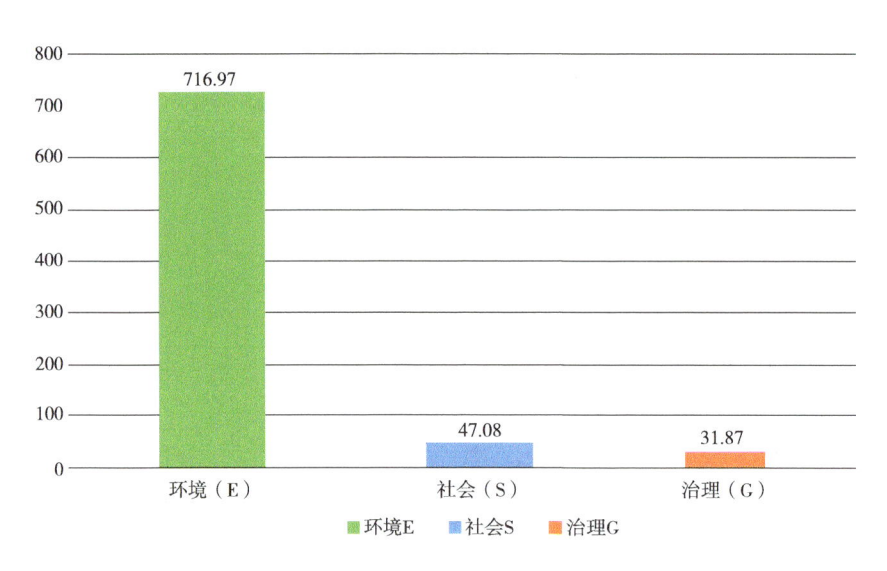

图5.5 "泛ESG"股票型基金规模统计图（单位：亿元）

资料来源：基于Wind数据库。

（三）ESG私募基金和私募股权

ESG理念在私募投资中也有实践。报告考虑主要针对二级市场的私募基金和一级市场的私募股权基金在ESG方面的实践。

1. 私募基金ESG

私募基金中仅有4只以"ESG"命名的"纯ESG"基金，平均成立年限为1.33年。截至2022年11月，"泛ESG"私募基金共有39只（见图5.6），涉及"低碳"、"可持续"、"碳中和"、"新能源"和"国企改革"等关键词。在环境（E）层面，共有28只私募基金，平均成立年限为2.01年；在社会（S）层面，共有9只基金，平均成立年限为1.1年；在治理（G）层面，共有2只基金，平均成立年限为6.28年。可以看出私募基金在环境（E）和社会（S）层面的发行时间较短，属于新兴基金。

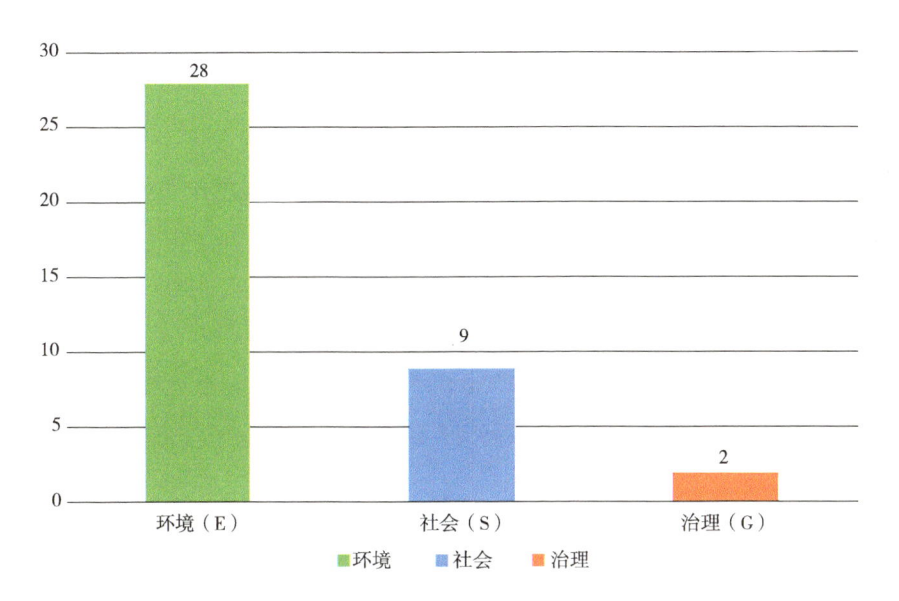

图5.6 "泛ESG"私募基金各维度数量统计图（单位：只）

资料来源：基于Wind数据库。

2. 私募股权ESG

私募股权公司也对ESG理念给予了越来越多的关注，并开始在投资领域逐渐参考ESG因素。截至2022年11月，国内共有23家私募股权公司签署了联合国责任投资原则组织（UN PRI），包括界星资本、大钲资本、高瓴资本和厚生资本等。但这23家公司中只有少数公司在官网上披露了将ESG因素纳入投资规划的详细信息。

二、市场参与者

(一)政府及交易所

1. 政府机构

近年来,我国一直倡导生态文明建设的重要意义,随着"双碳"理念的提出和ESG理念关注程度的扩大,政府除推动倡导ESG信息的披露和建设,也发行了一系列债券来促进和引导ESG理念的发展和普及。

截至2022年11月,国内参与发行ESG债券的政府部门达到27个,具体包括四川、福建和山东等省人民政府,青岛、大连和深圳等市人民政府,以及中华人民共和国财政部。发行债券的类型包括中华人民共和国财政部在2020年发行的关于疫情防控的国债,以及各省级政府和市级政府发行的地方政府债,债券涉及碳中和、综合环保等多方面内容。截至2022年11月,政府部门发行的债券数量为1 516只,规模由2020年的49 915.6亿元增长到65 611.84亿元,其中疫情防控债券和社会事业债券的规模占比较大(见图5.7)。

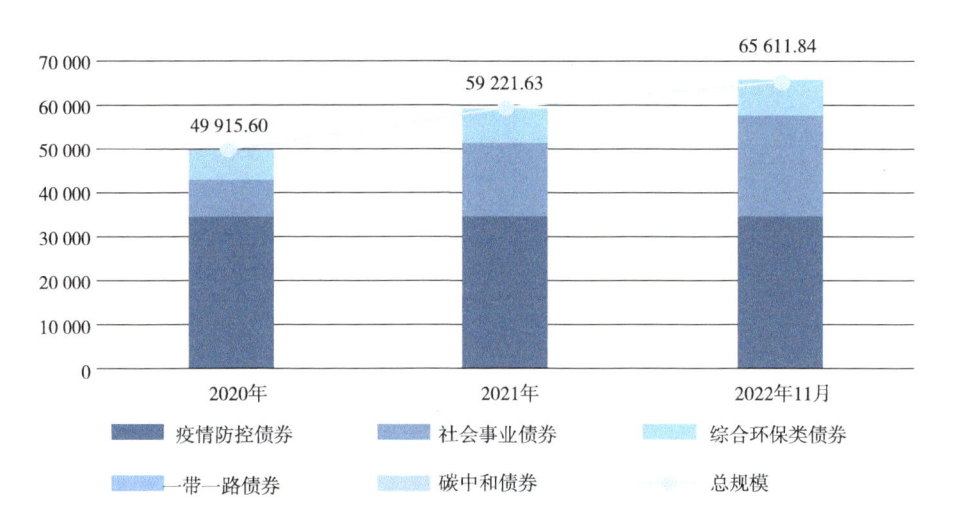

图5.7 2020年—2022年11月国内政府发行ESG债券规模变化图(单位:亿元)

资料来源:基于Wind数据库。

2. 交易所

交易所作为资本市场运行的重要角色,在ESG信息披露中也发挥着重要的作用。目前国内各大交易所开始不同程度地要求上市公司及金融类公司对ESG信息进行披露，虽然各大交易所发布的信息披露指引在细节上有所不同，但其内容都包括环境污染防治、节能减排、社会公益事业和公司治理架构等方面。与此同时，深交所还制定并发布了ESG评级方法和ESG指数，截至2022年11月，深交所累计发布了12只"泛ESG"指数产品，涉及碳中和、节能和社会责任等多个领域。

（二）基金公司

基金公司是从事证券投资基金管理业务的企业。随着ESG理念引起的广泛关注，基金公司开始注重在发展过程中贯彻ESG理念。2020年国内践行ESG理念的基金公司有98家，截至2022年11月，践行ESG理念的基金公司已经增长到159家，其中有83家成为UN PRI的签署机构，占比为51.57%（见图5.8）。

图5.8　2020年—2022年11月国内参与ESG理念基金公司数量变化图（单位：家）

资料来源：基于Wind数据库、UN PRI官方网站。

国内基金公司主要采用发行基金产品、信托产品以及指数产品等方式贯彻落实ESG理念。截至2022年11月，国内基金公司发布的信托规模可达到5.7亿元；发布的指数产品有两只，均是建信基金在2021年发布的"纯ESG"指数产品。累计发行基金的规模由2020年的3 071.08亿元增长到4 322.38亿元

（见图5.9）。基金产品涉及关注E、S、G三个维度的"纯ESG"基金以及选取E、S、G某个维度作为主要关注对象的"泛ESG"基金，"泛ESG"基金涉及的主题具体包含绿色、碳中和、社会责任、国家安全和国企改革等。

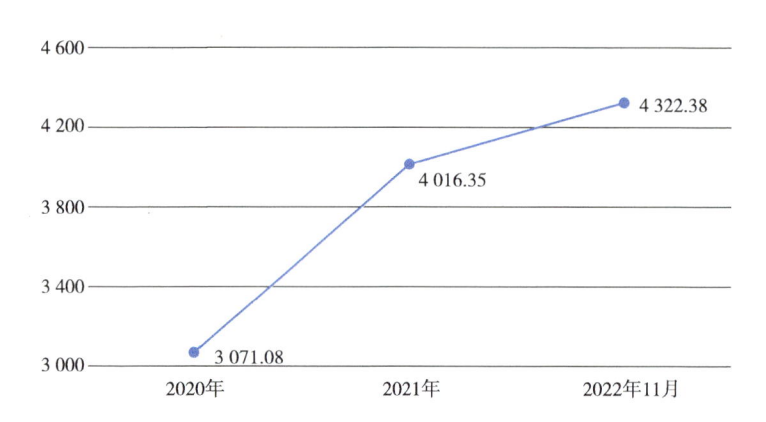

图5.9 2020年—2022年11月国内基金公司发行ESG基金规模变化图（单位：亿元）

资料来源：基于Wind数据库。

华夏基金于2017年成为UN PRI的签署机构，为了贯彻ESG理念，其内部设置了ESG业务委员会，监控ESG评级的变化，并在公司运营过程中使用ESG作为风险监控手段。截至2022年11月，华夏基金共发行3只"纯ESG"基金，规模达到2.11亿元。其发行的"泛ESG"基金为18只，规模达到202.97亿元。华夏基金发行的基金产品具体涉及低碳、可持续发展和国家安全等几个方面。

富国基金在主动权益、固收、量化等多个投资领域将ESG原则纳入长期资产配置框架。2021年6月，富国基金发行了一只名为"富国沪深300ESG基准ETF"的"纯ESG"基金，发行规模为2.5亿元。截至2022年11月，富国基金累计发行了25只"泛ESG"基金，主要涉及低碳、环保、国家安全和国企改革等主题，发行规模累计达到456.93亿元。

（三）证券公司

证券公司是从事证券经营业务的有限责任公司或者股份有限公司。如图5.10所示，截至2022年11月，国内参与ESG理念的证券公司由2020年的11

家增长到18家,其中属于UN PRI的签署机构的共有10家,占整体证券公司数量的55.56%。

图5.10 2020年—2022年11月国内参与ESG理念证券公司数量变化图(单位:家)

资料来源:基于Wind数据库、UN PRI官方网站。

目前国内证券公司践行ESG理念的方式主要包括发行信托产品、基金产品以及指数产品等。如图5.11所示,截至2022年11月,证券公司发布信托产品的规模从2020年的8.8亿元增长到10.78亿元。发行基金产品的规模由2020年的0.25亿元增长到8.05亿元(见图5.12)。发布指数产品的数量由2020年的30只增长到64只(见图5.13)。

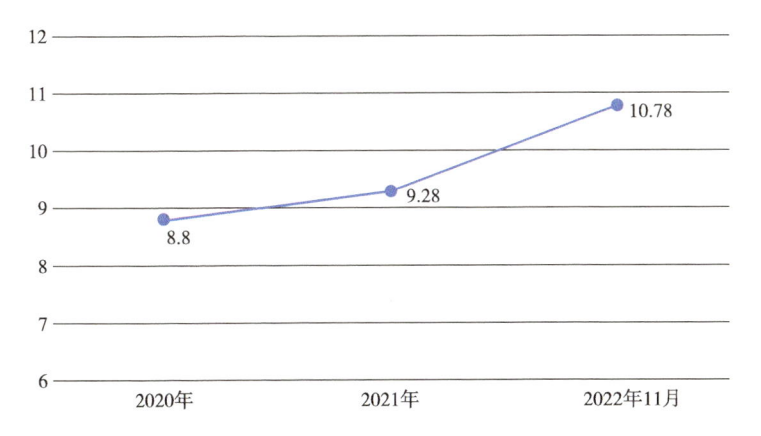

图5.11 2020年—2022年11月国内证券公司发布信托产品规模变化图(单位:亿元)

资料来源:基于CSMAR数据库。

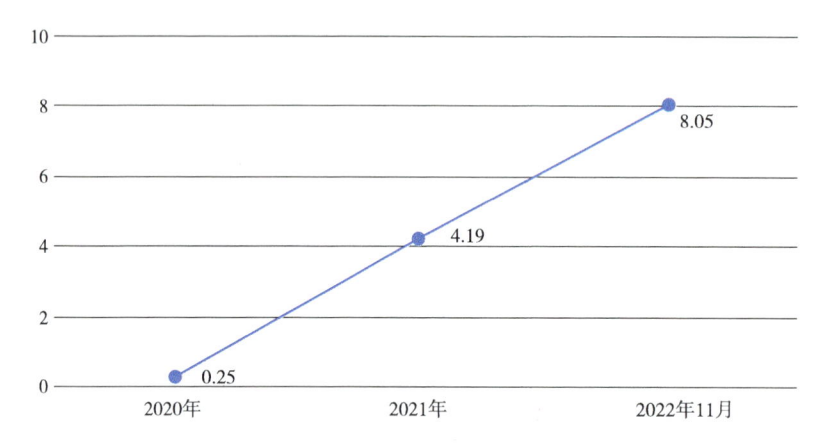

图5.12　2020年—2022年11月国内证券公司发行基金产品规模变化图（单位：亿元）

资料来源：基于Wind数据库。

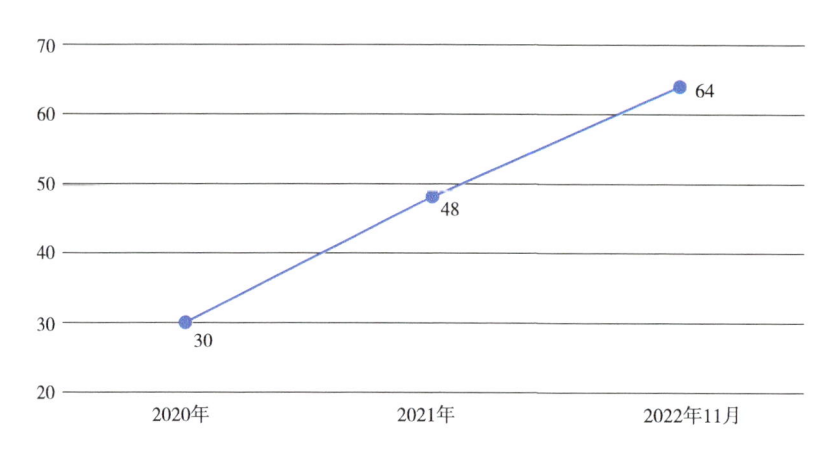

图5.13　2020年—2022年11月国内证券公司发布指数产品数量变化图（单位：只）

资料来源：基于Wind数据库。

根据华泰证券2022年3月发布的《华泰证券股份有限公司2021年度社会责任报告》，华泰证券将ESG治理架构与执行体系纳入其风险管理机制，MSCI评级在2021年8月将其上调至A级。在环境（E）层面，华泰证券2021年承销绿色债46只，规模达到503.14亿元；发行了6只单碳中和及绿色ABS，发行规模为110.10亿元。在社会（S）层面，截至2021年年底，华泰证券持仓扶贫债券金额总计20.8亿元。在公司治理（G）层面，华泰证券组织开展风险管理类专业培训22次，线上开展反洗钱专题讲座5次，2021年披露文件共达341份①。

（四）银行

银行是经营货币信贷业务的金融机构，随着国内金融业开始向绿色金融、低碳发展的方向转型，银行也开始越来越多地参与ESG相关业务。如图5.14所示，截至2022年11月，国内参与ESG相关业务的银行由2020年的17家增长至75家，其中大型银行、股份行、城商行和农商行均有涉猎。在这75家中签署了UN PRI和UN PRB（联合国负责任银行原则）的银行达到24家，占总参与银行数量的32%。

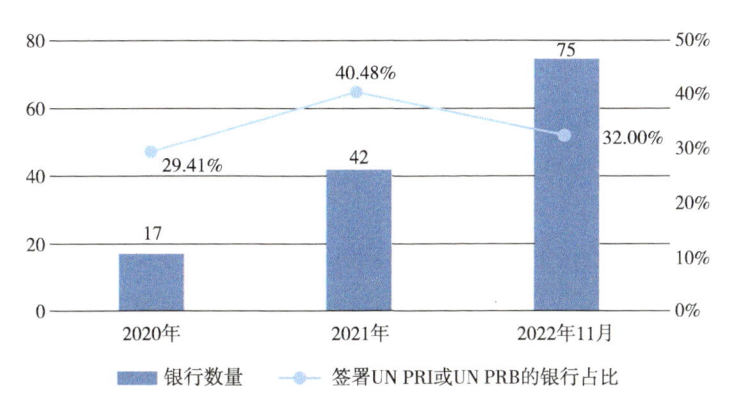

图5.14　2020年—2022年11月国内参与ESG理念银行数量变化图（单位：家）
资料来源：基于Wind数据库、UN PRI及UN PRB官方网站。

随着ESG理念得到广泛认可，诸多银行开始主动披露ESG信息，主要从发展绿色金融、将ESG纳入风险管理以及促进机构可持续运营出发，发行相关指数或债券产品。截至2022年11月，国内银行发布的指数产品较少，仅有民生银行发布的2只ESG指数产品。而银行发行债券的数量和规模都比较可观，数量可达到108只，多为普通金融债或政策性金融债，规模由2020年的430亿元增长到4 972.12亿元（见图5.15）。国内银行发行的ESG相关债券主要涉及可持续发展挂钩债券、绿色债券、转型债券、一带一路债券和疫情

---

① 华泰证券2021年度社会责任报告[EB/OL]. [2023-03-05]. https://crm.htsc.com.cn/pdf_finchina/CNSESH_STOCK/2022/2022-3/2022-03-31/7940045.pdf.

防控债券等，其中绿色债券数量和规模的增长速度最大，是银行的重点关注对象。

图5.15　2020年—2022年11月国内银行发布ESG债券规模变化图（单位：亿元）

资料来源：基于Wind数据库。

中国工商银行股份有限公司（以下简称"中国工行"）于2019年9月成为UN PRB的签署银行，并将ESG理念作为其发展方向。根据其2022年3月披露的《中国工商银行股份有限公司2021社会责任（ESG）报告》，在环境（E）层面，中国工行主要进行了绿色金融投资计划，加强环境（气候）与社会风险评估，2021年投向节能环保、绿色服务和清洁能源等绿色产业的绿色贷款余额达到24 806.21亿元，累积承销绿色债券规模达到636.37亿元。在社会（S）层面，中国工行支持国家重大项目建设，为教育、医疗和抗洪救灾等提供资金支持。在公司治理（G）层面，中国工行主要进行了完善ESG管治架构、加强信息披露、培养ESG方面的人才等内容的建设，促进将ESG理念纳入其风险管理体系[①]。

（五）投资服务机构

投资服务机构主要包括评级机构、投资顾问公司和指数编制公司等。如

---

① 中国工商银行股份有限公司2021社会责任（ESG）报告[EB/OL]. [2023-03-05]. http://v.icbc.com.cn/userfiles/Resources/ICBCLTD/download/2022/2021CSR.pdf.

图5.16所示，截至2022年11月，国内践行ESG理念的投资服务机构从2020年的174家增长到315家，其中，UN PRI的签署机构数量为103家，占整体投资服务机构总数的32.7%。

图5.16　2020年—2022年11月国内参与ESG理念投资服务机构数量变化图（单位：家）

资料来源：基于Wind数据库、UN PRI官方网站。

投资服务机构主要通过发布指数产品和债券来参与ESG相关业务。如图5.17和图5.18所示，截至2022年11月，投资服务机构累计发布的指数产品由2020年的143只增长到380只。投资服务机构发行的债券主要为普通企业债或者资产支持票据，累计发行债券的数量达到266只，规模由2020年的1 279.21亿元增长到2 219.76亿元。

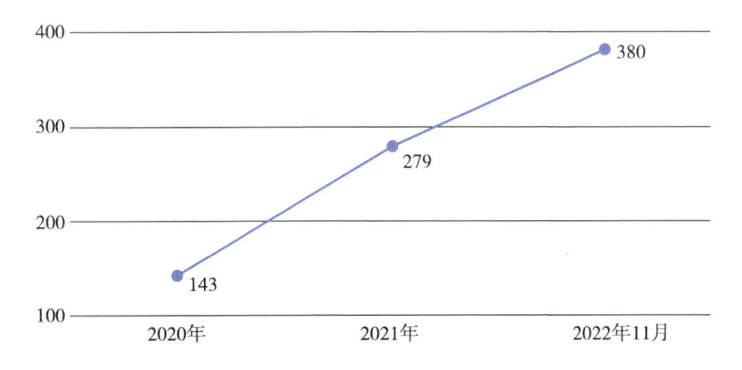

图5.17　2020年—2022年11月国内投资服务机构发布ESG指数产品数量变化图（单位：只）

资料来源：基于Wind数据库。

```
2 500 ─
           ● 2 219.76
2 000 ─
      ● 1 757.00
1 500 ─
  ● 1 279.21
1 000 ─
 2020年    2021年    2022年11月
```

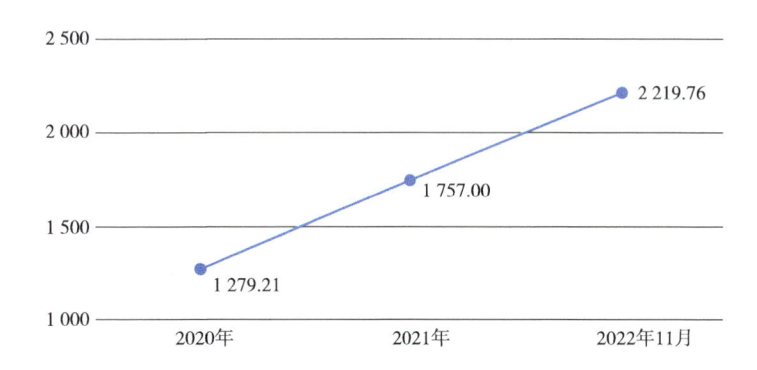

图 5.18　2020 年—2022 年 11 月国内投资服务机构发布 ESG 债券规模变化图（单位：亿元）

资料来源：基于 Wind 数据库。

　　商道融绿是国内绿色金融及责任投资的服务机构，于 2016 年成为 UN PRI 的签署机构。其主要工作是基于长期对 ESG 因子的研究，自主研发 ESG 评级体系，并对国内各个上市公司进行 ESG 评级，其研究数据被用于投资决策、风险管理和可持续金融产品的创新和研发，其未来的发展趋势主要包括用"双碳"目标引领 ESG 和绿色金融发展、促进绿色金融和资产的发展和推进上市公司 ESG 信息的披露等[①]。

　　中证指数是由沪、深证券交易所共同出资成立的金融市场指数提供商。随着我国"双碳"目标的提出，中证指数建立了自己的 ESG 专家委员会，创建了 ESG 评级方法，评级体系由 13 个主题、22 个单元和近 200 个指标构成[②]。中证指数发布了诸多 ESG 指数产品。截至 2022 年 11 月，中证指数发布了 64 只"纯 ESG"指数产品和 70 只"泛 ESG"指数产品，其发布的指数产品多为股票型指数，涉及低碳、环保、新能源、国家安全和国企改革等多方面内容。

（六）信托公司

　　信托公司是主要经营信托业务的金融机构，以信任委托为基础，以货币资金和实物财产的经营管理为形式，进行融资和融物相结合的多边信用活动。

---

① 融绿介绍[EB/OL]. [2023-03-05]. https://www.syntaogf.com/pages/about01.

② 中证ESG评价体系[EB/OL]. [2023-03-05]. https://www.csindex.com.cn/zh-CN/researches/esg#/esg?anchor= Methodology.

目前全国共有68家信托公司，如图5.19所示，截至2022年11月，参与ESG相关业务的信托公司已经达到43家，发布的信托产品由2020年的383.03亿元增长到434.37亿元。

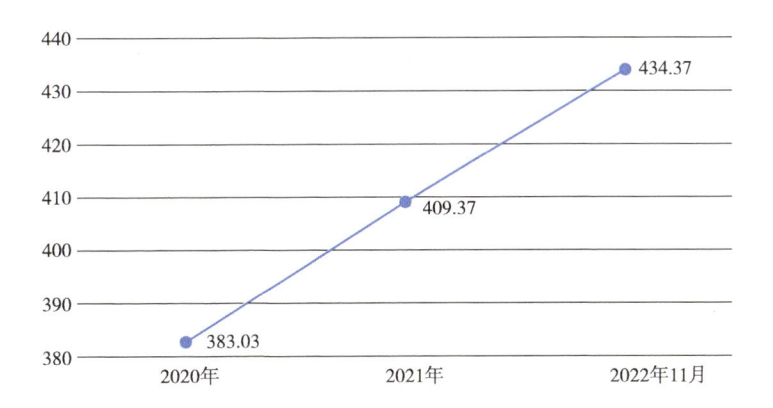

图5.19　2020年—2022年11月国内信托公司发布ESG信托产品规模变化图（单位：亿元）
资料来源：基于CSMAR数据库。

随着信托公司对ESG理念的关注和贯彻，信托公司开始将ESG纳入项目评议。除了风控的环节，信托公司也开始对投前、投中和投后涉及的流程进行ESG的评级和评估。绿色信贷类业务是信托公司的主要投资项目，除信贷业务外，信托公司还在投资基金、证券等方面践行ESG理念，涉及太阳能、城市污水治理等环境层面的内容，扶贫、养老等社会层面的内容以及国企改革和治理等公司治理层面的内容。同时，很多信托公司都开始发布年度ESG报告，主动披露公司的ESG信息，如中信信托、平安信托和五矿信托等。

根据中信信托2022年10月披露的《环境、社会和公司治理（ESG）报告》，中信信托为深刻贯彻ESG理念组建了ESG工作小组，配合提报ESG绩效，并进行年度ESG信息的披露与回报。在环境层面，中信信托主要通过绿色信托产品与服务来践行ESG理念，通过可续期债权、公募REITs等业务赋能绿色金融。在社会层面，中信信托主要通过支持战略性新兴产业、乡村振兴项目和扶贫项目等来贯彻ESG理念，其涉及的领域主要包含智造、高端装备以及农业服务、旅游业等，累计投资新兴产业的项目达到23个，支持的乡村振兴产业共计11类，购买的脱贫产品达到823个[①]。

平安信托在2022年4月发布了《平安信托2021年度可持续发展报告》，报告中指出，为贯彻ESG理念，平安信托建立了ESG决策委员会，对公司的ESG落实进行统筹规划。在环境层面，截至2021年12月末，平安信托存量绿色信托规模为97.60亿元。在社会层面，平安信托成立了慈善信托和教育脱贫信托，2021年新增规模达到5 330万元[②]。

（七）企业

随着ESG理念逐渐得到关注和认可，国内的企业也开始积极参与和践行ESG理念，除了主动披露ESG报告、履行绿色环保倡议、投身社会责任项目和加强公司治理等方式，企业还采用发行债券的方式贯彻ESG理念。如图5.20所示，截至2022年11月，国内参与ESG理念的企业数量由2020年的204家增长到500家，涉及交通运输业、房地产业、电力和建筑业等多个行业。企业发行的债券多为普通企业债和资产支持票据。如图5.21所示，截至2022年11月，国内企业共发行ESG债券规模由2020年的2 759.61亿元增长到8 858.33亿元，其中绿色债券和碳中和债券占比较大。

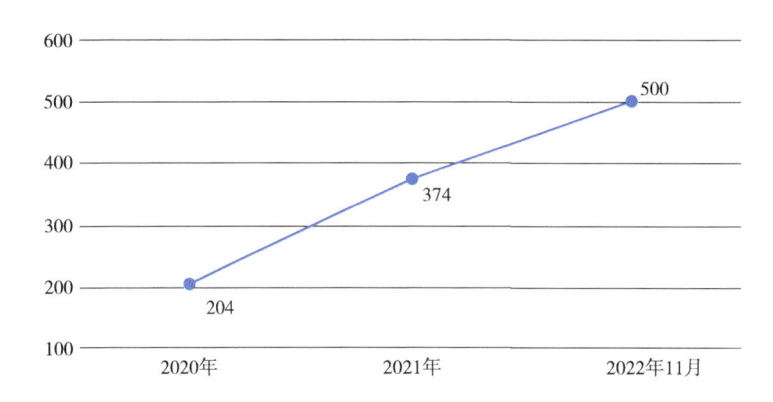

图5.20　2020年—2022年11月国内参与ESG理念企业数量变化图（单位：家）

资料来源：基于Wind数据库。

---

① 中信信托2021年环境、社会、公司治理（ESG）报告[EB/OL]. [2023-03-05]. https:// www. citictrust. com. cn/ content/ gsgg-lsgg/2022/10-14/170326. html.

② 平安信托2021年度可持续发展报告[EB/OL]. [2023-03-05]. https://trust. pingan. com/info-disclosure/company-annual-report.

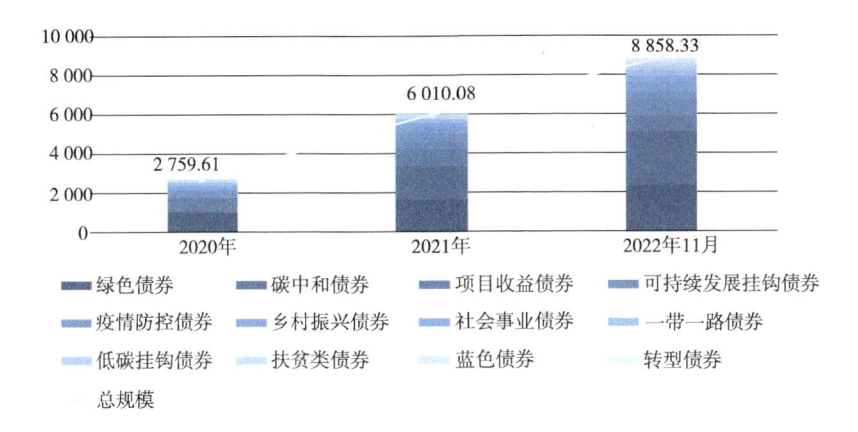

第五章 中国 ESG 金融市场与投资

图5.21 2020年—2022年11月国内企业发行ESG债券规模变化图（单位：亿元）

资料来源：基于Wind数据库。

（八）保险公司

保险公司是销售保险合约、提供风险保障的公司，其主要业务包括收取保费，将保费所得资本投资于债券、股票、贷款等资产，运用这些资产所得收入支付保单所确定的保险赔偿。随着ESG理念在国内的普及，保险公司也越来越注重环境、社会与公司治理的价值和影响。根据UN PRI官方网站披露的签署机构数据，2020年我国UN PRI签署机构中保险公司仅有3家，占2020年国内全部签署机构的3.06%。截至2022年11月，国内签署UN PRI的保险公司已经增长到8家，占总体国内签署机构的比例为3.86%（见图5.22）。

图5.22 2020年—2022年11月国内参与ESG理念保险公司数量变化图（单位：家）

资料来源：基于UN PRI官方网站。

保险公司所涉及的业务投资周期较长，规模也比较庞大。随着ESG理念在国内的普及，保险公司为了寻求行业的可持续发展，也逐渐将ESG理念纳入自己的风险管理体系。在投资过程中，保险公司主要通过对环境、社会和公司治理这三个层面加大投资来参与ESG的发展，其中涉及的金融产品具体包括债券、股票和资管产品等，保险公司通过以上方式对绿色发展行业或者碳中和相关产业进行投资，并通过债权计划、股权计划等为ESG产业的发展提供资金支持。与此同时，保险公司也在不断关注养老金的资金管理，力求将ESG理念与民生服务结合在一起。

中国人寿保险股份有限公司（以下简称"中国人寿"）作为较早一批与UN PRI签署协议的保险公司，近年来一直致力于在发展过程中践行ESG理念，2022年8月MSCI对中国人寿的评级上调为BBB级。根据中国人寿披露的信息，中国人寿已经逐步构建起具有自身特色的ESG工作体系，从绿色销售、绿色保险、绿色投资、绿色运营、绿色办公及绿色生活等方面贯彻落实绿色发展战略。截至2022年6月，中国人寿的绿色投资存量规模达4 266亿元，较2021年同期增长31%[①]。根据中国人寿在2022年3月初披露的《中国人寿2021ESG暨社会责任报告》，中国人寿在2021年落实了各项乡村振兴保险和扶贫保险等项目，2021年投入资金超过5 000万元，提供费用补偿超过5.2亿元[②]。

（九）主权财富基金

主权财富基金是一国政府通过特定税收与预算分配、可再生自然资源收入和国际收支盈余等方式积累形成的，由政府控制与支配的，通常以外币形式持有的公共财富。随着我国经济的不断发展，我国主权财富基金的规模和影响力也不断扩大。截至2022年12月，全球前十主权财富基金中我国可以占据3个席位，分别为中国投资有限责任公司、香港金融管理局投资组合和全国社会保障基金理事会。随着节能环保、"双碳"等理念的提出，可持续发展也

---

① MSCI发布ESG最新评级结果，国寿寿险评级获上调[EB/OL]. [2023-03-05]. https://www.e-chinalife.com/c/2022-09-01/528988.shtml.

② 中国人寿2021ESG暨社会责任报告[EB/OL]. [2023-03-05]. https://www.e-chinalife.com/c/2022-03-24/524698.shtml.

逐渐成为国内企业建设发展的目标，在这样的背景下，我国主权财富基金也开始积极地将ESG理念纳入企业发展的考量范围。为了明确主权财富基金ESG理念的主要发展方向，本节将主要结合目前国内规模较大的主权财富基金，即中国投资有限责任公司、香港金融管理局投资组合和全国社会保障基金理事会，来阐述其ESG理念的原则和执行情况。

1. 中国投资有限责任公司的ESG理念

中国投资有限责任公司（China Investment Corporation，CIC，以下简称"中投"）是中国最大的主权财富基金，主要开展境外投资业务和境内金融机构股权管理工作，其组建宗旨是实现国家外汇资金多元化投资，在可接受风险范围内实现股东权益最大化[1]。根据主权财富基金研究所（SWFI）的数据，2022年中投以1.35万亿美元的资产规模超过了挪威政府全球养老基金，成为全球规模最大的主权财富基金[2]。

根据中投官方网站的披露，中投目前的投资理念是将环境、社会责任和公司治理纳入投资实践；目的是实现经济效益和社会效益的有机统一，促进全球经济的长期可持续发展，以及重大系统性风险的防范与缓释。公司在进行投资时将秉承着以下原则：在各个环节纳入ESG考量，并根据国际惯例和本国及投资标的国的国情完善ESG评估标准，实现高质量可持续的投资；在公司的发展过程中积极宣传ESG理念，提高全体员工对ESG理念的认识，并在日常生活中深刻贯彻ESG理念；在执行过程中积极把握可持续主题投资的机遇，尤其是气候改善领域；在投资项目的各个程序中都将ESG分析纳入考量，并跟踪研究ESG领域的前沿动态，完善ESG管理动态，促进全球可持续发展[3]。

2. 香港金融管理局投资组合的ESG理念

香港金融管理局（Hong Kong Monetary Authority，HKMA）是中国香港特别行政区政府辖下的独立部门，负责香港的金融政策及银行、货币管理，其主

---

[1] 中国投资有限责任公司概况[EB/OL]. [2023-03-05]. http://www.china-inv.cn/china_inv/About_CIC/Who_We_Are.shtml.

[2] Top 100 largest sovereign wealth fund rankings by total assets[EB/OL]. [2023-03-05]. https://www.swfinstitute.org/fund-rankings/sovereign-wealth-fund.

[3] 中国投资有限责任公司可持续投资[EB/OL]. [2023-03-05]. http://www.china-inv.cn/china_inv/Investments/Sustainable_Investment.shtml.

要职能为维护货币及银行体系的稳定。根据SWFI的数据，截至2022年年底，香港金融管理局投资组合的资金规模达到0.59万亿美元，居亚洲第三，在全球排名第七[①]。

香港金融管理局在2019年成为UN PRI的签署机构，一直积极促进香港金融市场的可持续发展。香港金融管理局将ESG理念纳入其选拔任聘投资的标准，并推出了一系列相关举措来推动ESG的发展，具体包括促进银行绿色及可持续发展、支持社会责任相关的投资以及建设绿色金融中心等。

3. 全国社会保障基金理事会的ESG理念

全国社会保障基金理事会是财政部管理的事业单位，主要负责管理运营全国社会保障基金。根据SWFI的数据，截至2022年12月，全国社会保障基金理事会的资金规模可达到0.45万亿美元，居亚洲第五，在全球排名第十[②]。

根据"双碳"目标的提出，全国社会保障基金理事会也迎来了诸多多样化的投资机会，目前全国社会保障基金理事会已经开始在ESG领域进行探索，在海外选取成熟优质的试点进行ESG项目的投资，也建立了相关的ESG投资专题研究，力求将ESG理念融入国内的投资，实现养老金与ESG理念长线结合的目标。

（十）养老金

养老金也称退休金、退休费，是一种最主要的社会养老保险待遇。根据人力资源和社会保障部统计的数据，截至2022年11月，我国城镇职工及城乡居民基本养老保险基金收入共为61 482.5亿元，基金支出为57 574亿元，结余达到3 908.5亿元。我国的养老金规模庞大，且管理着大量退休储备，具有较强的公共属性，其投资发展方向一直备受关注。目前国内累积结存的养老保险金大部分用于投资银行存款，或交由社保基金理事会来进行管理。随着我国"双碳"目标和理念以及养老金多样化投资需求的提出，养老金的ESG投资也引起了广泛关注。

---

① Top 100 largest sovereign wealth fund rankings by total assets[EB/OL]. [2023-03-05]. https://www.swfinstitute.org/fund-rankings/sovereign-wealth-fund.

② Top 100 largest sovereign wealth fund rankings by total assets[EB/OL]. [2023-03-05]. https://www.swfinstitute.org/fund-rankings/sovereign-wealth-fund.

全国社会保障基金理事会副理事长陈文辉指出，人口老龄化和气候问题是全球面临的共同问题。在这样的背景下，我国要未雨绸缪，企业也要增强社会责任意识。我国养老金规模较大，应摒弃简单的分散投资理念，进入ESG领域寻求更优质的投资机会，提高应对人口老龄化的能力。中国社会保险学会副会长、人力资源和社会保障部社会保险基金监管局原局长唐霁松认为，养老保险关乎国计民生，投资意义重大。养老基金与ESG投资均有鲜明的社会责任，养老基金参与ESG投资能够提高经济和社会效益，同时ESG投资有助于养老基金高质量发展和可持续发展。中国保险资产管理业协会执行副会长兼秘书长曹德云表示，ESG对养老基金保值增值有现实意义。养老基金投资践行ESG理念符合我国经济社会发展趋势，我国具备加快建设ESG生态圈的基础，有助于推动资本市场健康发展，有助于推动养老金资产管理行业自身的发展[①]。

由此可见，由于我国对ESG发展持有的积极态度，养老金在ESG领域进行投资的效用和价值得到了广泛认可，但目前国内市场ESG评级差异化程度较大，评级体系还不够完善，且国内较多投资者对ESG理念的了解也具有一定的局限性，所以养老金在ESG方面的投资还处于起步探索阶段，仍面临诸多挑战。

三、ESG金融产品

（一）"纯ESG"指数

ESG指数是根据ESG投资策略制定的指数产品，涉及环境、社会、治理当中的一个维度或多个维度。如图5.23所示，截至2022年11月，国内指数产品中包含"ESG"字样的"纯ESG"指数共有230只，由中债估值中心、国证指数、中证指数和恒生指数等15家机构发布，其中中债估值中心和中证指数分别发布78只和64只，两者在总体中占比高达61.74%。

---

① 养老基金ESG投资势在必行[EB/OL]. [2023-03-05]. http://www.cbimc.cn/content/2022-01/04/content_455263.html.

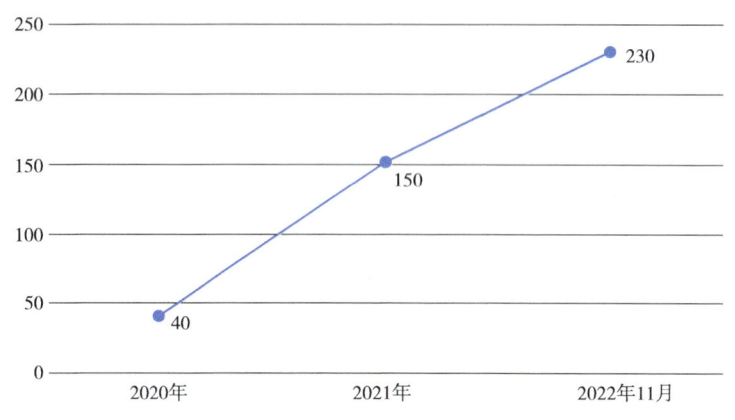

图5.23 2020年—2022年11月国内"纯ESG"指数数量变化图（单位：只）

资料来源：基于Wind数据库。

如图5.24所示，截至2022年11月，国内"纯ESG"指数中股票指数和债券指数这两类占比最大，其中股票指数的发布数量从2020年的34只增长至144只，增长趋势比较明显。债券指数从2020年的6只增长到79只，2021年债券指数有很大幅度的增长，但在2022年涨势略微减弱。相比股票指数和债券指数，多资产和其他类型的指数数量较少，截至2022年11月，多资产和其他类型的指数分别为3只和4只，且均于2021年发布。

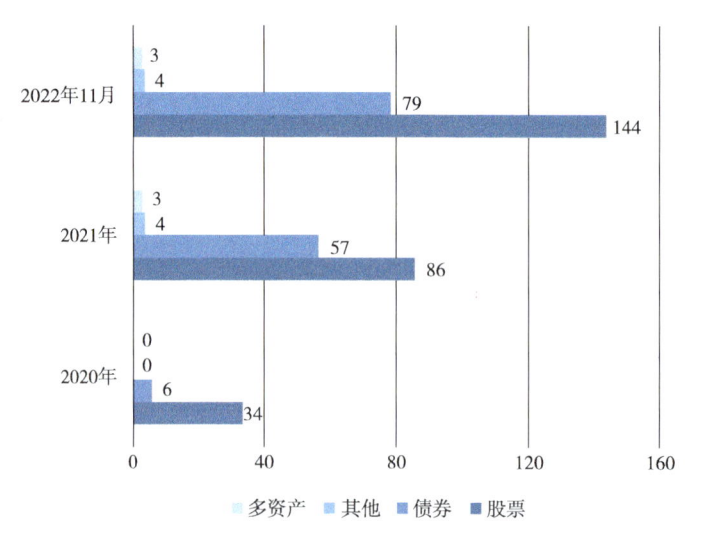

图5.24 2020年—2022年11月国内"纯ESG"指数类型变化图（单位：只）

资料来源：基于Wind数据库。

（二）"纯ESG"基金

"纯ESG"基金是指名字中包含"ESG"字样的公募基金。国内第一只"纯ESG"基金——"财通中证ESG100指数增强A"发行于2013年3月22日。近几年，"纯ESG"基金数量的增长态势较为明显，如图5.25所示，截至2022年11月，"纯ESG"基金已经从2020年的11只增长到42只。但是总体来说"纯ESG"基金的发行数量较少，发行规模也比较小。2021年"纯ESG"基金的规模为47.26亿元，较2020年的16.88亿元增长了179.98%。截至2022年11月，"纯ESG"基金的规模为80.61亿元，较2021年增长了70.57%（见图5.26）。

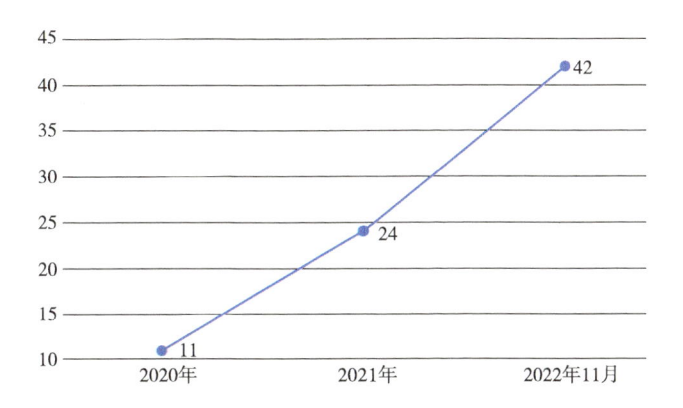

图5.25　2020年—2022年11月"纯ESG"主题基金数量变化图（单位：只）

资料来源：基于Wind数据库。

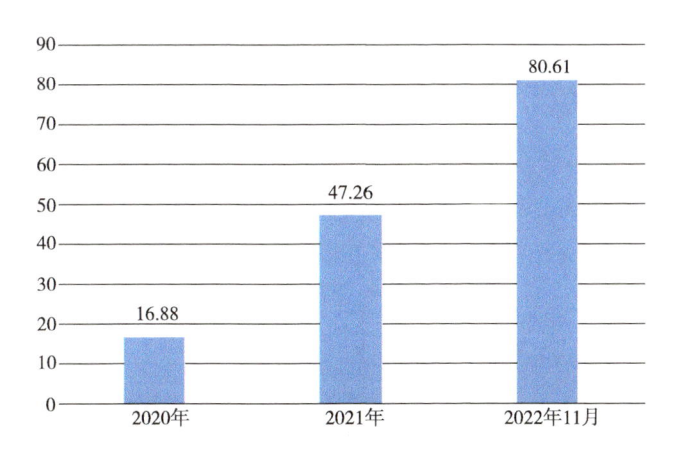

图5.26　2020年—2022年11月"纯ESG"主题基金规模变化图（单位：亿元）

资料来源：基于Wind数据库。

根据基金类型，国内"纯ESG"基金包括股票型、指数型、混合型和债券型四类。由图5.27可知，债券型"纯ESG"基金仅有2只，且都发行于2022年。股票型"纯ESG"基金增势总体来说比较平稳，2020年仅有5只，截至2022年11月已有9只。指数型和混合型增长趋势相对明显，其中，混合型2020年发行的数量为3只，如今已有15只，2021年和2022年都实现了翻倍增长。指数型基金2020年发行的数量也仅有3只，截至2022年11月已增长至16只，指数型基金在2021年增势更为明显，较2020年增长了233.33%，而2022年仅增长了60%。

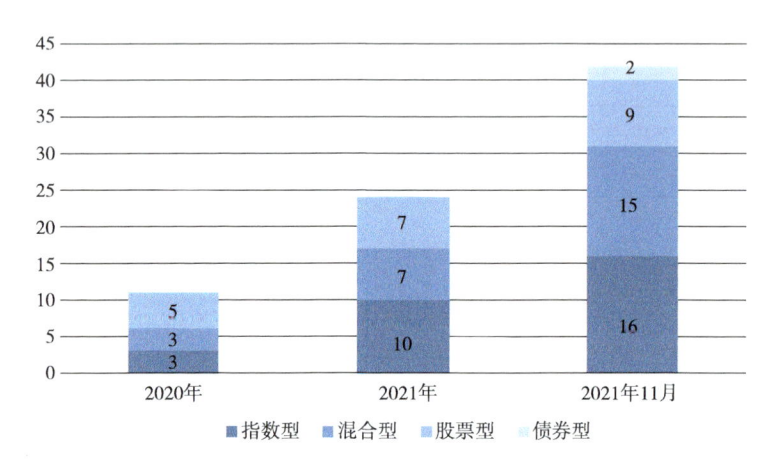

图5.27　2020年—2022年11月国内"纯ESG"主题基金类型分布图（单位：只）

资料来源：基于Wind数据库。

（三）"泛ESG"指数

随着ESG概念逐渐引起广泛关注，ESG指数发布的数量也有所增长，但大部分并未在E、S、G三个维度全面涉及此概念，而是只关注了其中某些部分。如图5.28所示，截至2022年11月，国内发布的"泛ESG"指数共有236只，由中证指数、Wind和恒生指数等16家机构发布，其中中证指数发布了70只，Wind发布了39只，占总体的46.19%。

"泛ESG"指数涉及的主题主要包括"碳中和"、"新能源"和"国企改革"等。指数类型分为股票型、债券型和多资产型。如图5.29所示，截至2022年11月股票型指数有227只，占总体的比例高达96.19%，比2021年的187只增长了21.39%。

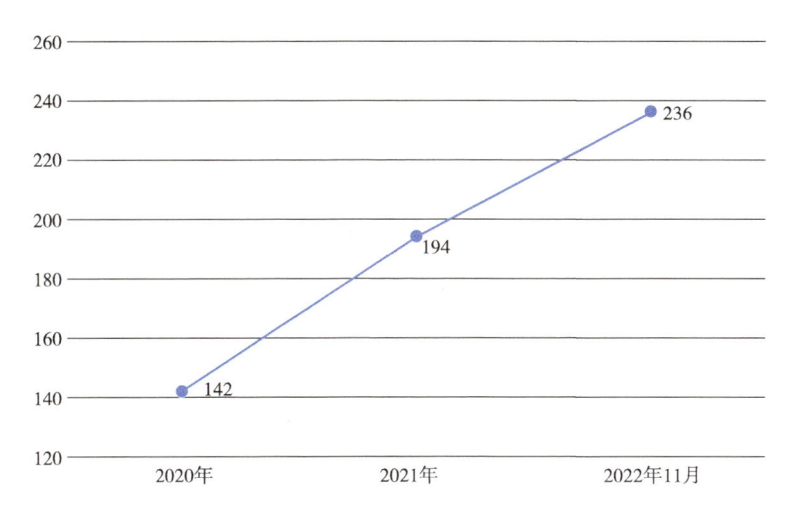

图 5.28　2020 年—2022 年 11 月国内 "泛ESG" 指数数量变化图（单位：只）

资料来源：基于Wind数据库。

债券型和多资产型数量较少，截至 2022 年 11 月，债券型指数发布了 8 只，其中仅有两只发布于 2022 年，其余 6 只均发布于 2021 年。多资产仅有 1 只，发布于 2021 年。

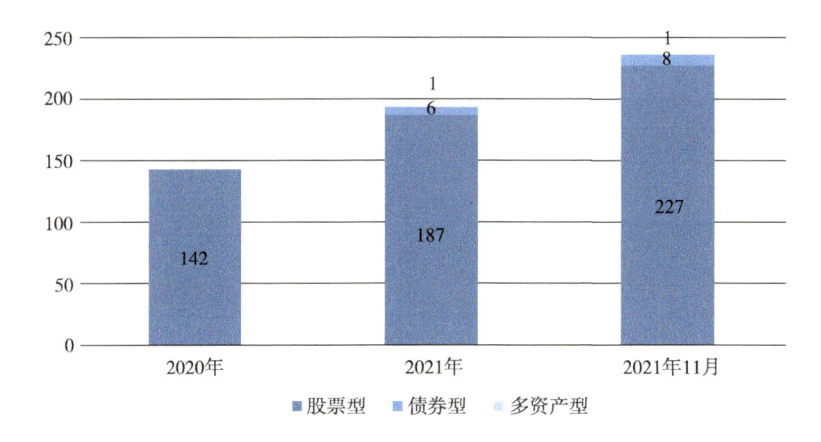

图 5.29　2020 年—2022 年 11 月国内 "泛ESG" 指数类型变化图（单位：只）

资料来源：基于Wind数据库。

（四）"泛ESG"基金

"泛ESG"基金是未能全面关注E、S、G三个维度，而是选取其中某些维度作为重点关注对象的基金，"泛ESG"基金涉及的主要关键词包括"低碳"、"新能源"、"国家安全"和"国企改革"等。从2020年至今，"泛ESG"基金的数量和规模都有了一定程度的提升，如图5.30所示，截至2022年11月，国内"泛ESG"基金共有424只，较2021年发行的308只增长了37.66%。同时，其规模已经达到4 249.64亿元，较2021年的3 973.28亿元增长了6.96%（见图5.31）。

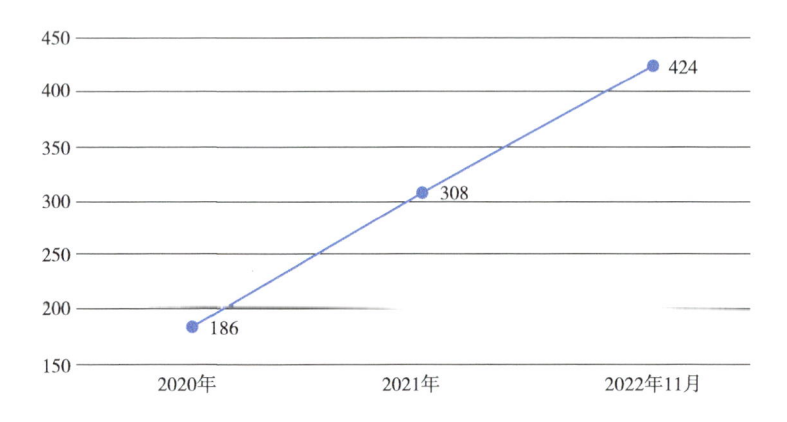

图5.30　2020年—2022年11月"泛ESG"基金数量变化图（单位：只）

资料来源：基于Wind数据库。

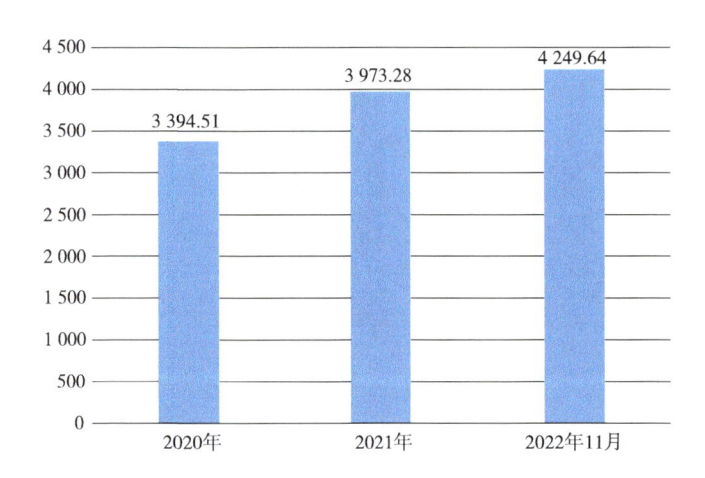

图5.31　2020年—2022年11月"泛ESG"基金规模变化图（单位：亿元）

资料来源：基于Wind数据库。

从类型上看,"泛ESG"基金可以分为股票型、债券型、指数型、混合型和灵活配置型。其中,混合型和指数型数量最多,占比分别为33.73%和32.78%。从2020年至今,这两种类型的基金增长趋势也比较明显。如图5.32所示,截至2022年11月,混合型基金从2020年的43只增长至143只,指数型从49只增长至139只。灵活配置型和股票型在2020年以来也处于稳步增长的状态,其中灵活配置型从2020年的57只增长至70只,股票型从34只增长至64只。债券型的数量最少,截至2022年11月,发行的数量仅为8只。

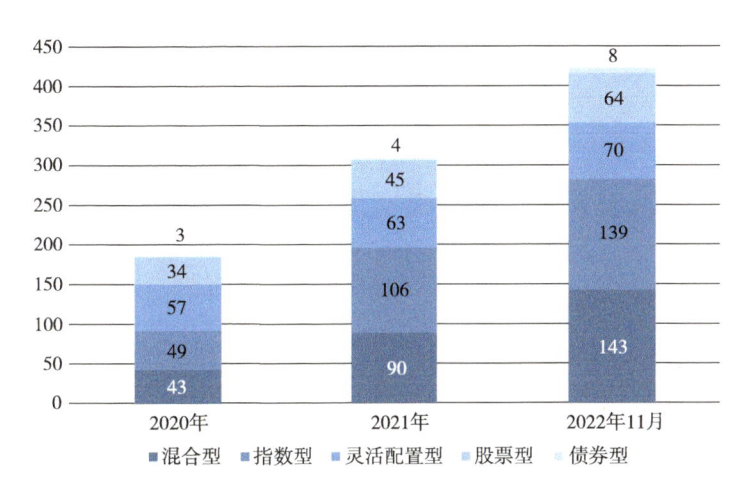

图5.32　2020年—2022年11月"泛ESG"基金类型变化图(单位:只)

资料来源:基于Wind数据库。

(五)ESG主题ETF基金

ESG主题基金包含很多ETF(exchange traded fund,ETF)基金,即交易型开放式指数基金,近年来ETF基金的数量和规模在ESG主题基金中都有一定程度的增长,具体表现如下:

如图5.33和图5.34所示,2020年ESG主题基金中,只有19只ETF基金且都是"泛ESG"基金,发行规模为412.18亿元。2021年,ESG基金中总共有63只ETF基金,发行规模为552.01亿元,其中,属于"纯ESG"基金的ETF基金数量为5只,发行规模达到4.77亿元。属于"泛ESG"基金的ETF基金数量为58只,发行规模为547.24亿元。截至2022年11月,ESG主题基金中ETF基金的数量为76只,在整体ESG基金中占比为16.31%,发行规模达到665.48亿元,在ESG整体规模中占比为15.37%。其中"纯ESG"基金中共有7只ETF基金，发行规模为14.79亿元。"泛ESG"基金中，发行的ETF基金数量为69只，规模已达到650.69亿元。

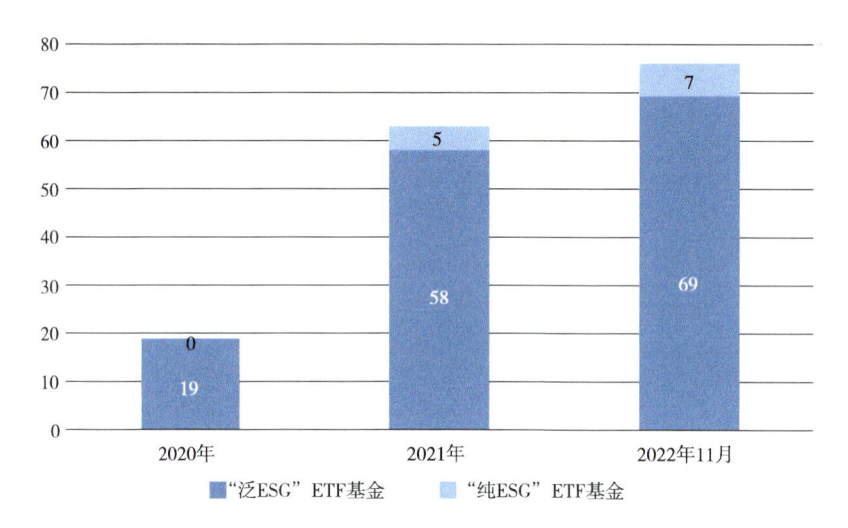

图5.33　2020年—2022年11月ESG主题ETF基金数量变化图（单位：只）

资料来源：基于Wind数据库。

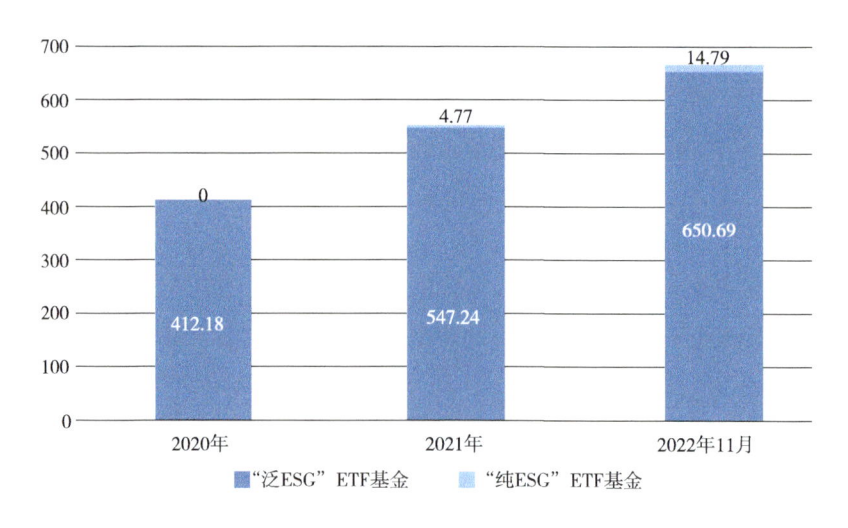

图5.34　2020年—2022年11月ESG主题ETF基金规模变化图（单位：亿元）

资料来源：基于Wind数据库。

四、ESG投资策略

（一）ESG投资策略分类

全球安防产业联盟（Global Sustainable Investment Alliance，GSIA）最初在《全球可持续投资回顾2012》上发表了可持续投资战略，并于2020年10月进行了修订，以反映全球可持续投资行业的最新实践和思维[①]。依据GSIA提出的方法，ESG投资策略主要分为七类，即负面筛选、正面筛选、ESG整合、企业参与及股东行动、规范筛选、可持续发展主题投资、影响力投资和社区投资，这也是全球公认的分类标准。

1. 负面筛选

负面筛选（negative/exclusionary screening）是指根据特定的ESG标准（基于规范和价值观）排除某些部门、公司、国家或其他发行人的基金或投资组合。排除标准可包括产品类别（如武器、烟草）、公司实践（如动物试验、侵犯人权、腐败）或其他争议事件。负面筛选的优点在于市场对于排除标准有比较统一的认识，且操作简单，中国ESG基金多采用负面筛选策略。但缺点也比较明显：负面筛选往往回避了烟草、煤炭等低估值、高收益的板块，因此会缩小投资者选择的范围。

2. 正面筛选

正面筛选（best-in-class/positive screening）是指投资ESG表现优于同类的行业、公司或项目，且其评级达到规定阈值以上，例如投资重视劳工关系、环境保护的公司。正向筛选选出的是ESG表现良好的企业，ESG指数编制常采用此方法。

3. ESG整合

ESG整合（ESG integration）是指投资经理系统、明确地将ESG因素（环境、社会和治理因素）纳入传统财务分析进行投资标的选择。与其他策略不同，ESG整合是在原有的投资框架上加入ESG评估，但并非将ESG视为投资约束，而是作为风险收益的来源之一。

---

① Global sustainable investment review 2020[EB/OL]. [2023-03-06]. https://www.gsi-alliance.org/.

4. 企业参与及股东行动

企业参与及股东行动（corporate engagement & shareholder action）是指利用股东权力影响公司行为，包括直接参与公司事务（即与高级管理层和/或公司董事会沟通），提交或共同提交股东提案，以及按ESG准则委派代表投票表决。

5. 规范筛选

规范筛选（norms-based screening）是指根据联合国、劳工组织、经合组织和非政府组织（例如透明国际组织）制定的国际业务标准或商业惯例的最低标准筛选投资，例如剔除不符合国际人权组织最低标准的股票基金。从长远发展来看，规范筛选不失为预防风险的有效措施。

6. 可持续发展主题投资

可持续发展主题投资（sustainability themed/thematic investing）是指投资有助于实现可持续发展的主题或资产，本质上致力于解决环境和社会问题，例如可持续农业、绿色建筑、低碳倾斜投资组合、性别公平、生物多样性。但如果投资者过分聚焦清洁能源、低碳技术等领域，也有持仓行业集中度过高而导致投资绩效波动性较大的风险。

7. 影响力投资和社区投资

影响力投资（impact investing）是指针对特定项目投资，以解决社会和环境问题。社区投资（community investing）是指资金专门用于传统上服务不足的个人或社区，以及向具有明确社会或环境目的的企业提供资金。一些社区投资是影响力投资，但社区投资更广泛，并考虑其他形式的投资和有针对性的贷款活动。

（二）"纯ESG"基金投资策略应用

国内42只[①]"纯ESG"基金（以ESG命名的基金）以负面筛选、正面筛选和ESG整合投资策略为主，其中应用最多的投资策略是负面筛选，占比高达95.24%，其次是正面筛选策略（40.48%）、ESG整合策略（21.43%），其他策

---

① 以上计数视A和C为不同基金。A类基金和C类基金的基金管理人、投资标的和投资策略相同，其区别在于基金代码不同、收益不同和手续费不同（主要区别）。若将A和C视为同一基金，则"纯ESG"基金的总数为26只。

略则应用较少。详情见表5.1和图5.35。

表5.1 国内42只"纯ESG"基金投资策略

代　码	名　　称	ESG投资策略
000042.OF/003184.OF	财通中证ESG100指数增强A/ 财通中证ESG100指数增强C	正面筛选
501086.OF/012811.OF	华宝MSCI中国A股国际ESGA/ 华宝MSCI中国A股国际ESGC	负面筛选
007548.OF	易方达ESG责任投资	ESG整合、负面筛选
008264.OF/008265.OF	南方ESG主题A/ 南方ESG主题C	负面筛选
009246.OF	大摩ESG量化先行	负面筛选、正面筛选
010070.OF/010071.OF	方正富邦ESG主题投资A/ 方正富邦ESG主题投资C	负面筛选
011149.OF/011150.OF	创金合信ESG责任投资A/ 创金合信ESG责任投资C	负面筛选
009630.OF/009631.OF	浦银安盛ESG责任投资A/ 浦银安盛ESG责任投资C	ESG整合、负面筛选
011122.OF/011123.OF	汇添富ESG可持续成长A/ 汇添富ESG可持续成长C	负面筛选、正面筛选、ESG整合
510990.OF	工银瑞信中证180ESGETF	负面筛选
516830.OF	富国沪深300ESG基准ETF	负面筛选
561900.OF	招商沪深300ESG基准ETF	负面筛选
012387.OF/012388.OF	国金ESG持续增长A/ 国金ESG持续增长C	ESG整合、负面筛选
516720.OF	浦银安盛中证ESG120策略ETF	负面筛选
159717.OF	鹏华国证ESG300ETF	负面筛选、正面筛选
013174.OF	银华华证ESG领先	负面筛选、正面筛选
159791.OF	华夏沪深300ESG基准ETF	负面筛选
015102.OF/015103.OF	东方红ESG可持续投资A/ 东方红ESG可持续投资C	负面筛选、正面筛选

续表

代　码	名　　称	ESG投资策略
014922.OF/014923.OF	华夏ESG可持续投资一年持有A/ 华夏ESG可持续投资一年持有C	负面筛选、正面筛选、企业参与及股东行动
012854.OF/012855.OF	英大中证ESG120策略A/ 英大中证ESG120策略C	负面筛选
014552.OF/014553.OF	中航瑞华ESG一年定开A/ 中航瑞华ESG一年定开C	负面筛选、正面筛选
014634.OF/014635.OF	景顺长城ESG量化A/ 景顺长城ESG量化C	负面筛选、正面筛选
014123.OF/014124.OF	华润元大ESG主题A/ 华润元大ESG主题C	负面筛选、正面筛选、规范筛选、ESG整合、可持续发展主题投资
015780.OF/015781.OF	大成ESG责任投资A/ 大成ESG责任投资C	负面筛选
159621.OF	国泰MSCI中国A股ESG通用ETF	负面筛选
016681.OF	中金中证500ESG指数增强A/中金中证500ESG指数增强C	负面筛选

资料来源：基于Wind数据库、东方财富网。

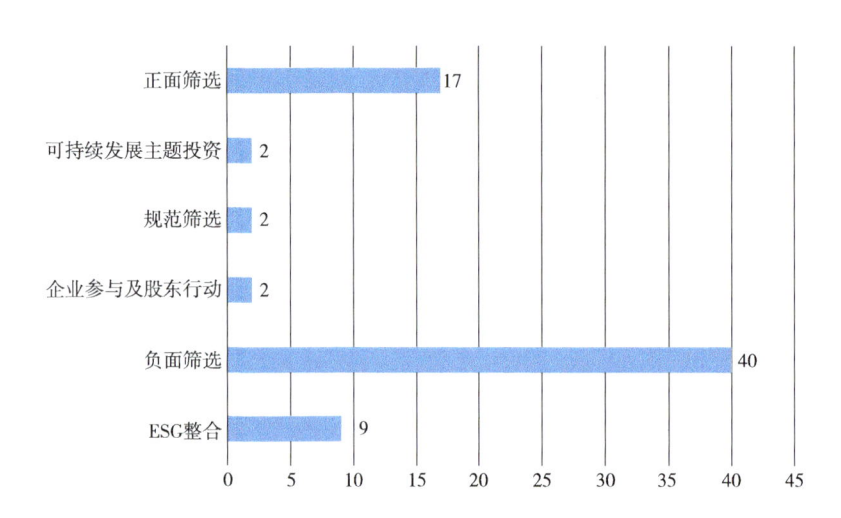

- 正面筛选：17
- 可持续发展主题投资：2
- 规范筛选：2
- 企业参与及股东行动：2
- 负面筛选：40
- ESG整合：9

图5.35　"纯ESG"基金ESG投资策略应用图（单位：只）

资料来源：基于Wind数据库、东方财富网。

注：由于同一只ESG基金可能采用两种以上的投资策略，因此上图存在重复统计。

（三）"泛ESG"基金投资情况分析

"泛ESG"基金名称与ESG有关，但是未界定相关ESG投资策略，缺乏具体ESG投资说明。"泛ESG"基金多数名为"低碳"、"绿色"、"环保"或"新能源"基金，且半数以上的基金都关注环境（E）这一维度。其中，E维度包括但不限于温室气体排放、资源有效利用、清洁环保投入、环境信息披露水平、监管处罚等多个方面，用于评估上市公司的环境责任情况；S维度包括但不限于股东和员工的责任、客户和消费者的责任、供应链责任、产品质量、公益及捐赠、社会负面事件等多个方面，用于评估公司的社会责任情况；G维度包括但不限于违规记录、商业道德、董事会独立性和多样性、股东及股权结构、高管薪酬、财务治理、信息披露透明度等多个方面，用于评估上市公司的治理水平。

截至2022年11月，国内发行的424只"泛ESG"基金中，通过"低碳"、"绿色"、"清洁"和"碳中和"等关键词筛选关注环境维度的基金共有300只；通过"国家安全"和"责任"等关键词筛选关注社会维度的基金共有50只；通过"国企改革"和"治理"等关键词筛选关注治理维度的基金共有74只。2022年新发行的116只"泛ESG"基金中，有105只关注E维度，5只关注S维度，6只关注G维度（具体见图5.36）。

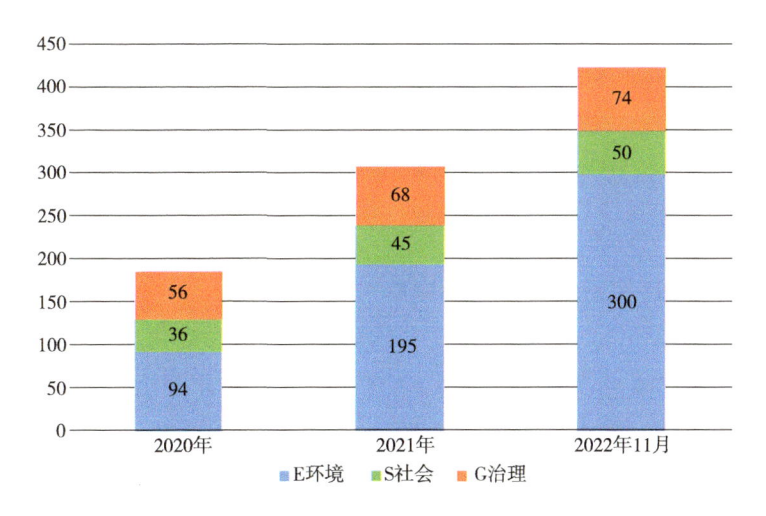

图5.36 "泛ESG"基金2020年—2022年11月E、S、G三个维度分布情况图（单位：只）

资料来源：基于Wind数据库。

由图5.37可知，E、S、G三个维度中，环境维度的关注度上升幅度最大，2020年到2021年增长率为107%，2021年到2022年增长率为53.8%；其余维度的增长幅度则相对平缓，涨幅不超过25%。这说明国内"泛ESG"基金投资产品的主题多侧重环境保护因素，而较少考虑社会责任和公司治理因素。图5.37也给出了"泛ESG"基金对各个维度关注的增长趋势预测。

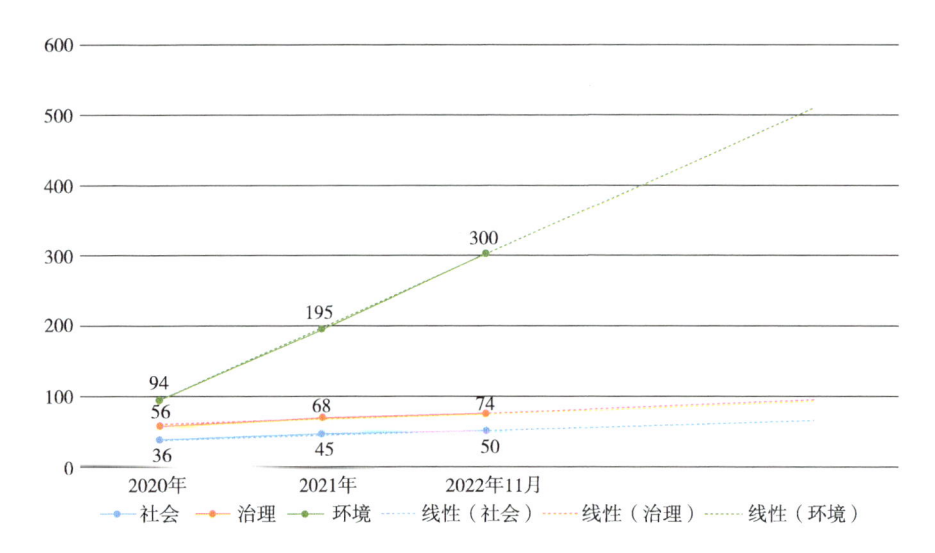

图5.37 "泛ESG"基金2020年—2022年11月E、S、G各维度分布趋势及预测图（单位：只）

资料来源：基于Wind数据库。

五、收益与风险

（一）ESG基金投资收益与风险

ESG投资正被众多企业纳入主流投资框架当中。区别于传统投资追求高投资回报，ESG投资是一种将对环境和社会产生积极影响放在首要位置的投资实践方式。现有衡量投资收益与风险的常用指标有年化收益率、净值增长率、年化波动率、最大回撤率、夏普比率、索提诺比率、α系数和β系数等。年化收益率虽然是一种理论收益率，但对投资收益表现较为直观；净值增长率指的是基金在某一段时期内资产净值的增长率，可以用来评估基金在某一期间内的业绩表现；年化波动率可以用来衡量投资标的的波动风险，是对资产收益率不确定性的衡量；最大回撤率用来描述买入产品后可能出现的最糟糕的情况，是一个重要的风险指标。因此，本书选择用年化收益率和净值增长率来衡量ESG投资收益，用年化波动率和最大回撤率来衡量ESG投资风险。

1. ESG基金投资收益

（1）年化收益率

自2022年年初以来，基金行情跌宕起伏，但ESG基金展现出了一定的抗跌性。截至2022年11月，Wind数据库466只ESG主题基金的年化收益率在-17.71%左右，低于传统基金年化收益率-9.92%的平均水平。其中，纯ESG基金年化收益率为-17.13%，环境主题基金年化收益率达到-18.00%，公司治理主题基金年化收益率达到-16.27%，社会主题基金年化收益率达到-18.56%。

在466只ESG基金中，有59只ESG基金的收益率为正，最高的是英大国企改革主题股票，达到了79.69%，最低的是创金合信ESG责任投资C，为0.03%。有404只ESG基金的收益率为负，收益率最低的是招商国企改革，为-47.41%。

（2）净值增长率

截至2022年11月，Wind数据库466只ESG基金净值增长率在34.94%左右，略高于总基金市场32.03%的平均水平。其中，纯ESG净值增长率为-3.5%。在泛ESG基金中，环境主题基金净值增长率达到36.48%，公司治理主题基金净值增长率达到46.20%，社会主题基金净值增长率达到49.9%。

在466只ESG基金中，有177只ESG基金净值增长率为正，最高的是建信改革红利A，高达397.7%，最低的是农银汇理绿色能源精选，为0.26%。还有219只ESG基金净值增长率为负，增长率最低的是长盛国企改革主题，为-53.9%。这说明投资者在进行投资决策时应该将ESG纳入考量因素中，长期来讲可以获得稳健型投资收益。

2. ESG基金投资风险

（1）年化波动率

根据Wind数据库的数据统计，466只ESG基金的年化波动幅度较大，平均波动率（2022年年初至今）达到27.03%，比全部基金的年化波动率高出13个百分点。其中，纯ESG年化波动率为18.9%。在泛ESG基金中，环境主题基金年化波动率达到29.3%，公司治理主题基金年化波动率达到22.7%，社会主题基金年化波动率达到27.4%。在466只ESG基金中，鹏华新能源汽车C的年化波动率最高，达到55.78%，波动率最小的是申万菱信绿色A，为0.1%。

（2）最大回撤率

根据466只ESG基金数据，ESG基金的最大回撤率远高于业界基准（见表5.2）。ESG基金的平均最大回撤率为–29.42%，比全部基金的平均最大回撤率高13个百分点。其中，纯ESG最大回撤率为–23.54%。在泛ESG基金中，环境主题基金最大回撤率达到–30.14%，公司治理主题基金最大回撤率达到–28.35%，社会主题基金最大回撤率达到–34.4%。在466只ESG基金中，华宝绿色主题C基金的最大回撤率为–46.86%，申万菱信绿色A基金的最大回撤率仅为–0.04%。

表5.2　ESG投资收益与风险汇总表　　　　　　　　　　单位：%

指标		ESG基金	全部基金
年化收益率	均值	–17.71	–9.93
	中位数	–20.19	–5.01
净值增长率	均值	34.94	32.03
	中位数	–0.015	7.41
年化波动率	均值	27.03	14.00
	中位数	27.70	13.87
最大回撤率	均值	–29.42	–16.47
	中位数	–31.62	–12.74

资料来源：基于Wind数据库。

图5.38给出了ESG基金与全部基金在收益与风险各个指标中位数的对比图，使用中位数排除了极端值的影响，可以更好地描述数据的集中趋势。由图5.38可以得出，截至2022年11月，ESG基金的表现在各个维度上均不及整体基金。但投资者在进行ESG投资时不仅仅考虑ESG基金的收益与风险，更多地受到价值观的驱使，关注ESG影响力，通过投资来达成社会目标。

图 5.38 中各项指标：

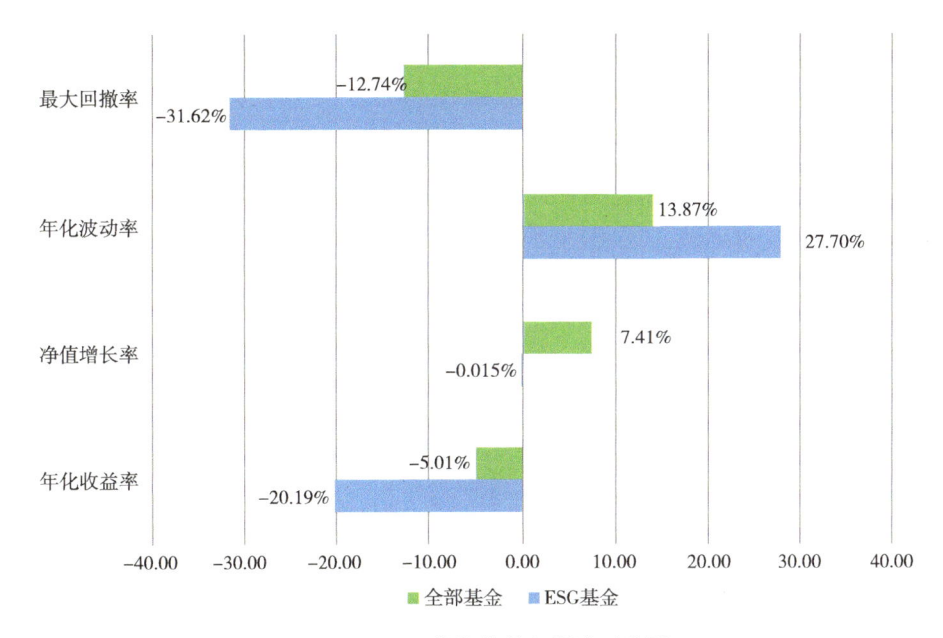

- 最大回撤率：全部基金 −12.74%；ESG基金 −31.62%
- 年化波动率：全部基金 13.87%；ESG基金 27.70%
- 净值增长率：全部基金 7.41%；ESG基金 −0.015%
- 年化收益率：全部基金 −5.01%；ESG基金 −20.19%

图 5.38　ESG投资收益与风险对比图

资料来源：基于Wind数据库。

（二）ESG主题ETF基金投资收益与风险

1. ESG主题ETF基金投资收益

（1）年化收益率

截至2022年11月，ESG主题ETF基金平均年化收益率为−21.87%，略低于大盘ETF基金−20.26%的平均水平。但中位数显示，ESG主题ETF基金的年化收益率整体趋势较大盘ETF表现良好。局部来看，纯ESG主题ETF基金平均年化收益率为−20.97%，环境主题ETF基金平均年化收益率为 −24.05%，社会主题ETF基金平均年化收益率为 −20.37%，公司治理主题ETF基金平均年化收益率为 −1.88%。并且ESG主题ETF基金中，仅有4只基金年化收益率为正，最高的为嘉实国证绿色电力ETF，达到7.32%。

（2）净值增长率

2022年年初至今，ESG主题ETF基金的平均净值增长率为−20.82%，显著低于大盘ETF基金−8.49%的平均水平，且95.54%的ESG主题ETF基金其净值增长率均为负。其中，纯ESG主题ETF基金平均净值增长率为−20.82%，环境主题ETF基金平均净值增长率为−24.28%，社会主题ETF基金平均净值增长率为

–17.05%，公司治理主题ETF基金平均净值增长率为–2.57%。增长率最高的是南方富时中国国企开放共赢ETF，为3.41%；最低的是广发国证新能源车电池ETF，低至–32.30%。

2. ESG主题ETF基金投资风险

（1）年化波动率

目前国内76只ESG主题ETF基金的平均年化波动率要高于大盘ETF基金，两者分别为30.54%和25.36%，年化波动率较高也意味着其风险和收益是并存的。从局部来看，纯ESG主题ETF基金平均年化波动率为20.24%，环境主题ETF基金平均年化波动率为32.7%，社会主题ETF基金平均年化波动率为27.86%，公司治理主题ETF基金平均年化波动率为23.44%。特别的是，ESG主题ETF基金当中，年化波动率最高的是广发国证新能源车电池ETF，为39.8137%；最低的是交银180治理ETF联接，为18.10%。

（2）最大回撤率

2022年ESG主题ETF基金的最大回撤率远高于大盘ETF基金（见表5.3）。ESG主题ETF基金的平均最大回撤率为–30.04%，比大盘ETF基金的平均最大回撤率高14个百分点。其中，纯ESG主题ETF基金最大回撤率为–25.06%，环境主题ETF基金最大回撤率为–30.89%，社会主题ETF基金最大回撤率为–35.07%，公司治理主题ETF基金最大回撤率为–17.44%。最大回撤率最高的是国泰中证军工ETF，为–40.04%；国泰MSCI中国A股ESG通用ETF最大回撤率最低，为–12.82%。

表5.3 ESG主题ETF基金投资收益与风险汇总表　　　　　单位：%

指标		ESG主题ETF基金	大盘ETF基金
年化收益率	均值	–21.87	–20.26
	中位数	–24.15	–36.29
净值增长率	均值	–20.82	–8.49
	中位数	–21.93	–4.93
年化波动率	均值	30.54	25.36
	中位数	31.67	25.00
最大回撤率	均值	–30.04	–16.56
	中位数	–31.68	–12.93

资料来源：基于Wind数据库。

（三）ESG指数收益及风险

在ESG指数的市场表现方面，2022年度中国市场各类ESG股票指数的年度收益虽然区别不大，但通常难以跑赢大盘。这一现象与2022年度国际市场ESG指数表现类似。本报告比较了MSCI发布的中国ESG旗舰指数和中国A股指数，以及标准普尔中国A 300可持续性筛选指数和中证沪深300指数，结果如图5.39和图5.40所示。

图5.39　MSCI中国ESG旗舰指数与MSCI中国A股指数2022年收益对比图

资料来源：依据MSCI数据绘制，指数的起始水平都规格化至100。

2022年整体上中国ESG旗舰指数收益的波动幅度大于中国A股指数。从2022年上半年来看，中国ESG旗舰指数表现良好，实现了高于中国A股指数的收益率，最高可达105%。如图5.39所示，截至2022年11月18日，中国A股指数的收益为70.41，略高于中国ESG旗舰指数的66.22，说明下半年收益下滑，且较上半年下滑幅度较大，最低跌到51.74%。

标准普尔中国A 300可持续性筛选指数与中证沪深300指数在2022年的收益表现十分相近，且都呈下降趋势。如图5.40所示，截至2022年11月18日，标准普尔中国A300可持续筛选指数的收益为78.29，略高于中证沪深300指数的77.30。

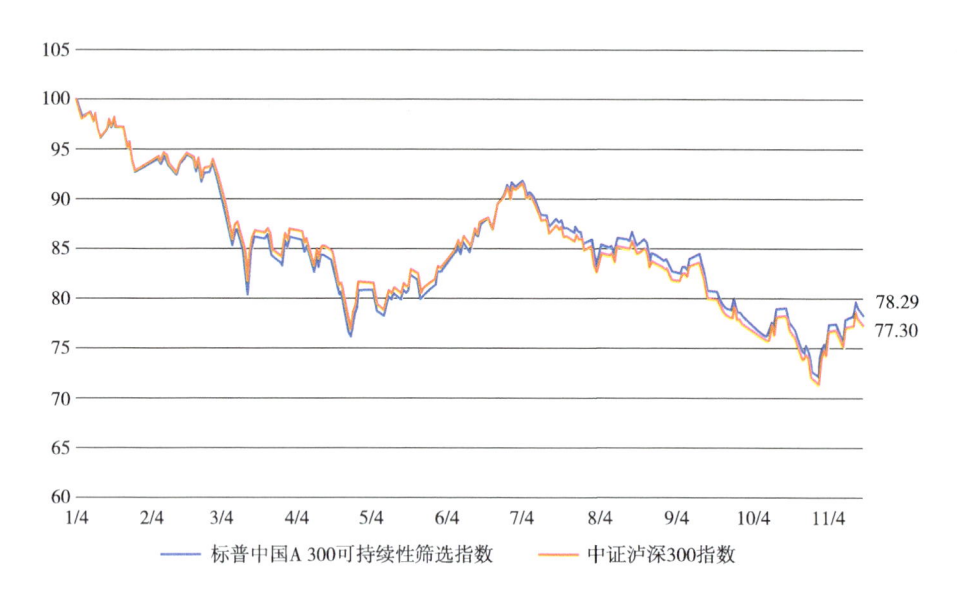

图 5.40　标准普尔中国 A 300 可持续性筛选指数与中证沪深 300 指数 2022 年收益对比图

资料来源：标准普尔道琼斯指数有限公司、中证指数有限公司；指数的起始水平都规格化至100。

第六章 中国ESG案例：联想[1]

2022年12月21日，MSCI上调联想集团（简称"联想"）ESG评级至AAA级，为全球最高等级。联想集团董事长兼CEO杨元庆庄严承诺："联想将持续发挥自身作为ESG领导者和行业龙头企业的表率作用，帮助各界企业通过ESG实现和提高自身价值，为中国经济的高质量发展做出贡献。"

联想的ESG之路要从头说起。

一、ESG前缘

1984年常常被称为中国现代公司元年。就在这一年，一个个名字响当当的公司相继成立，其中就包括联想集团[2]。"联想"这个名字好记上口，令人遐想。其原英文名字"legend"有"传奇"的意思，联想期盼好运甚至活成"传奇"。

"让所有人都用上计算机"是联想最初的梦想。1990年开始，联想决定研发自主品牌的电脑。1993年国家取消计算机进口批文，中国PC（电脑）业提前与世界接轨。联想人提出了捍卫国产品牌尊严、扛起民族大旗的理想。1996年，联想PC销量在国内品牌中排名第一，2000年在亚太地区排名第一。2004年，联想以"蛇吞象"的气魄动议斥资12.5亿美元收购IBM的PC业务[3]，通过成功的业务整合成为一家全球化公司。2008年联想首次进入世界500强。

---

[1] 由于企业保密的要求，在本案例中对有关名称、数据等做了必要的掩饰性处理。
[2] 当时公司名称为中科院计算技术研究所新技术发展公司，1989年更名为联想集团公司。
[3] 2015年5月1日正式公布。

2013年，联想夺得全球个人电脑销量冠军宝座。2016年，联想转型为设备+服务型（应用）公司，加速互联网转型。2019年，联想获《财富》"全球最受赞赏公司全球PC第一品牌"的荣誉。

联想业务快速成长的同时没有忘记自己的社会责任，1996年前后就开始了捐助活动，之后在1999年开展"联想育苗计划"活动，捐款50万元；2002年开展"联想阳光服务"。到联想20岁时，社会责任意识进一步深化为"DO"——"说到做到"，内容也变得更丰富。

首先，公益方面再接再厉。联想开始设立"联想公益日"，成立联想见义勇为基金会、教育基金会，举办"奥运传递梦想，教育圆梦中国"为主题的公益活动。从2001年联想成为支持北京申奥的最大赞助商，到2004年联想在北京与国际奥委会签署合作协议，宣布正式成为第六期国际奥委会全球合作伙伴，再到服务2006年都灵奥运会和2008年北京奥运会，联想以科技助力奥林匹克，推动了奥林匹克运动的科技化、信息化。

其次，将环保理念纳入业务活动中。台式机荣获中华环保基金会颁发的"绿色产品"奖；承诺推出的所有商用产品率先达到中国的节能要求；2006年，与中国移动公司、摩托罗拉、诺基亚等八家企业联合推出了"绿箱子"环保计划，专门回收达到寿命终期的手机及配件，以帮助保护环境；参加EPA领导发起的"电子产品循环利用"计划，制定适用于废弃电子设备回收利用机构的标准；设立全球环境官，完善环境管理体系；在中国大陆全面实施免费回收废旧电脑的计划；被绿色和平组织评为电子制造业中"最环保"的企业；联想创新中心大楼荣获"绿色创新"奖。

最后，关注员工。联想启动一系列员工福利制度，包括企业年金计划、"住房贷款计划"、"出国休假制度"、"员工持股计划"和"补充医疗保险"等；荣获"大学生最佳雇主"称号。

前期的点滴积累逐渐汇聚成完整的体系。2008年，联想在中国首发《联想（中国）2007年企业社会责任报告》，至此，联想社会责任实践从"响应式"作为正式上升到"预应式"战略性推进，开启企业社会责任体系建设，将企业社会责任提升到公司战略高度进行长期规划。为此，联想设置了专门的企业社会责任推进部，联想中国区总裁作为主席主力推动企业社会责任（CSR）事务。另外，联想还在全球成立可持续发展指导委员会，将富有责任感的价值观融入公司的每一项实践活动中,在业绩成功、环境保护和社会发展之间寻求更好的平衡,实现可持续发展。特别是收购IBM的PC部门之后,联想一贯重视的企业社会责任与IBM长期倡导的可持续全球商业原则实现了完美的融合,CSR成为公司竞争力建设的一个重要环节。

联想的社会责任实践开始全面推进。

二、ESG战略

2004年,联合国全球契约组织首次正式提出ESG概念,而后联合国责任投资机构和环境规划署共同发布《责任投资原则》,在此推动下,ESG投资理念开始正式确立并兴起。2019年12月18日,香港联交所正式要求上市企业每年必须披露其环境、社会及治理报告。作为香港联交所上市的企业,联想也受到了该指引的影响。同时,"十四五"规划中提出的"创新、协调、绿色、开放、共享"的发展理念和追求更高质量、更有效率、更加公平、更可持续的发展目标也为ESG的纵深发展提供了广阔的空间。2020年是中国ESG元年。联想持续披露社会责任报告12年后,开始将社会责任报告升级为《联想集团ESG报告》。

(一)顶层设计:打造公司级ESG战略和治理架构

虽然已经有十多年的可持续发展实践经验,但在ESG时代,联想还需要高层设计。

2021年4月13日,联想集团董事长兼CEO杨元庆在2021/22财年誓师大会上提出用实际行动支持国家"2030年前碳达峰、2060年前碳中和"的"双碳"目标。践行ESG理念成为联想实现基业长青之道。这意味着ESG首次被正式列入联想未来战略目标。2022年4月6日,杨元庆在2022/23财年誓师大会上表示联想将社会价值与技术创新、以服务为导向并列为三大支柱。其中,社会价值作为压轴支柱,表明联想将长期持续投入ESG领域,以服务于国家、行业、民生和环境四个方面为出发点,致力于科技创新赋能,推动可持续发展。

有了最高战略的清晰定位,联想开始快速建立起清晰全面的顶层ESG管理架构和制度。2021年11月，联想设立了ESG执行监督委员会，负责ESG工作相关的战略指导，协调并推进公司整体ESG的工作。2022年4月26日，联想设立联想中国平台社会价值委员会，负责结合中国国情、公司战略和ESG关键议题制定ESG战略，以及统筹、协调公司内部ESG资源，识别ESG的发展机会和风险，及时了解监管要求和业界发展动态，并推动相关项目落地与执行。该委员会架构与职责如图6.1所示。

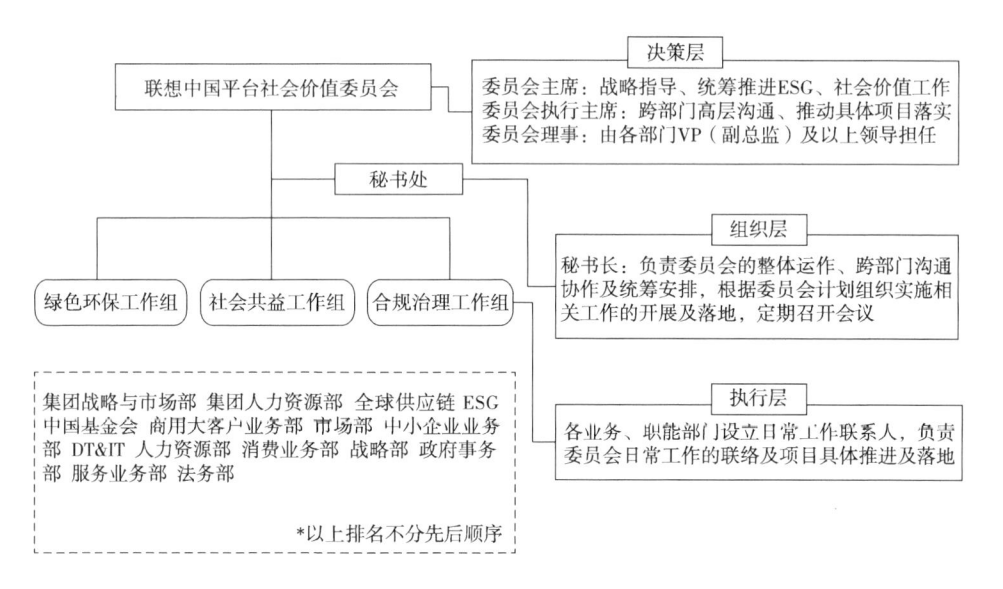

决策层
委员会主席：战略指导、统筹推进ESG、社会价值工作
委员会执行主席：跨部门高层沟通、推动具体项目落实
委员会理事：由各部门VP（副总监）及以上领导担任

组织层
秘书长：负责委员会的整体运作、跨部门沟通协作及统筹安排，根据委员会计划组织实施相关工作的开展及落地，定期召开会议

执行层
各业务、职能部门设立日常工作联系人，负责委员会日常工作的联络及项目具体推进及落地

联想中国平台社会价值委员会
秘书处
绿色环保工作组　社会共益工作组　合规治理工作组

集团战略与市场部　集团人力资源部　全球供应链　ESG中国基金会　商用大客户业务部　市场部　中小企业业务部　DT&IT　人力资源部　消费业务部　战略部　政府事务部　服务业务部　法务部

*以上排名不分先后顺序

图6.1　联想中国平台社会价值委员会

联想中国平台社会价值委员会定义联想的社会价值为："结合公司战略和ESG关键性议题，以科技创新赋能，以服务于国家、行业、民生和环境四个方面为出发点，做好社会价值贡献，当好'双循环'的标兵，成为高质量发展的主力军，以实际行动助力共同富裕。"联想从E、S、G三个维度梳理出实质性议题，将其与各部门业务相匹配，最终形成三个工作组——"绿色环保""社会共益""合规治理"，涵盖战略部、全球供应链、市场部、法务部等多个部门，共同推动集团ESG战略的落地实施。

在此基础上，为确保ESG工作开展体系化、专业化，公司内部设立了ESG发展五大体系，包含内容体系、沟通体系、产出体系、组织体系和赋能体系（见图6.2）。

第六章 中国 ESG 案例：联想

图6.2 联想ESG的五大工作体系

（二）联想ESG实质性议题

ESG战略方案的实施依赖ESG议题，关键在将ESG理念融入各部门的具体业务当中。集团内部经过充分讨论，一致认为联想作为行业领先的信息与通信技术（ICT）企业，需要赢得国家信任、社会尊重并保持行业标杆地位，因此在确定关键议题时要加入鲜明的联想态度——绿色环保（E）、社会共益（S）以及合规治理（G）三项共16大实质性议题。在绿色环保（E）方面，重点关注绿色低碳、气候变化、循环经济以及可持续可再生材料四个议题；为响应国家"共同富裕"并助力实体经济高质量发展，联想在社会共益（S）维度聚焦科技普惠、乡村振兴、公益活动、扶持中小企业发展、科技创新、数字化转型等领域；商业道德与合规、数据安全和隐私保护、ESG管理以及产品质量管理这四个方面则作为合规治理（G）的主要抓手。

1. 环境维度——坚持生态优先，科技推动绿色发展

联想集团是国内首批加入科学碳目标倡议的高科技制造企业，在联想集团发布的2020/21财年的ESG报告中设置了ESG的KPI（关键绩效指标），首次将温室气体减排目标上升至集团关键绩效指标考核的高度。为此，联想推行了一系列行动。

首先，发挥绿色科技优势。联想集团自主研发的温水水冷技术解决方案，能够使得电能利用效率（PUE）值小于1.1，相较风冷节约40%以上的能耗成本。基于这一技术和多个领域内的技术积累，联想集团创新性地研发出了新一代绿色智能算力基础设施，可以帮助绿色智能算力基础设施实现成本和效益的完美平衡。联想独创低温锡膏工艺，焊接温度较传统方法降低了约70℃，有效解决了困扰电子产品制造的高热量、高能量、高碳排放难题，可减少高达35%的碳排放。该技术可以广泛地应用于所有涉及印刷电路板的电子行业制造流程。联想从2018年起就在行业范围内进行了免费推广，带动其他企业共同减碳。

其次，持续关注供应链的可持续发展，以合规为基础、生态设计为支点、全生命周期管理为方法论，探索并试行"摇篮到摇篮"的实践，逐步建立完善的绿色供应链管理框架，打造"五维一平台"，即"绿色生产""供应商管理""绿色物流""绿色回收""绿色包装"五个维度和一个"绿色信息披露（展示）平台"，引导和带动上下游产业链共同实现低碳发展，合力减少碳足迹。联想集团承诺到2025/26财年，公司全球供应链将减少100万吨温室气体排放。此外，联想自主研发名为"全生命周期技术方案"的设计方案，该方案不仅在联想供应商中广泛应用，还赋能汽车制造、石油石化、能源电力、电子制造等多个行业300多家领军企业。

再次，推出零碳产品与服务，对产品碳足迹进行认证，实现设备生命周期碳中和。2022年4月，联想在业内首推"零碳"服务，对产品ThinkPad X1和X13从原材料生产到组装加工，再到物流运输和客户使用，最终到设备处置的全生命周期内的碳排放进行碳足迹认证；并通过核销对应额度的CCER，实现此设备全生命周期的碳中和。不仅如此，联想还积极参与国内外环境类相关标准的制定，并在标准和法规落地之前积极参与相关的讨论，提供企业一手数据和产品的实际调研情况，同时在各类产品上进行技术标准的实践工作。

最后，致力于打造"绿色工厂"。以联想集团最大的PC研发和制造基地合肥联宝工厂为例，该工厂通过打造智能制造生产线、搭建节能管理平台、开展节能减碳项目、优化能源结构等举措，于2021年实现了6 558吨二氧化碳当量的减排量，相当于植树36万棵。另外，联想全球最大、最先进的智能手机和平板电脑制造基地——武汉产业基地于2021年实现了单台产品的生产能耗与2019年相比下降20%以上的成果。此外，联想还成为ICT行业零碳工厂标准制定的首个全程参与的企业伙伴，并在天津从零开始建设零碳工厂。联想武汉产业基地获颁ICT行业首张零碳工厂证书，成为中国ICT行业首个也是唯一经过第三方评价的零碳工厂。

联想不仅依托科技践行环保，也从小事做起，积小善为大善，面向员工个人推出碳普惠平台——"联想乐碳圈"。该平台定位为员工办公、生活领域碳排放量的核算平台，兼顾积分交易及社交服务功能，引领员工做绿色低碳的践行者和代言者，是行业内领先的员工个人碳账户服务解决方案。同时，联想集团将经验外化输出，结合国家碳排放核算方法学和排放因子等实践经验，推出"联想首款企业碳核算平台"，为赋能其他企业碳减排、助力降本增效提供有力支持。在此基础上，联想还发行绿色债券，用于为集团新建或现有符合条件的项目融资或再融资，涵盖五个绿色类别，包括能源效率、可再生能源、绿色建筑、循环经济适应产品、生产和流程以及清洁交通，进一步将企业的各类零碳项目有机结合。

2. 社会维度——情系"民之所望"，持续赋能美好生活

创造美好生活，是联想科技创新的落脚点。

首先，促进高质量就业。对内，联想为员工打造没有天花板的舞台，白领、蓝领、紫领一应俱全。联想继续招聘硬核研发人才，并增加校园招聘人数。对外，联想启动"紫领工程"，旨在培养多层次、复合型新IT高技能人才。

其次，为乡村振兴注入新活力。依托"新IT"技术，联想在北京市妙峰山镇、山西阳曲等地，运用5G、物联网、数据融合等技术，开展了包括智慧乡村治理、智慧便民服务、智慧文旅服务等在内的乡村数字治理服务。联想还在欠发达地区推动教育公平，促进教育均衡发展，分别在西藏、云南、四川、甘肃、内蒙古等地捐赠了近百间智慧教室，通过联想智学堂、联想梦想中心、联想科学课等形式助力乡村教育信息化。

再次，支持中小企业发展。联想将和中国中小企业协会携手为100万家中小企业进行数字化知识培训，为10万家企业免费设计转型方案，为1万家企业提供零成本数字化启动的资助方案。

最后，积极推进残障融合。联想承诺，到2025/26财年，75%的联想产品将通过包容性设计专家审查。2021年，联想在残疾平等指数评选中入选"残障人士最佳工作场所"榜单。在抗击新冠疫情期间，联想也有不俗的表现。

3. 治理维度——秉持严格标准，树立先进企业治理标杆

联想在治理（G）维度也积极作为，具体如下：

首先，治理原则和治理结构。联想的ESG管理框架中包括《企业可持续发展政策》，该政策就联想在开展ESG各项工作方面给予了概述性指导，由董事长兼CEO杨元庆签署。联想的治理架构（包括董事会）则定期评估ESG相关风险。

其次，数据安全与隐私保护。联想成立了数据安全和隐私保护委员会，始终将数据安全与隐私保护根植于产品的设计中，设立联想全球创新中心安全实验室，旨在以专业的安全创新技术为基石，为集团业务的持续发展保驾护航。

再次，商业道德与诚信。联想设立道德与合规办公室，致力于打造诚信正直、严守公司准则和政策的文化。同时联想制定了反腐败及反贿赂政策、反竞争行为与公平竞争相关政策、知识产权保护、员工建议及举报渠道等内容。

最后，产品质量管理。联想在开发、制造、运输、安装、使用、售后服务和回收的每一个环节都遵循产品生命周期评估（LCA）的指导，保障现有及未来产品在设计上的不断改善和提升。

三、科技赋能ESG

联想集团是一家全球化的科技制造企业。ESG离不开科技的赋能，联想也积极寻求社会价值与科技业务的双向奔赴。杨元庆表示，联想将通过更加坚定地投入于自身的数字化、智能化来实现提质、降本、增效；也将持续投入ESG实践，创造更多的社会价值。联想正在以服务和解决方案为导向推动智能化转型不断深入，推动科技创新，释放智能科技的力量，助力经济社会高质量发展。

（一）以科技创新赋能绿色生活

科技让生活更加美好。联想致力于利用科技创新在获得便捷、美好生活的同时更低碳、更绿色。2022年北京冬奥会上，联想借助温水水冷技术满足

7×24小时无休的天气、气候及环境气象业务应用需求，使北京气象局节约了40%以上的能耗成本，PUE降至1.08。联想打造的一系列新一代绿色智能算力基础设施正在显著降低能源消耗，大幅提高计算密度，延长数据中心生命周期，助力全球网络基础设施绿色升级。

不仅如此，联想集团旗下的联想创投在ESG领域已有诸多探索和投资布局。2017年联想创投投资了新能源汽车蔚来、动力电池全球领先企业宁德时代、无人驾驶Robo Bus轻舟智航等企业，推动全球交通向绿色出行转变。物流领域也是联想创投ESG布局的重点方向，其所投资的电动智能重卡与物流场景相结合，一方面降低公路货运燃油成本，另一方面对实现"双碳"目标作用巨大。不仅如此，联想集团还投资了新能源（固态电池项目、钙钛矿项目以及空气储能项目）、智能制造以及具有高效能、低成本和环保等优势的合成生物等项目。

（二）以科技创新赋能智慧生活

依托强大的科技优势，联想将科技创新融入惠民、利民、富民的努力中，进一步提升了践行社会责任的水平。如前所述，联想智慧教育不断推动教育与科技互联，帮助教育管理、带动教育创新，让教育更平等更均衡，缩小城乡教育信息化的数字鸿沟。联想已经构建起涵盖1 500余所合作学校、300余家企业、3 000余名教师、10余个专业体系的教育产业生态。

1. 智慧养老

联想推出Thinkplus智慧医疗解决方案，以联想大智慧屏为核心，构建硬件设备、软件和信息服务、运维服务的完整链条；建设珠海市香洲区居家智慧养老服务中心，搭建智慧养老服务云平台和4个养老综合服务中心、88个社区站点，运用网络化手段形成"区、镇街、社区三位一体"联动平台，实现信息互通、实时监管，通过数字赋能让老人足不出户就能享受到专业的医疗服务。

2. 智慧医疗

联想依托自身核心技术的创新能力，以数字化、信息化为抓手，提供一系列医疗行业场景解决方案，帮助医院、卫生管理部门、各级政府挖掘数据信息价值，以数据运营医院，以服务回馈居民。

3. 智慧城市

联想和厦门市合作打造自助服务终端"e政务",让老百姓在家门口就可以享受到10余个政府部门100多项政府事务的服务。

联想正在用越来越多的民生科技改变着人们的生活。

(三) 以科技创新赋能绿色供应链

联想的供应商包括自有制造中心、生产性采购商、原始设计制造商(ODM)和非生产性采购商。低碳转型的目标不仅体现在链主身上,还关联了供应链上下游,同心同力做好减碳工作。联想是国内最早开展供应链减碳的科技制造公司之一。2019年,联想入选"绿色供应链管理示范企业"。在"双碳"背景下,联想以合规为基础,以生态设计为支点,以全生命周期管理为方法论,探索并试行"摇篮到摇篮"的实践,逐步建立以绿色生产、供应商管理、绿色物流、绿色回收、绿色包装五个维度为主干的绿色供应链管理框架,用科技引导和带动上下游产业链共同实现低碳发展,合力减少碳足迹。

在生产方面,联想通过优化再生能源使用量以及绿色工艺技术的开发与推广,来降低生产过程中的碳排放。自2021/22财年起,联想通过利用低温锡膏工艺已减少了1万吨二氧化碳排放,相当于每年少消耗426万升汽油。自2021/22财年起,联想大力将该工艺推广至固态硬盘、无线网卡、液晶显示控制板、内存板卡以及人机交互设备等部件的子系统供应商,并于2018年实现与行业共享这一减排工艺。联想的智能排产系统(LAPS)[1]突破了传统的高级计划和排程系统仅基于业务规则进行简单僵化的自动化处理的局限,真正意义上实现了人工智能综合的决策,释放了大量的潜在产能,实现了生产资源的最优配置。

在供应商管理方面,联想引入"关键供应商ESG计分卡"[2],多维度制定供应商环境管理目标;根据EICC准则[3]规范采购流程,制定与EICC在劳工、环

---

[1] 又称"联想智能生产规划系统""联想高级计划与排程系统"(Lenovo advanced production scheduling system,LAPS)。

[2] RBA(Responsible Business Alliance)行为准则、CDP披露水平、温室气体减排目标、温室气体核查、可再生能源使用情况、负责任原材料采购等30个以上的指标管理供应商环境表现。

[3] EICC(Electronic Industry Code of Conduct)是适用于电子行业的一套社会责任标准。

保、健康安全、道德和管理方面要求一致的采购政策和流程。

在包装方面，联想基于深度学习中的增强学习技术，创造性应用传统的运筹优化算法：运单需求、在库货品状态以及出库包装等维度的数据在"中央大脑"形成最优组合，构建了从整箱配给、散件配载装箱到箱型组合码托、托盘配载装柜的多层智能模型，实现了从拣选到装运的端到端智能包装模型和算法。自2008年以来，联想已经减少包装材料用量93 737吨，仅在2021/22财年就已减少使用9 497吨包装物料。

（四）以科技创新赋能百业千行

2019年，联想携手36家核心供应商发起成立了ICT产业高质量与绿色发展联盟，三年来联盟发展取得了长足的进步：辅导了5家会员单位成功建立国家级绿色制造体系，助力企业提升绿色制造水平；支撑了10项制造关键过程工艺改进项目，支持企业提质增效。联想将继续支持并发挥其联盟平台优势，携手相关利益方共同支持产业绿色低碳发展。

保障政务、金融等关键领域与行业是联想赋能百业千行智能化转型的关键步骤。2017年，联想服务开启了智能化转型，全面升级为联想智慧服务。仅仅三年多，联想智慧服务在智慧城市、智慧农业、智慧能源和智慧教育等领域积累了全领域、全场景、全周期服务的实践经验。例如，在福建厦门，联想智慧服务针对城市政务智能化升级，将自主研发的人工智能技术运用到传统政务终端，打造上千台"会认脸、会说话、会学习"的智能政务终端。联想与山西省阳曲县完成签约，联想智慧服务从智慧农业入手，加速阳曲县农业核心产业的智能化，同时为阳曲县构建从顶层规划开始的整体数字乡村发展战略。

四、尾声

正如杨元庆所承诺的，联想集团始终致力于实现"智能，为每一个可能"的愿景，助力全球低碳经济，解决人类面临的重大挑战。尽管世界还面临着诸多不确定性因素，联想集团将秉持信念，继续努力，打造一个可持续发展的智慧未来。

杨元庆表示："心怀常理，路行长期，更好的未来就在我们自己的手上。"

第七章　ESG发展的挑战与机遇

综合以上各章的分析，2022年中国ESG呈现出积极有力的发展态势。这体现为：2022年度ESG相关政策法规陆续出台，ESG生态系统不断完善，企业ESG信息披露率稳步提高，ESG评级机构和数据提供商不断涌现，ESG投资规模持续扩大，ESG金融产品逐步丰富，ESG理念快速普及，ESG相关活动和会议层出不穷，ESG国际合作持续深化。ESG理念契合中国经济高质量发展的时代主题。展望未来，这些新态势预示着中国ESG发展有光明的前景和巨大的潜力。

在诸多影响ESG发展的因素中，最重要也最值得关注的是宏观政策因素。ESG的发展离不开宏观政策的指引和支持。总体来看，宏观政策为ESG带来了巨大的发展空间。2022年党的二十大召开，多次提到"高质量发展"，并对"加快构建新发展格局，着力推动高质量发展"作出重要部署[①]。"高质量发展"预示着企业和投资机构在环境、社会责任和公司治理方面要有更高的标准。ESG在理念上高度契合"高质量发展"的时代需求，在实践上为企业实现"高质量发展"提供了完备的方法、工具和监督渠道。此外，党的二十大报告对于"双碳"工作也做了最新的战略部署。报告提出，积极稳妥推进碳达峰碳中和，立足我国能源资源禀赋，坚持先立后破，有计划分步骤实施碳达峰行动，深入推进能源革命，加强煤炭清洁高效利用，加快规划建设新型能源体系，积极参与应对气候变化全球治理。气候变化

---

① 为什么说高质量发展是"首要任务"[EB/OL]. [2023-03-06]. http://news.cnr.cn/native/gd/sz/20221103/t20221103_5260 50505.shtml.

是ESG的重要议题，ESG可助力和监督企业践行"双碳"，也可引导资金依据"积极稳妥推进碳达峰碳中和"这一目标进行合理配置。另外，ESG是国际市场通行的企业管理和投资理念，有助于中国企业在双碳问题上与国际市场和国际企业进行沟通与合作，可有效推动中国企业参与"应对气候变化全球治理"进程。

另一方面，当前ESG发展也暴露出一些不足。这些不足代表未来ESG发展面临的挑战，也预示着相应的机遇。

一、企业行动与表现

首先，就企业践行ESG理念而言，2022年越来越多的企业开始认识到ESG的重要性，在企业内设置专门的ESG机构部门以处理相关事宜。2022年度，一些具有较大影响力的企业，如贵州茅台和阿里巴巴，都首次高调发布了ESG报告，阐述公司的ESG理念、目标、战略与行动。ESG正在更加深入地渗透进企业战略制定和日常管理环节。但是，整体来看，许多企业的ESG举措还缺乏系统性和长期性的统筹规划。此外，企业对于ESG的关注范围往往比较狭隘，常常缺乏对于不同ESG议题的通盘规划。

其次，ESG信息披露是践行ESG的关键环节。目前，中国上市企业的ESG信息披露率还有巨大的提高空间。2022年度，如以发布ESG相关报告为判断标准，A股上市企业的整体披露率只有30%左右，其中中小型企业的披露率显著低于大型企业。披露有助于外界了解企业的ESG事宜，也是对企业的ESG行动进行监督和促进的一种形式。此外，就披露的作用而言，企业披露与否对于其评级结果往往有重要影响。例如，具有广泛国际影响力的MSCI评级给中国企业的ESG评分较低，一个重要原因是中国企业ESG披露水平较低。MSCI的ESG评级的一个关键组成部分是围绕35个关键ESG问题进行风险管理评估，这需要企业披露具体的ESG风险管理信息。如企业没有披露，MSCI会通过模型推断出一个低于行业平均水平的得分。

再次，就ESG评价结果而论，和世界同行相比，中国企业在具有市场影响力的ESG评级中总体表现不够理想，但是近年来已呈现出明显的改善趋势。例如，依据受到广泛关注的MSCI ESG评级，中国企业在2021年评分的中位数是2.9，显著低于全球企业的中位数和其他新兴市场企业的中位数。MSCI分析了中国企业ESG评分不佳的原因，并将其归纳如下：

- 环境维度：中国企业在碳排放、有毒物质排放和固体废物等问题上的排名低于全球同行，但随着更严格的环境政策和"双碳"政策推出而表现出明显的改善趋势。
- 社会维度：与全球同行相比，中国企业在社会维度方面的评分是最低的。困扰中国企业的社会维度问题包括隐私、数据安全、健康与安全。
- 治理维度：在公司治理方面，中国企业在董事会和薪酬方面的得分普遍较低。与董事会得分有关的一个问题是独立性，许多公司的董事会成员缺乏独立性。此外，许多公司存在单一股东控股，这会减弱小股东的影响力。有关薪酬的主要问题是缺乏高管薪酬披露。中国公司在企业行为方面的得分也较低，表明围绕着欺诈、高管不当行为、反垄断违规或税务相关争议等问题的风险较高。

就不同行业而言，金融业的平均MSCI评级位于所有行业前列，这主要得益于金融业较好的ESG信息披露。依据MSCI评级，材料行业和能源行业的评分垫底（CCC）的公司比例最高。许多材料公司涉及采矿业，并有污染、水压力、有毒排放物和固体废物相关的问题，而能源公司（主要是与煤炭、石油、天然气有关的公司）多有类似的问题。此外，董事会和高管的薪酬也是许多能源公司的失分项。

另一方面，依据MSCI的评级结果，中国企业的ESG评级呈现出显著的改善趋势。获得CCC评级的中国企业的比例从2018年的22%下降到2021年6月的16%，而获得B评级的企业在同一时期从37%下降到33%，获得更高评级的企业的比例在上升。

最后，一些世界主要经济体开始实施的最新ESG政策法规开始从ESG角度约束供应链上的相关企业和境外企业的境内分支。例如，依据欧盟2022年最终批准通过的《企业可持续报告指令》（CSRD），非欧盟企业位于欧盟境内的子公司如达到一定规模标准，也须披露ESG信息。这意味着CSRD为非欧盟企业参与欧盟市场设置了门槛。CSRD可能会影响在欧盟有业务的中国企业。又比如，德国于2021年通过《供应链企业尽职调查法》，要求雇员超过3 000人的公司从2023年1月1日起对其直接供应商进行审计，并评估间接供应商在人权或环境方面的风险。从2024年1月1日起，雇员超过1 000人的公司将被纳入该法律的范围。欧盟于2022年12月就碳边境调整机制（CBAM）达成临时协议。这些国际上的新ESG政策法规将对中国企业造成影响，影响的范围和程度还有待观察。

二、ESG披露标准建设

ESG披露标准是ESG生态系统的基石。2022年见证了针对中国企业的披露标准出台。当前ESG披露标准构建主要有两点不足。第一，ESG信息披露的政策法规有待完善。目前已出台的大部分政策法规还主要着眼于提倡和鼓励ESG披露，缺乏对于披露的强制要求；对于披露的内容和格式也未给出明确的界定，缺乏约束力。从全球ESG发展态势来看，从自愿披露向强制披露转变是大势所趋，且强制披露一定伴随着披露标准的确立。例如，欧盟为配合《企业可持续报告指令》（CSRD）实施，由欧洲财务报告咨询小组（EFRAG）制定了《欧盟可持续发展报告准则》（ESRS）。CSRD开始实施后，企业须按照ESRS标准披露ESG信息。又如，英国政府于2021年10月发布《绿化金融：可持续投资路线图》，提出要建立英国自身的可持续发展披露制度（SDR）和绿色分类条例（Green Taxonomy）。根据路线图，SDR将采用TCFD框架标准，针对企业、资产管理公司和资产所有者、投资产品三类主体提出披露要求。

第二，市场上还缺乏有足够影响力和得到企业普遍认可的披露标准。依据对于上市企业的调查，不同企业在披露时往往参考不同的标准。这导致不同企业披露的信息缺乏可比性，为ESG评级评价带来了巨大困难。当然，披露标准不统一的问题不仅限于中国，国际ESG生态系统也受其困扰。随着国际披露标准制定机构整合为国际可持续准则理事会（ISSB），在国际层面，这一问题可望在近期取得显著改观。中国积极参与了ISSB的工作。2022年4月，中国财政部加入ISSB特别工作组，以提高世界各国披露标准的兼容性；2022年6月，ISSB任命中国财政部代表担任委员；中国财政部和中国证监会对于ISSB发布的两份披露标准草案也给予了正式反馈意见。2022年12月底，中国财政部与国际财务报告准则基金会（IFRSF）签署备忘录，隶属于IFRSF的国际可持续准则理事会（ISSB）将设立北京办公室，预计于2023年年中投入运营。依据备忘录，ISSB北京办公室主要负责领导和执行ISSB的新兴和发展中经济体战略，促进与亚洲利益相关者的深入合作，并为帮助新兴和发展中经济体以及中小企业开展相关能力建设活动。在这一背景下，中国各机构制定的ESG披露标准将如何演化还有待观察。

三、评级机构与数据提供商

评级机构与数据提供商是ESG生态系统的重要组成部分。经过近年ESG理念的快速普及和市场的积极回应，至2022年国内已经出现了一批初具规模的ESG评级机构和数据提供商。但是，ESG评级和数据方面的不足也很明显，主要有以下四点。

第一，各机构发布的ESG评级和数据产品的公信力和说服力普遍比较弱，缺乏具有较强市场影响力和权威性的ESG评级机构与数据提供商。从商业角度而言，ESG评级和数据服务的主要目的是为投资者进行ESG投资提供支持，ESG评级和数据产品的影响力在很大程度上取决于投资者的认可，尤其是被动投资市场的认可。当前，有一批国内机构发布了覆盖国内企业的ESG评级和数据产品，但是这些评级和数据普遍未形成显著的市场影响力，未能得到投资者的有力支持与认可。

第二，ESG评级和数据产品的覆盖面还较为狭窄。这突出表现在评级和数据产品覆盖的年限较短，大部分只覆盖近期两到三年，几乎没有覆盖超过10年的产品。从评价的对象而言，一些评级只涵盖沪深300或中证800等最大型的企业，绝大部分评级仅涉及股票类证券。与之对比的是，国际著名评级机构MSCI的评级和数据产品覆盖的时间长度超过30年，覆盖的企业数量超过8 500家，覆盖的证券产品包括股票、债券、共同基金、ETF等多种类型。较短的时间维度限制了对于评级和数据产品的回溯评估，也不利于建立评级和数据产品的可信度。此外，目前大部分机构ESG评价对象为上市公司，缺少对非上市公司的关注，无法满足投资者对全市场覆盖的需求。当然，评级和数据产品的发展通常是一个不断扩张的过程，随着时间的推移，覆盖面狭窄的状况将会得到改善。

第三，ESG评级评价的透明度和可解释性还可进一步提高。提高透明度有助于扩大评级的影响力，也有助于提高市场对于评级的信任度。目前，国内ESG评级机构往往都会公布大致的评估方法，但对比国际评级机构发布的产品，对于细节和数据的披露尚显不足。例如，MSCI公布了所有行业的关键ESG议题和各关键议题的权重，晨星Sustainalytics和标普全球公布了对所有企业的实时ESG风险评分。国内评级机构披露的信息往往不涉及这些内容。

第四，ESG评级评价需更加多元化的数据来源。一般来说，ESG评价的数据来源主要分为两种类型：第一类是企业根据信息披露的原则和指引，在半年报、年报、社会责任报告或ESG报告中主动披露的ESG信息；第二类是企业被动披露的以ESG风险事件为主的ESG信息（如新闻舆情、行政处罚等）。这意味着企业ESG信息披露的质量问题是ESG评价发展中的一大难题。以大众"排放门"事件为例，大众汽车于2015年曝光排放测试丑闻，在此之前，其在主流ESG评价中的得分都较高。当前的ESG评价缺乏获取企业内部信息的有效途径，这在一定程度上影响ESG评价的有效性和真实性，导致对公司评估不准确、诱导投资者做出错误的投资决策和资本分配不当等结果。

四、金融市场与投资

ESG投资方面的不足主要有以下两点。

第一，ESG金融产品的规范化程度有很大的改进空间。随着ESG理念的普及，诸多金融机构开始发布以ESG或ESG相关概念命名的金融产品，但是这些金融产品的真实内涵和命名的合理性尚缺乏评估。ESG金融产品规范化有助于保护投资者和避免"漂绿"。从全球范围来看，"漂绿"是目前ESG发展面临的一大问题。部分企业采取的ESG措施可能只是包装宣传，缺乏实际举措；部分以ESG或ESG相关概念为名的主题基金可能名不符实。为规范ESG发展和应对"漂绿"，欧洲于2020年颁布并实施《欧盟分类条例》（EU Taxonomy Regulation）。该条例将逐步建立一个可持续经济活动的分类系统，向企业、投资者和政策制定者提供不同类型可持续经济活动的定义，从而提高ESG信息的准确性，降低"漂绿"风险。《欧盟分类条例》总结了六项环境目标，即缓解气候变化、适应气候变化、水和海洋资源的可持续利用和保护、向循环经济过渡、污染的预防和控制、保护和恢复生物多样性和生态系统。可持续经济活动须满足四个条件：有助于实现六项环境目标中的至少一项；对其他环境目标中的任一项都没有造成"重大损害"；不产生负面的社会影响（例如须符合联合国商业和人权指导原则）；符合欧盟技术专家小组制定的技术筛选标准。第一批与缓解气候变化和适应气候变化相关的经济行为的定义已于2022年1月启用。企业和金融市场参与者披露ESG信息时，须符合《欧盟分类条例》对于可持续经济活动的定义。英国也将推出类似的分类条例。

根据美国可持续与责任投资论坛（US SIF）的统计，2022年年初美国基于ESG原则管理的资产总额为8.4万亿美元，这个数字还不到2020年报告的17.1万亿美元的一半。ESG资产急剧减少的主要原因是监管机构对于什么是ESG资产设置了更严格的条件。欧洲的情况也类似，在新的ESG归类法规生效后，有总额超过1 000亿美元的基金不再被认为是ESG基金。这些界定ESG投资和金融产品的法规与分类条例对于中国建设更健康的ESG金融市场具有启示意义。

第二，ESG金融产品的丰富程度和多样性尚显单薄。以股票指数为例，基于不同的ESG投资策略和筛选标准，可以设计出更丰富的产品。当然，产品供给的关键还是投资者的需求。

五、"双碳"与ESG

2020年中国提出了"二氧化碳排放力争于2030年前达到峰值，努力争取2060年前实现碳中和"的"双碳"战略目标。国际经验表明，ESG可以推动企业应对气候变化。传统上国际社会主要关注应对气候变化的国家行为，尤其是通过国际协定的方式约束各国的温室气体排放，为气候变化设计全球解决方案。然而在现实中，由于不同国家发展水平不一致、自然禀赋差异大、利益诉求有冲突，协调各国并达成有约束力的国际协定存在着极其巨大的困难，多次被寄予厚望的国际气候峰会都无果而终。ESG可从多方面推进双碳目标实现，包括重塑企业经营理念、优化资源配置、助力能源结构转型、推动重点工业领域碳达峰、构建"碳中和"实践的监督机制等。

第一，同时关注直接性和间接性碳排放，更全面地衡量企业的气候变化影响。企业温室气体排放可分为三个范畴。范围1是由企业拥有或控制的车辆、建筑、设备等排放源产生的直接排放，包括锅炉、熔炉燃烧，自有车辆使用，化学品和原料加工，等等。范围2是企业所消费的外购能源（包括电力、热力、蒸汽和冷气等）在生产过程中产生的间接排放。范围3是除范围2以外覆盖企业价值链上下游活动产生的其他间接排放，例如售出产品的使用、废弃物处理、职员通勤或差旅活动等。对石油、天然气和汽车制造等企业而言，范围3排放在企业总排放量中所占的比例远高于范围1和范围2排放。例如，汽车企业所产生的温室气体不仅包括汽车行驶过程中排放的二氧化碳，还包括其上游燃料生产以及汽车材料和零部件生产的碳排放。汽车行业实现碳中和，其路径需要覆盖整条生产链，针对汽车生产的不同环节，探寻相对应的碳减排措施及低碳技术。因此，构建融合碳中和目标的ESG评价体系，应当同时关注范围1、范围2和范围3排放，并设定相关指标，以更深入、更全面地衡量企业ESG绩效。

第二，规范与碳中和相关的信息披露与核算方法。气候风险与碳排放是ESG评价中重要的碳中和议题，高质量的企业气候风险和碳排放信息披露对实现碳中和目标而言意义重大。目前，国内外企业气候风险与碳排放信息披露仍处于较低水平。根据2021年发布的TCFD进展报告，2020年平均每家企业报告的11项气候信息披露中只有3项符合工作小组的建议；2021年我国A股上市企业中仅有352家企业披露气候风险与碳排放信息，占比为31.15%。首先，缺乏统一的碳排放信息披露标准、缺乏统一的碳排放核算体系是主要原因之一。尽管国内已有相关的信息披露指引，但对于企业碳排放信息披露的范围及边界等没有统一的界定，数据缺乏可比性，同时企业为了提高声誉可能出现"漂绿"行为，导致信息披露缺乏可信度。例如，按照国内现有的《企业温室气体排放核算方法与报告指南》，范围1和范围2排放的核算范围仅限于所有的生产设施，并不包括厂区内辅助生产系统以及附属生产系统，而ISSB要求包括整个厂区。其次，目前仅针对控排企业的碳排放量提出强制的第三方核查要求，即核对企业是否按照行业指南计算碳排放量；而其他非控排企业一般采用自主核算，其披露的碳排放信息缺乏具备专业知识的第三方鉴证，即依据鉴证准则出具合理或有限鉴证意见，无法保证客观性和准确性。最后，计量设备的精度、实验室数据采样的频率等也会影响碳排放的监测过程，进而影响碳排放核算结果。总体来说，ESG信息披露是开展ESG评价的重要依据。在低碳发展背景下，构建融合碳中和目标的ESG评价体系需要进一步完善ESG信息披露制度，通过建立统一的碳排放核算体系，对企业碳排放信息披露的范围及边界进行清晰合理的界定，同时开展碳排放信息第三方鉴证业务，提高企业气候风险管理的意识和能力，稳妥有序推动碳达峰、碳中和目标实现。

第三，提高碳中和议题评价的透明度。目前，国内外各评价机构提供了大致的ESG评价方法，但其公开的内容往往仅限于上层的评价指标架构（如一级指标和二级指标）和计算的方法（如权重和加总方式），对于更细致的底层指标（如三级指标）及数据的处理过程则言之不详。对于外界，ESG评价缺乏透明度，公众无法根据公开的内容还原出评级的计算过程，这容易造成评价结果缺乏公信力。例如，具有较高影响力的ESG评价机构MSCI基于全球约8 500家上市公司，发布了如中国气候变化指数等一系列ESG主题指数，指数型基金运营资金规模高达1 000亿美元。然而，MSCI官网并没有提供指数编制的具体信息，且ESG数据库需要购买才能使用，公众仅能了解大致的指数编制方法和过程；许多国内的ESG评价体系目前只公开了一级指标和二级指标，尚未公开三级指标。从另一角度看，对于诸多商业评级机构而言，具体的指标构建与计算过程属于商业机密。因此，合理提升ESG评价机构指标构建与数据处理过程的透明度是ESG评价实践发展的关键。在碳中和背景下，各评价机构更应当保证碳中和议题评价的透明度，准确评价企业为减少碳排放所采取的措施及其成效，增强评价结果可解读性的同时助力碳中和目标快速实现。

第四，明确"双碳"相关披露和一般性ESG披露的关系。在ESG披露方面，监管机构和市场参与者开始区分气候变化相关披露和一般性ESG披露。例如，ISSB 2022年度发布的两份草案分别对应一般性ESG披露和气候变化相关信息披露；一些交易所（如香港联交所）和大型机构投资者（如Blackrock）要求企业同时采用两种披露标准，即一般性的ESG披露标准和专门针对气候变化议题的气候变化披露标准（通常是TCFD标准）。从全球范围来看，主要经济体已出台或正在制订的ESG披露政策法规中，对于气候变化相关信息的强制披露已达成一定共识。中国相关政府部门也表示，正在考虑推动企业碳中和信息的强制披露。一旦强制披露开始实施，碳中和数据的完备性和准确性很可能会超过其他ESG数据。在这一背景下，就国内市场而言，是否需要建立独立于ESG披露的"双碳"披露框架和专门的"双碳"评级框架，都是值得探讨的问题。

附录1 中英文对照表

附表1.1 中英文对照表

英文全名	英文缩写	中文全名
Amundi	—	东方汇理
Anti-ESG ETF	—	反ESG为主题的ETF基金
Asset-backed securities	ABS	资产证券化
Bain & Company	Bain	贝恩咨询公司
Bain Capital	—	贝恩资本
best-in-class/positive screening	—	同类最优/正面筛选
Blackrock	—	贝莱德
Business Roundtable	BR	商业圆桌组织
California Public Employees Retirement System	CalPERS	加州公共雇员退休基金
Canadian Securities Administrators	CSA	加拿大证券管理局
Carbon Border Adjustment Mechanism	CBAM	欧盟碳边境调节机制
Carbon Disclosure Project	CDP	全球环境信息研究中心
Centre Testing International Group	CTI	华测检测认证集团股份有限公司
China Investment Corporation	CIC	中国投资有限责任公司
Chinese Academy of Social Sciences Research Center for Corporate Social Responsibility 4.0	—	中国企业社会责任报告指南4.0之食品行业
Climate Action 100+	CA100+	气候行动100+
Climate Bonds Initiative	CBI	气候债券倡议组织
Climate Disclosure Standards Board	CDSB	气候披露标准委员会
Coalition for Environmentally Responsible Economics	CERES	环境责任经济联盟
community investing	—	社区投资

续表

英文全名	英文缩写	中文全名
comply-or-explain	—	不披露需解释
corporate engagement & shareholder action	—	企业参与及股东行动
Corporate Sustainability Due Diligence Directive	CSDDD	企业可持续发展尽职调查指令
Corporate Sustainability Reporting Directive	CSRD	企业可持续报告指令
Credit Ratings Agency Regulation	CRA Regulation	信用评级机构条例
DWS Group	DWS	DWS集团（德意志银行下属资产管理子公司）
electric vehicle	EV	电动汽车
Emissions Trading System	ETS	欧盟碳排放交易体系
ESG integration	—	ESG整合
EU Taxonomy Regulation	—	欧盟分类条例
European Banking Authority	EBA	欧洲银行管理局
European Climate Law	—	欧洲气候法
European Financial Reporting Advisory Group	EFRAG	欧洲财务报告咨询小组
European Green Deal	—	欧洲绿色协议
European Union Sustainability Reporting Standards	ESRS	欧盟可持续发展报告准则
Exchange Traded Fund	ETF	交易型开放式指数基金
Financial Conduct Authority	FCA	英国金融行为监管局
Financial Services Agency	FSA	日本金融服务局
Financial Stability Board	FSB	金融稳定委员会
FTSE Russell	—	富时罗素
General Atlantic	—	大西洋大众公司
general partner	GP	普通合伙人
Global Industry Classification Standard	GICS	全球行业分类标准

附录1 中英文对照表

续表

英文全名	英文缩写	中文全名
Global Reporting Initiative	GRI	全球报告倡议组织
GRI Sustainability Reporting Standards	GRI Standards	可持续发展报告标准
Global Sustainable Investment Alliance	GSIA	全球安防产业联盟
Goldman Sachs Asset Management	GSAM	高盛资产管理公司
Green Bond Standards	—	绿色债券标准
Greenhouse Gas Reporting Program	GHGRP	温室气体报告项目
Green Taxonomy	—	绿色分类条例
Hong Kong Monetary Authority	HKMA	香港金融管理局
impact investing	—	影响力投资
Institutional Shareholder Services	ISS	机构股东服务公司
International Accounting Standards Board	IASB	国际会计准则理事会
International Organization for Standardization	ISO	国际标准化组织
International Organization of Securities Commissions	IOSCO	国际证监会组织
International Sustainability Standards Board	ISSB	国际可持续准则理事会
Invesco	—	景顺资产管理公司
Kunming-Montreal Global Biodiversity Framework	—	昆明-蒙特利尔全球生物多样性框架
limited partner	LP	有限合伙人
Monetary Authority of Singapore	MAS	新加坡金融管理局
Morgan Stanley Capital International	MSCI	摩根士丹利资本国际公司
Morningstar	—	晨星公司
negative/exclusionary screening	—	负面筛选
Net-Zero Asset Manager Initiative	—	净零排放资产管理者倡议
Non-Financial Reporting Directive	NFRD	非财务报告指令
norms-based screening	—	规则筛选

续表

英文全名	英文缩写	中文全名
Occupational Safety Health Administration	OSHA	美国职业安全与健康管理局
Office of Credit Ratings	—	信用评级办公室
principal adverse impact	PAI	主要不利影响
Rankins CSR Ratings	RKS	润灵环球
Real Estate Investment Trusts	REIT	房地产信托投资基金
Refinitiv	—	路孚特
Regulatory Technical Standards	RTS	监管技术标准
Socially Responsible Investment	SRI	中国社会责任投资
Sovereign Wealth Fund Institution	SWFI	主权财富基金研究所
starting lighting and ignition	SLI	启动用蓄电池
State Street	—	美国道富银行
Sustainability Accounting Standards Board	SASB	可持续会计准则委员会
sustainability themed/thematic investing	—	可持续发展投资
Sustainable Development Reporting	SDR	可持续发展披露制度
Sustainable Finance Disclosure Regulation	SFDR	可持续金融披露条例
Swiss Financial Market Supervisory Authority	FINMA	瑞士金融市场监管局
Taskforce on Nature-related Financial Disclosures	TNFD	自然相关财务信息披露工作组
The Bank of New York Mellon Corporation	BNY Mellon	纽约银行梅隆公司
The Boston Consulting Group	BCG	波士顿咨询公司
The European Central Bank	ECB	欧洲央行
The European Securities and Markets Authority	ESMA	欧洲证券和市场管理局
The Fifteenth Meeting of the Conference of the Parties To the Convention On Biological Diversity	COP15	第15届联合国气候变化大会
the Financial Reporting Council	FRC	英国财务报告委员会

○ 附录 1 中英文对照表

续表

英文全名	英文缩写	中文全名
The International Integrated Reporting Council	IIRC	国际综合报告理事会
The Task Force on Climate-related Financial Disclosures	TCFD	气候相关财务披露工作组
The Twenty-eighth Meeting of the Conference of the Parties To United Nations Climate Change Conference	COP28	第28届联合国气候变化大会
The Twenty-seventh Meeting of the Conference of the Parties To United Nations Climate Change Conference	COP27	第27届联合国气候变化大会
The International Financial Reporting Standards Foundation	IFRSF	国际财务报告准则基金会
The United Nations Environment Programme	UNEP	联合国环境规划署
The United Nations Sustainable Stock Exchange	SSE	联合国可持续证券交易所
The Value Reporting Foundation	VRF	价值报告基金会
U.S. Environmental Protection Agency	EPA	美国环保署
U.S.EPA. Greenhouse Gas Reporting Program	GHGRP	温室气体报告项目
United Nations Principles for Responsible Banking	UN PRB	联合国负责任银行原则
United Nations Principles for Responsible Investment	UN PRI	联合国责任投资原则组织
United States Securities and Exchange Commission	SEC	美国证券交易委员会
Vanguard	—	先锋领航公司

附录2　企业ESG披露指标及说明

附表2.1　企业ESG披露指标及说明

一级指标	二级指标	三级指标	四级指标	指标性质	指标说明
E 环境	E.1 资源消耗	E.1.1 水资源	E.1.1.1 水资源使用管理	定性	可针对以下方面描述水资源使用管理方针： 1）企业与水资源的相互影响，如取水、耗水和排水的方式与地点造成的水资源影响，或企业的活动、产品、服务产生的水资源影响； 2）用于确定水资源相关影响的方法，如评估范围、时间框架、采用的工具或方法； 3）处理水资源相关影响的方式，如企业如何与具有水资源影响的供应商或客户合作； 4）企业的水资源使用目标，制定目标的过程，以及该过程如何适应企业所在地区水资源政策
			E.1.1.2 新鲜水用量	定量	可通过以下方法计算新鲜水用量（吨）：新鲜水用量为企业取自各种水源的新鲜水取量中扣除外供的新鲜水量、热水、蒸汽等
			E.1.1.3 循环用水量	定量	可通过以下方法计算循环用水量（吨）：若水资源使用后未被再利用，则循环用水量为0
			E.1.1.4 循环用水总量占总耗水量的比例	定量	可通过以下方法计算该比例（%）： 1）循环用水总量=循环用水量×重复利用次数； 2）总耗水量=新鲜水取量+循环用水总量
			E.1.1.5 水资源消耗强度	定量	可针对以下方面计算水资源消耗强度： 1）产品，如每生产单位产品所消耗的水资源； 2）服务，如每项功能或每项服务所消耗的水资源； 3）销售额，如每单位销售额所消耗的水资源。 企业特定的分母可包括： 1）产品单位； 2）产量（吨）； 3）尺寸，如占地面积（平方米）； 4）全职员工数（人）； 5）销售额（万元）

○ 附录2　企业ESG披露指标及说明

续表

一级指标	二级指标	三级指标	四级指标	指标性质	指标说明
E 环境	E.1 资源消耗	E.1.2 物料	E.1.2.1 物料使用管理	定性	可针对以下方面描述物料使用管理方针： 1）物料对于企业生产经营的影响，主要物料类型和获取方式； 2）物料管理，如物料的存储和运输等
			E.1.2.2 不可再生物料消耗量	定量	以吨或立方米计
			E.1.2.3 有毒有害物料消耗量	定量	以吨或立方米计
			E.1.2.4 物料消耗强度	定量	可针对以下方面计算物料消耗强度： 1）产品，如每生产单位产品所消耗的物料； 2）服务，如每项功能或每项服务所消耗的物料； 3）销售额，如每单位销售额所消耗的物料。 企业特定的分母可包括： 1）产品单位； 2）产量（吨）； 3）尺寸，如占地面积（平方米）； 4）全职员工数（人）； 5）销售额（万元）
		E.1.3 能源	E.1.3.1 能源使用管理	定性	可针对以下方面描述能源使用方针： 1）能源对于企业运营的影响，主要能源类型，能源的获取方式； 2）能源管理，如能源管理体系建设情况、使用清洁能源、提高用能效率、需求响应等； 3）员工节能意识及行动等
			E.1.3.2 不可再生能源消耗量	定量	可针对以下方面计算不可再生能源消耗量： 1）煤炭消耗量（吨标准煤）； 2）焦炭消耗量（吨标准煤）； 3）汽油消耗量（吨标准煤）； 4）柴油消耗量（吨标准煤）； 5）天然气消耗量（吨标准煤）

续表

一级指标	二级指标	三级指标	四级指标	指标性质	指标说明
E 环境	E.1 资源消耗	E.1.3 能源	E.1.3.3 能源消耗强度	定量	可针对以下方面计算能源消耗强度： 1）产品，如每生产单位产品所消耗的能源； 2）服务，如每项功能或每项服务所消耗的能源； 3）销售额，如每单位销售额所消耗的能源。 企业特定的分母可包括： 1）产品单位； 2）产量（吨）； 3）尺寸，如占地面积（平方米）； 4）全职员工数（人）； 5）销售额（万元）
			E.1.3.4 节能管理	定性/定量	可针对以下方面描述采用的节能管理措施： 1）节电措施； 2）节煤措施； 3）节油措施； 4）节气措施； 5）其他节能措施，如余热利用措施等。 可针对以下方面描述节能效果： 1）企业节电量（吨标准煤）； 2）企业节煤量（吨标准煤）； 3）企业节油量（吨标准煤）； 4）企业节气量（吨标准煤）
		E.1.4 其他自然资源	E.1.4.1 其他自然资源管理	定性/定量	可针对以下方面描述企业活动、产品和服务对其他自然资源的消耗情况： 1）土地资源； 2）森林资源； 3）湿地资源； 4）海洋资源 可针对以下方面描述企业活动、产品和服务对其他自然资源的消耗量： 1）土地面积（平方米）； 2）木材用量（万立方米）； 3）湿地面积（平方米）； 4）海洋面积（平方千米）

续表

一级指标	二级指标	三级指标	四级指标	指标性质	指标说明
E 环境	E.2 污染防治	E.2.1 废水	E.2.1.1 废水排放达标情况	定性	是否符合本行业的废水排放标准以及确定达标的依据
			E.2.1.2 废水管理	定性	可针对以下方面描述废水管理措施： 1）废水排放许可证； 2）排污口的申报、标识； 3）废水污染物的种类、来源、贮存、流向、检测； 4）废水防治设施的建设及运行情况，如废水处理设备等
			E.2.1.3 废水排放量	定量	可针对以下方面计算废水排放量： 1）工业废水排放量（吨）； 2）生活废水排放量（吨）
			E.2.1.4 废水排放强度	定量	可针对以下方面计算废水排放强度： 1）产品，如每生产单位产品所排放的废水量； 2）服务，如每项功能或每项服务所排放的废水量； 3）销售额，如每单位销售额所排放的废水量。 企业特定的分母可包括： 1）产品单位； 2）产量（吨）； 3）尺寸，如占地面积（平方米）； 4）全职员工数（人）； 5）销售额（万元）
			E.2.1.5 废水污染物排放量	定量	可视情况针对以下方面计算废水污染物排放总量（污染物当量值/千克）或分类别污染物排放量（污染物当量值/千克）： 1）第一类污染物，包括总汞、烷基汞、总镉、总铬、六价铬、总砷、总铅、总镍、苯并（a）芘、总铍、总银、总α放射性、总β放射性； 2）第二类污染物，包括pH、色度、悬浮物、化学需氧量、石油类、挥发酚、总氰化物、硫化物、氨氮等

续表

一级指标	二级指标	三级指标	四级指标	指标性质	指标说明
E 环境	E.2 污染防治	E.2.1 废水	E.2.1.6 废水污染物排放强度	定量	可根据E.2.1.5所列污染物类别，视情况针对以下方面计算排放强度总值或各类别污染物的排放强度值： 1）产品，如每生产单位产品所排放的废水污染物量； 2）服务，如每项功能或每项服务所排放的废水污染物量； 3）销售额，如每单位销售额所排放的废水污染物量。 企业特定的分母可包括： 1）产品单位； 2）产量（吨）； 3）尺寸，如占地面积（平方米）； 4）全职员工数（人）； 5）销售额（万元）
			E.2.1.7 废水污染物排放浓度	定量	可根据E.2.1.5所列污染物类别，提供各类别污染物的排放浓度数据： 1）排放浓度（毫克/升），如日均浓度最小值、最大值、平均值； 2）许可排放浓度限值（毫克/升）； 3）排放浓度超标数据数量（个）及超标率（%）
		E.2.2 废气	E.2.2.1 废气排放达标情况	定性	是否符合本行业的废气排放标准以及确定达标的依据
			E.2.2.2 废气管理	定性	可针对以下方面描述废气管理措施： 1）废气排放许可证； 2）废气排放口的申报、标识； 3）废气污染物的种类、来源、监测； 4）废气防治设施建设及运行情况，如排气筒高度设置、集气设备运行、污染去除效率等

附录2　企业ESG披露指标及说明

续表

一级指标	二级指标	三级指标	四级指标	指标性质	指标说明
E 环境	E.2 污染防治	E.2.2 废气	E.2.2.3 废气污染物排放量	定量	可视情况针对以下方面计算废气污染物排放总量（千克）或分类别污染物排放量（千克）： 1）氮氧化物（NO_x）； 2）SO_2； 3）颗粒物； 4）VOC等其他废气
			E.2.2.4 废气污染物排放强度	定量	可根据E.2.2.3所列污染物类别，视情况针对以下方面计算排放强度总值或各类别污染物的排放强度值： 1）产品，如每生产单位产品所排放的废气污染物量； 2）服务，如每项功能或每项服务所排放的废气污染物量； 3）销售额，如每单位销售额所排放的废气污染物量。 企业特定的分母可包括： 1）产品单位； 2）产量（吨）； 3）尺寸，如占地面积（平方米）； 4）全职员工数（人）； 5）销售额（万元）
			E.2.2.5 废气污染物排放浓度	定量	可根据E.2.2.3所列污染物类别，提供各类别污染物的排放浓度数据： 1）排放浓度（毫克/立方米），如日均浓度最小值、最大值、平均值； 2）许可排放浓度限值（毫克/立方米）； 3）排放浓度超标数据数量（个）及超标率（%）
		E.2.3 固体废物	E.2.3.1 固体废物处置达标情况	定性	是否符合本行业的固体废物处置标准以及确定达标的依据

续表

一级指标	二级指标	三级指标	四级指标	指标性质	指标说明
E 环境	E.2 污染防治	E.2.3 固体废物	E.2.3.2 无害废物管理	定性	可针对以下方面描述无害废物管理信息： 1）无害废物排污许可证； 2）无害废物的种类、数量、流向、贮存、利用、处置等信息； 3）无害废物的全过程监控和信息化管理，如无害废物污染防治责任制度、无害废物台账制度、无害废物收集容器和设施规范标识等
			E.2.3.3 无害废物排放量	定量	以吨计
			E.2.3.4 无害废物排放强度	定量	可针对以下方面计算无害废物排放强度： 1）产品，如每生产单位产品所排放的无害废物量； 2）服务，如每项功能或每项服务所排放的无害废物量； 3）销售额，如每单位销售额所排放的无害废物量。 企业特定的分母可包括： 1）产品单位； 2）产量（吨）； 3）尺寸，如占地面积（平方米）； 4）全职员工数（人）； 5）销售额（万元）
			E.2.3.5 有害废物管理	定性	可针对以下方面描述有害废物管理信息： 1）有害废物的种类、数量、流向、贮存、处置等信息； 2）有害废物的全过程监控和信息化管理，如有害废物污染防治责任制度、有害废物台账制度、有害废物收集容器和设施规范标识等
			E.2.3.6 有害废物排放量	定量	以吨计

附录2　企业ESG披露指标及说明

续表

一级指标	二级指标	三级指标	四级指标	指标性质	指标说明
E 环境	E.2 污染防治	E.2.3 固体废物	E.2.3.7 有害废物排放强度	定量	可针对以下方面计算有害废物排放强度： 1）产品，如每生产单位产品所排放的有害废物量； 2）服务，如每项功能或每项服务所排放的有害废物量； 3）销售额，如每单位销售额所排放的有害废物量。 企业特定的分母可包括： 1）产品单位； 2）产量（吨）； 3）尺寸，如占地面积（平方米）； 4）全职员工数（人）； 5）销售额（万元）
		E.2.4 其他污染物	E.2.4.1 其他污染物管理	定性	可针对以下方面描述其他污染物管理方针： 1）噪声污染； 2）放射性污染，如放射性气体、放射性液体、放射性固体； 3）电磁辐射污染
	E.3 气候变化	E.3.1 温室气体排放	E.3.1.1 温室气体来源与类型	定性	可针对以下方面描述温室气体来源与类型： 1）描述排放温室气体的生产运营活动； 2）列出排放的温室气体类型，纳入考量的气体有CO_2、CH_4、N_2O、HFC、PFC、SF_6、NF_3
			E.3.1.2 范畴一温室气体排放量	定量	可针对以下方面计算范畴一温室气体排放量（CO_2当量吨）： 1）范畴一为直接温室气体排放，即企业拥有或控制的温室气体源的温室气体排放，如固定源燃烧排放、移动源燃烧排放、逸散排放、制程排放等类型； 2）纳入计算的气体有CO_2、CH_4、N_2O、HFC、PFC、SF_6、NF_3

续表

一级指标	二级指标	三级指标	四级指标	指标性质	指标说明
E 环境	E.3 气候变化	E.3.1 温室气体排放	E.3.1.3 范畴二温室气体排放量	定量	可针对以下方面计算范畴二温室气体排放量（CO_2当量吨）： 1）范畴二为能源间接温室气体排放，即企业所消耗的外部电力、热力或蒸汽的生产而造成的间接温室气体排放； 2）纳入计算的气体有CO_2、CH_4、N_2O、HFC、PFC、SF_6、NF_3
			E.3.1.4 范畴三温室气体排放量	定量	可针对以下方面计算范畴三温室气体排放量（CO_2当量吨）： 1）范畴三为其他间接温室气体排放，即因企业的活动引起的、由其他企业拥有或控制的温室气体源所产生的温室气体排放，不包括能源间接温室气体排放； 2）纳入计算的气体有CO_2、CH_4、N_2O、HFC、PFC、SF_6、NF_3。
			E.3.1.5 温室气体排放强度	定量	可根据E.3.1.2、E.3.1.3、E.3.1.4，视情况针对以下方面计算排放强度总值或各范畴的排放强度值： 1）产品，如每生产单位产品所产生的温室气体排放量； 2）服务，如每项功能或每项服务所产生的温室气体排放量； 3）销售额，如每单位销售额所产生的温室气体排放量。 企业特定的分母可包括： 1）产品单位； 2）产量（吨）； 3）尺寸，如占地面积（平方米）； 4）全职员工数（人）； 5）销售额（万元）
		E.3.2 减排管理	E.3.2.1 温室气体减排管理	定性	可针对以下方面描述温室气体减排管理方针： 1）范畴一温室气体减排目标及措施； 2）范畴二温室气体减排目标及措施； 3）范畴三温室气体减排目标及措施

附录2 企业ESG披露指标及说明

续表

一级指标	二级指标	三级指标	四级指标	指标性质	指标说明
E 环境	E.3 气候变化	E.3.2 减排管理	E.3.2.2 温室气体减排投资	定量	分别列出E.3.2.1中减排措施的投资额（万元）
			E.3.2.3 温室气体减排量	定量	可根据E.3.2.1，视情况针对以下方面计算减排总量（CO_2当量吨）或各范畴的减排量（CO_2当量吨）： 1）纳入计算的气体有CO_2、CH_4、N_2O、HFC、PFC、SF_6、NF_3； 2）明确基准年或基线
			E.3.2.4 温室气体减排强度	定量	可根据E.3.2.3，视情况针对以下方面计算减排强度总值或各范畴的减排强度值： 1）产品，如每生产单位产品的温室气体减排量； 2）服务，如每项功能或每项服务的温室气体减排量； 3）销售额，如每单位销售额的温室气体减排量。 企业特定的分母可包括： 1）产品单位； 2）产量（吨）； 3）尺寸，如占地面积（平方米）； 4）全职员工数（人）； 5）销售额（万元）
S 社会	S.1 员工权益	S.1.1 员工招聘与就业	S.1.1.1 企业招聘政策	定性	可针对以下方面描述企业招聘政策： 1）招聘制度； 2）招聘流程； 3）招聘渠道
			S.1.1.2 员工多元化与平等	定量/定性	可针对以下方面描述员工多元化与平等： 1）按性别计算各员工占比（%）； 2）按教育程度计算各员工占比（%）； 3）维护员工性别平等的政策及措施； 4）确保所有员工机会平等，并在劳动实践中无直接或间接歧视的措施等

续表

一级指标	二级指标	三级指标	四级指标	指标性质	指标说明
S 社会	S.1 员工权益	S.1.1 员工招聘与就业	S.1.1.3 员工流动率	定量	可针对以下方面计算员工流动率： 1）员工年度总流动率（%）； 2）关键核心岗位的人才流动率（%）； 3）主动离职率（%）； 4）被动离职率（%）等
		S.1.2 员工保障	S.1.2.1 员工民主管理	定量/定性	可针对以下方面描述员工民主管理： 1）员工民主管理政策的制定和更新； 2）是否设立工会、职工代表大会等相关组织； 3）职工代表大会的设置和开展集体协商情况； 4）工会、职工代表大会的运行，如运行制度、工作内容、运行情况等； 5）员工依法组织和参加工会情况，如员工入会率（%）等； 6）法律和政策所要求的培训情况
			S.1.2.2 工作时间和休息休假	定量/定性	可针对以下方面描述工作时间和休息休假： 1）工时制度，如标准工时制、特殊工时制（包括综合计算工时制、不定时工作制等）； 2）人均每日工作时间（小时）； 3）人均每周工作时间（小时）； 4）人均每周休息时间（日）； 5）调休政策、延长工作时间的补偿或工资报酬标准、带薪休假制度等
			S.1.2.3 员工薪酬与福利	定性	可针对以下方面描述员工薪酬与福利： 1）薪酬理念，如薪酬水平与岗位价值、绩效、潜力等的关系； 2）薪酬构成，如基本工资、津贴、绩效工资、短期激励、长期激励、员工持股等； 3）法律规定的基本福利，如社会保险、公积金、带薪休假等； 4）法律规定外的其他福利（即本企业特殊福利），如节日福利、生日福利、商业保险、企业年金、退休福利等

续表

一级指标	二级指标	三级指标	四级指标	指标性质	指标说明
S 社会	S.1 员工权益	S.1.2 员工保障	S.1.2.4 企业及合作方用工情况	定量/定性	可针对以下方面描述企业及合作方用工情况： 1）员工劳动合同签订率（%）； 2）劳工纠纷的情况，如劳工纠纷案件的数量（件）、与最近三年比较的变化情况（%）等； 3）裁员情况，如裁员原因、流程、补偿方式、数量（人）、比例（%）； 4）是否存在使用童工或从使用童工中受益、使用不具备相应工作能力和条件的员工、强迫或强制劳动等情况； 5）劳务派遣用工比例（%）
			S.1.2.5 员工满意度调查	定量/定性	可针对以下方面描述员工满意度调查： 1）是否进行员工满意度调查； 2）员工参与满意度调查的情况，如参与调查的员工数量（人）和占比（%）
		S.1.3 员工健康与安全	S.1.3.1 员工职业健康安全管理	定量/定性	可针对以下方面描述员工职业健康安全管理： 1）工作中所含的职业健康安全风险及来源情况； 2）职业健康安全方针的制定和实施； 3）职业健康安全管理体系是否覆盖全部员工及工作场所； 4）预防和减轻职业健康安全风险的措施； 5）年度体检的覆盖率（%）； 6）是否为临时工提供平等的职业健康安全防护
			S.1.3.2 员工安全风险防控	定量/定性	可针对以下方面描述员工安全风险防控： 1）提供预防事故以及处理紧急情况所需的安全设备情况； 2）提供安全风险防护培训覆盖率（%）； 3）提供安全风险防护培训次数（次/年）； 4）记录并分析职业安全事件和问题； 5）根据职业安全风险对特殊员工采取的特定措施等

续表

一级指标	二级指标	三级指标	四级指标	指标性质	指标说明
S 社会	S.1 员工权益	S.1.3 员工健康与安全	S.1.3.3 安全事故及工伤应对	定量/定性	可针对以下方面描述安全事故及工伤应对： 1）安全生产制度和应对措施，如安全事故责任追究制度、安全事故隐患排查治理制度、安全事故应急救援预案、工伤认定程序和赔偿标准等； 2）从业人员职业伤害保险的投入金额（万元）和覆盖率（%）； 3）在工作场所员工发生事故的数量（起）、比率（%）及变化情况（%）； 4）由于各类安全事故导致的损失工时数（小时）等
			S.1.3.4 员工心理健康援助	定量/定性	可针对以下方面描述员工心理健康援助： 1）对活动场所中促成或导致紧张和疾病的社会心理危险源的检查、消除； 2）是否建立员工心理健康援助渠道，如设置心理帮扶场所以及设置心理问题求助热线等措施； 3）为员工提供心理健康培训和咨询的全职及兼职医生情况（个/千人）； 4）记录并分析员工心理健康事件、问题以及所采取的具体措施等
		S.1.4 员工发展	S.1.4.1 员工激励及晋升政策	定性	可针对以下方面描述员工激励及晋升政策： 1）职级或岗位等级划分； 2）职位体系的设置情况，如管理、技术、工人等不同岗位类型的职位设置，成长发展空间，等等； 3）员工晋升与选拔机制，如制度、标准、流程等； 4）职级、岗位与薪酬调整机制，如调岗、调级、调薪
			S.1.4.2 员工培训	定量/定性	可针对以下方面描述员工培训： 1）培训部门设置，如培训部、培训中心等； 2）岗位必需的培训，如培训主要内容、员工培训覆盖率（%），年度培训支出（万元），每名员工每年接受培训的平均时长（小时）； 3）促进员工发展的培训，如培训主要内容、员工培训覆盖率（%），年度培训支出（万元），每名员工每年接受培训的平均时长（小时）

○ 附录 2　企业 ESG 披露指标及说明

续表

一级指标	二级指标	三级指标	四级指标	指标性质	指标说明
S 社会	S.1 员工权益	S.1.4 员工发展	S.1.4.3 员工职业规划及职位变动支持	定量/定性	可针对以下方面描述员工职业规划及职位变动支持： 1）员工求学支持政策； 2）员工职业发展通道； 3）员工内部调动或内部应聘的数量（人）、比率（%）及变化情况（%）； 4）确保被裁员的员工能获得帮助，促进其再就业的制度与措施等
	S.2 产品责任	S.2.1 生产规范	S.2.1.1 生产规范管理政策及措施	定性	可针对以下方面描述生产规范管理政策及措施： 1）安全生产管理体系，包括安全生产组织体系、安全生产制度的制定和落实情况、确保员工安全的制度和措施； 2）生产设备的折旧和报废政策； 3）生产设备的更新和维护情况
			S.2.1.2 知识产权保障	定性	包括但不限于与维护及保障知识产权有关的政策、机制、具体措施
		S.2.2 产品安全与质量	S.2.2.1 产品安全与质量政策	定性	可针对以下方面描述产品安全与质量政策： 1）产品与服务的质量保障、质量改善等方面政策； 2）产品与服务的质量检测、质量管理认证机制； 3）产品与服务的健康安全风险排查机制
			S.2.2.2 产品撤回与召回	定量/定性	可针对以下方面描述产品撤回与召回： 1）产品撤回与召回机制； 2）因健康与安全原因须撤回和召回的产品数量（件）； 3）因健康与安全原因须撤回和召回的产品数量百分比（%）
		S.2.3 客户服务与权益	S.2.3.1 客户服务	定性	可针对以下方面描述客户服务： 1）产品与服务可及性； 2）产品与服务的售后服务体系； 3）客户满意度调查措施与结果； 4）客户需求调查情况

续表

一级指标	二级指标	三级指标	四级指标	指标性质	指标说明
S 社会	S.2 产品责任	S.2.3 客户服务与权益	S.2.3.2 客户权益保障	定性	可针对以下方面描述客户权益保障： 1）产品与服务潜在安全风险提醒； 2）规定时间内退换货及赔偿机制； 3）涉及误导或错误信息的情况
			S.2.3.3 客户投诉	定量/定性	可针对以下方面描述客户投诉： 1）客户投诉应对机制； 2）客户投诉数量（次）； 3）客户投诉解决数量（件）
	S.3 供应链管理	S.3.1 供应商管理	S.3.1.1 供应商数量与分布	定量	可针对以下方面计算供应商数量与分布： 1）供应商数量（个）； 2）供应商分布区域及占比（%）
			S.3.1.2 供应商选择与管理	定性	可针对以下方面描述供应商选择与管理： 1）供应商选择标准； 2）供应商培训的具体政策； 3）供应商考核的具体政策； 4）供应商督查的具体政策等
			S.3.1.3 供应商ESG战略	定量/定性	可针对以下方面描述供应商ESG战略： 1）执行ESG战略的供应商占比（%）； 2）主要供应商ESG战略执行情况
		S.3.2 供应链环节管理	S.3.2.1 采购与渠道管理	定性	可针对以下方面描述采购与渠道管理： 1）原材料选择标准； 2）原材料供应中断防范与应急预案； 3）产成品供应中断防范与应急预案； 4）各环节中物流、交易、信息系统等服务商的选择、考核与督查政策
			S.3.2.2 重大风险与影响	定量/定性	可针对以下方面描述供应链各环节重大风险与影响： 1）经确定的供应链各环节中具有的重大风险与影响； 2）经确定为具有实际或潜在重大风险与影响的供应链各环节成员数量（个）； 3）经确定为具有实际或潜在重大风险与影响，且经评估后同意改进的供应链各环节成员占比（%）

续表

一级指标	二级指标	三级指标	四级指标	指标性质	指标说明
S 社会	S.4 社会响应	S.4.1 社区关系管理	S.4.1.1 社区参与和发展	定量/定性	可针对以下方面描述社区参与和发展： 1）企业参与社区发展的政策与措施； 2）企业对所在社区的文化和教育促进情况； 3）企业对所在社区的就业机会创造情况，如企业雇用社区成员所占比例（%）、帮助社区内创业团体数量（个）、帮扶弱势群体就业人数（人）等； 4）企业在社区内扩大专门知识、技能和技术获取渠道的情况； 5）企业对所在社区的财富和收入影响情况，如纳税额（万元）、企业入驻数量（个）和商业园区数量（个）等； 6）企业减轻所在社区成员面对的健康威胁、危害所采取的措施和效果； 7）满足当地政府发展规划的社会投资行为，如在教育、培训、文化体育、卫生保健、收入创造、基础设施建设等方面的社会投资额（万元）
S 社会	S.4 社会响应	S.4.1 社区关系管理	S.4.1.2 企业对所在社区的潜在风险	定量/定性	可针对以下方面描述企业对所在社区的潜在风险： 1）企业对所在社区潜在风险的防范政策与措施； 2）企业对所在社区潜在风险的评估体系与其风险防范的效果评价； 3）潜在风险对所在社区的影响情况，如影响社区经济发展水平、基础设施状况、成员健康情况以及成员教育与发展情况等； 4）潜在风险对所在社区的影响程度，如影响持续时间（小时）、影响范围、影响人数（人）等
S 社会	S.4 社会响应	S.4.2 公民责任	S.4.2.1 社会公益活动参与	定量/定性	企业参与社会公益活动的类别包括但不限于： 1）企业参与救助灾害、救济贫困、扶助残疾人等困难社会群体和个人的活动等； 2）企业参与的教育、科学、文化、卫生、体育事业等； 3）企业参与环境保护、社会公共设施建设等； 4）企业参与促进社会发展和进步的其他社会公共和福利事业等。 企业可针对以下方面描述社会公益活动参与： 1）企业的社会公益活动参与政策； 2）企业的社会公益活动参与类别描述； 3）企业参与社会公益活动的资源投入情况，如参与累计时长（小时）、参与人次、投入金额（万元）、投入资源形式等

续表

一级指标	二级指标	三级指标	四级指标	指标性质	指标说明
S 社会	S.4 社会响应	S.4.2 公民责任	S.4.2.2 国家战略响应	定量/定性	包括但不限于企业对乡村振兴、质量强国、高质量发展、科技强国、教育强国、人才强国、共同富裕等国家战略的响应情况，如具体项目、资源投入情况及取得成效等
			S.4.2.3 应对公共危机	定量/定性	可以针对以下方面描述应对公共危机： 1）企业应对重大、突发公共危机和灾害事件的政策描述； 2）企业应对重大、突发公共危机和灾害事件的具体措施及分析，如应对相关事件预案的可行性、及时性、社会公益性等情况分析，取得效果的社会价值评估与评价以及是否满足相关法律法规要求等； 3）企业应对重大、突发公共危机和灾害事件的具体社会贡献，如投入资源类别及数量（个）、取得社会性成果以及相关获奖情况等
G 治理	G.1 治理结构	G.1.1 股东（大）会	G.1.1.1 股东构成及持股情况	定量/定性	包括但不限于股东名称、股权性质、持股数量（股）及比例（%）、主要股东情况
			G.1.1.2 股东（大）会运作程序和情况	定量/定性	可针对以下方面描述股东（大）会运作程序和情况： 1）股东（大）会议事规则； 2）股东（大）会召开情况说明，如召开次数（次）、参加人数（人）、出席率（%）、讨论及表决情况等
		G.1.2 董事会	G.1.2.1 董事会成员构成及背景	定量/定性	可针对以下方面描述董事会成员构成及背景： 1）董事会成员产生方式； 2）董事会成员性别、年龄、学历、专业、履历、任职、执行与非执行董事等情况，如女性董事占比（%）、董事会成员平均任期（年）、董事离职率（%）、董事长是否兼任CEO等； 3）若设立独立董事，描述独立董事占比（%）

续表

一级指标	二级指标	三级指标	四级指标	指标性质	指标说明
G 治理	G.1 治理结构	G.1.2 董事会	G.1.2.2 董事会运作程序和情况	定量/定性	可针对以下方面描述董事会运作程序和情况： 1）董事会议事规则； 2）董事会召开情况说明，如召开次数（次）、参加人数（人）、出席率（%）、讨论及表决情况等
			G.1.2.3 专业委员会构成及运作	定量/定性	可针对以下方面描述专业委员会构成及运作： 1）是否设立专业委员会（包括但不限于ESG、审计、战略、提名、薪酬与考核等相关专业委员会）； 2）专业委员会成员构成及背景情况； 3）专业委员会运作程序和情况
		G.1.3 监事会	G.1.3.1 监事会成员构成及背景	定量/定性	可针对以下方面描述监事会成员构成及背景： 1）监事会成员产生方式； 2）监事会成员性别、年龄、学历、专业、履历、任职、职工监事等情况，如女性监事占比（%）、监事会成员平均任期（年）、监事离职率（%）等； 3）若设立外部监事，描述外部监事占比（%）
			G.1.3.2 监事会运作程序和情况	定量/定性	可针对以下方面描述监事会运作程序和情况： 1）监事会议事规则； 2）监事会召开情况说明，如召开次数（次）、参加人数（人）、出席率（%）、讨论及表决情况等
		G.1.4 高级管理层	G.1.4.1 高级管理层人员构成及背景	定量/定性	包括但不限于高级管理层人员的性别、年龄、学历、专业、履历、任职等情况，如女性高管占比（%）、高管平均任期（年）、高管离职率（%）
			G.1.4.2 高级管理层人员持股	定量	包括但不限于高级管理层人员持股数量（股）及比例（%）、股权增减变化等情况

续表

一级指标	二级指标	三级指标	四级指标	指标性质	指标说明
G 治理	G.1 治理结构	G.1.5 其他最高治理机构	G.1.5.1 其他最高治理机构情况	定性	若企业未设立"三会一层"治理架构，描述企业最高治理机构的情况，包括但不限于： 1）最高治理机构名称； 2）最高治理机构的人员构成及背景情况； 3）最高治理机构的运行机制和情况
	G.2 治理机制	G.2.1 合规管理	G.2.1.1 合规管理体系	定性	可针对以下方面描述合规管理体系： 1）企业合规管理体系建设情况，包括合规管理的制度、方针、范围，及组织、程序、方法等； 2）企业合规义务识别及维护情况
			G.2.1.2 合规风险识别及评估	定性	可针对以下方面描述合规风险识别及评估： 1）合规风险识别程序及方法，可能发生的不合规场景及其与企业活动、产品、服务和运行相关方面的联系； 2）识别与第三方有关的合规风险，如供应商、代理商、分销商、咨询顾问和承包商等； 3）考虑合规风险产生的原因、来源及后果的严重程度，后果包括但不限于个人和环境伤害、经济损失、声誉损失和行政责任
			G.2.1.3 合规风险应对及控制	定性	可针对以下方面描述合规风险应对及控制： 1）应对合规风险的措施以及如何将措施纳入合规体系过程并实施； 2）评价应对措施的有效性
			G.2.1.4 客户隐私保护	定量/定性	可针对以下方面描述客户隐私保护： 1）企业保护客户隐私的制度体系及采取的措施； 2）是否发生泄露客户隐私事件以及事件数量（件），违反《中华人民共和国个人信息保护法》等相关法律法规所造成的损失金额（万元）
			G.2.1.5 数据安全	定量/定性	可针对以下方面描述数据安全： 1）企业保护数据安全的制度体系及采取的措施； 2）是否发生数据泄露事件以及数据泄露事件数量（件），数据泄露规模（万条），受影响的用户数量（万人），违反《中华人民共和国数据安全法》等相关法律规定造成的金额损失（万元）

附录2 企业ESG披露指标及说明

续表

一级指标	二级指标	三级指标	四级指标	指标性质	指标说明
G 治理	G.2 治理机制	G.2.1 合规管理	G.2.1.6 合规有效性评价及改进	定性	可针对以下方面描述合规有效性评价及改进： 1）合规管理有效性评估情况； 2）合规管理有效性评估中发现的问题及采取的纠正措施
			G.2.1.7 诉讼和处罚	定量/定性	包括但不限于诉讼事项（如产品质量安全违法违规、垄断及不正当竞争、商业贿赂等）、件数（件）、处罚金额（万元）及对企业经营产生的影响
		G.2.2 风险管理	G.2.2.1 风险管理体系	定性	可针对以下方面描述风险管理体系： 1）企业风险管理相关的制度和政策； 2）管控重要营运行为及下属公司的专职部门设置和管理程序； 3）风险管理的过程，涵盖明确环境信息、风险识别、风险分析、风险评价、风险应对、监督和检查的全流程
			G.2.2.2 重大风险识别及防范	定性	包括但不限于企业识别和评估具有潜在重大影响的风险种类及防范措施
			G.2.2.3 关联交易风险及防范	定量/定性	可针对以下方面描述关联交易风险及防范： 1）企业关联交易的关联人、交易内容、交易金额等情况，如向关联方销售/采购产品金额（万元）、每百万元营收向关联方销售/采购产品规模（万元）、向关联方提供资金发生额（万元）、每百万元营收向关联方提供资金发生额（万元）等，以及公司人财物独立性情况、关联方资金占用、关联担保等； 2）企业发生不当关联交易的事件数（件）、事件性质及涉及金额（万元）； 3）防范控股股东、实际控制人利用控制权损害上市公司及其他股东合法利益、谋取非法利益的程序规则和制度安排； 4）防范不当关联交易的程序规则和制度安排； 5）确保公司独立核算的程序规则和财务、会计管理制度等

续表

一级指标	二级指标	三级指标	四级指标	指标性质	指标说明
G 治理	G.2 治理机制	G.2.2 风险管理	G.2.2.4 气候风险识别及防范	定量/定性	可针对以下方面描述气候风险识别及防范： 1）企业面临的气候风险识别和影响评估； 2）防范气候变化带来的物理风险和转型风险所采取的措施及效果； 3）企业遭受气候影响产生的损失，包括受影响事件数（件）和损失金额（万元）
			G.2.2.5 数字化转型风险管理	定量/定性	可针对以下方面描述数字化转型风险管理： 1）企业面临的数字化转型风险识别和影响评估； 2）应对数字化转型风险所采取的措施及效果； 3）企业数字化转型的战略部署、商业模式重构、组织变革、数字化能力建设和实施计划，以及数字化转型相关的人员投入（人）、资金投入（万元）等； 4）企业数字化转型带来的价值效益，包括生产运营优化，如效率提升、成本降低、质量提高；产品/服务创新，如新技术/新产品、服务延伸与增值、主营业务增长；业态转变，如数字新业务、用户/生态合作伙伴连接与赋能、绿色可持续发展
			G.2.2.6 企业应急风险管理	定性	可针对以下方面描述企业应急风险管理： 1）企业应急风险管理体系，包括应急风险评估、应急程序、应急预案、应急资源状况等； 2）重大公共危机和灾害事件应对预案
		G.2.3 监督管理	G.2.3.1 审计制度及实施	定性	可针对以下方面描述审计制度及实施： 1）内外部审计制度、内外部审计意见、发现的问题及整改情况； 2）会计师事务所变更、会计师事务所是否出具标准无保留意见等情况
			G.2.3.2 问责制度及实施	定量/定性	包括但不限于问责制度、问责数量（件）、形式及改进措施

续表

一级指标	二级指标	三级指标	四级指标	指标性质	指标说明
G 治理	G.2 治理机制	G.2.3 监督管理	G.2.3.3 投诉、举报制度及实施	定量/定性	可针对以下方面描述投诉、举报制度及实施： 1）是否有设立投诉、举报制度； 2）员工和其他利益相关方是否对投诉、举报机制知情； 3）投诉、举报机制是否对问题予以保密处理，是否为可匿名使用机制，是否对投诉人、举报人有保护机制； 4）报告期内收到投诉、举报的数量（次）、类型（如是否移交司法程序）、受理量占比（%）
		G.2.4 信息披露	G.2.4.1 信息披露体系	定性	企业信息披露的组织、制度、程序、责任等情况
			G.2.4.2 信息披露实施	定性	企业信息披露的内容、渠道、及时性等情况
		G.2.5 高管激励	G.2.5.1 高管聘任与解聘制度	定性	包括但不限于高管人员聘任与解聘原则、程序等
			G.2.5.2 高管薪酬政策	定性	可针对以下方面描述高管薪酬政策： 1）高管人员绩效与履职评价的标准、方式和程序； 2）高管薪酬管理办法、实施方案、制定程序等
			G.2.5.3 高管绩效与ESG目标的关联	定性	包括但不限于企业高管绩效评价与ESG目标关联情况
		G.2.6 商业道德	G.2.6.1 商业道德准则和行为规范	定性	包括但不限于企业商业道德、员工行为准则等制度建设情况
			G.2.6.2 商业道德培训	定量	包括但不限于企业管理层、员工开展商业道德规范培训的覆盖率（%）、频次（次/年）、平均时长（小时/年）

续表

一级指标	二级指标	三级指标	四级指标	指标性质	指标说明
G 治理	G.2 治理机制	G.2.6 商业道德	G.2.6.3 避免违反商业道德的措施	定性	包括但不限于企业有关防止贪污、腐败、贿赂、勒索、欺诈、洗黑钱、垄断及不正当竞争等行为的措施及监察方法
	G.3 治理效能	G.3.1 战略与文化	G.3.1.1 企业战略与商业模式分析	定性	可针对以下方面描述企业战略与商业模式分析： 1）企业使命与愿景； 2）内外部经营环境分析； 3）企业所采取的商业模式及其特点、适用性等情况； 4）核心竞争力的识别和评估、提升核心竞争力的措施
			G.3.1.2 企业文化建设	定性	包括但不限于企业文化内涵、企业价值观、文化建设的主要举措、典型事件及成效
		G.3.2 创新发展	G.3.2.1 研发与创新管理体系	定性	可针对以下方面描述研发与创新管理体系： 1）研发与创新管理体系、制度、程序和方法； 2）高新技术企业认定情况
			G.3.2.2 研发投入	定量	可针对以下方面计算研发投入： 1）研究与试验发展投入（万元）及其占主营业务收入比例（%）和变化（%）； 2）研究与试验发展人员数（人）及其占总员工数量比例（%）和变化（%）
			G.3.2.3 创新成果	定量	可针对以下方面计算创新成果： 1）按发明专利、实用新型专利和外观设计专利报告专利申请数（件）和授权数（件）、变化情况（%）、有效专利数（件）、每百万元营收有效专利数（件）； 2）商标、著作权等知识产权数量（件）、每百万元营收软件著作数（件）； 3）新产品开发项目数（个）、新产品销售收入（万元）、新产品产值率（%）

附录2　企业ESG披露指标及说明

续表

一级指标	二级指标	三级指标	四级指标	指标性质	指标说明
G 治理	G.3 治理效能	G.3.2 创新发展	G.3.2.4 管理创新	定性	包括但不限于企业将新的管理方法、管理手段、管理模式等管理要素或要素组合引入企业管理系统以更有效地实现组织目标的创新活动
		G.3.3 可持续发展	G.3.3.1 ESG融入企业战略	定性	企业将ESG融入战略分析、制定、实施、变革过程中的情况
			G.3.3.2 ESG融入经营管理	定性	企业将ESG融入经营管理过程的方式方法和执行落实情况
			G.3.3.3 ESG融入投资决策	定性	企业将ESG融入投资决策的情况

附录3　企业ESG评价体系团体标准

ICS 03.120
CCS A 00

T/CERDS

团　　　体　　　标　　　准

T/CERDS 3—2022

企业ESG评价体系

Enterprise ESG evaluation system

（发布稿）

2022-11-16 发布　　　　　　　　　　2023-01-01 实施

中国企业改革与发展研究会　　发　布

附录3　企业ESG评价体系团体标准

目　次

前　言 ·· 226

引　言 ·· 229

1　范围 ·· 230

2　规范性引用文件 ·· 230

3　术语和定义 ·· 230

4　评价原则 ·· 230

5　评价指标体系 ·· 231

6　评价方法 ·· 231

7　评价过程 ·· 232

8　第三方评价主体 ·· 233

9　信息数据处理 ·· 234

10　责任与监督 ··· 235

附录A（规范性）　企业ESG评价指标体系及说明 ························ 236

附录B（资料性）　企业ESG评价指标权重设计 ·························· 271

附录C（规范性）　企业ESG评价重点关注项 ···························· 275

附录D（规范性）　评价等级划分与判定准则 ···························· 276

参考文献 ·· 277

前　言

本文件按照GB/T 1.1—2020《标准化工作导则 第1部分：标准化文件的结构和起草规则》的规定起草。

本文件基于T/CERDS 2—2022《企业ESG披露指南》编制，是支撑企业ESG评价活动的基础性系列团体标准之一。

请注意本文件的某些内容可能涉及专利。本文件的发布机构不承担识别专利的责任。

本文件由中国企业改革与发展研究会提出并归口。

本文件起草单位：中国经济信息社、首都经济贸易大学、中国企业改革与发展研究会、珠海华发实业股份有限公司、康师傅控股有限公司、第一创业证券股份有限公司、首都经济贸易大学中国ESG研究院、国信联合（北京）认证中心、国务院国有资产监督管理委员会研究中心、生态环境部信息中心、工业和信息化部中小企业发展促进中心、海关总署国际检验检疫标准与技术法规研究中心、国家市场监督管理总局认证认可技术研究中心、商务部国际贸易经济合作研究院、国家发展和改革委员会经济体制与管理研究所、中国科学技术信息研究所、中国信息通信研究院、中国科学院空天信息创新研究院、深圳大学、中国合作贸易企业协会、中国中小企业国际合作协会、中国质量认证中心、中国航空发动机集团有限公司、中国海洋石油集团有限公司、国家电力投资集团有限公司、中国长江三峡集团有限公司、国家能源投资集团有限责任公司、中国移动通信集团有限公司、中国一重集团有限公司、中国东方电气集团有限公司、中国建筑集团有限公司、华润（集团）有限公司、中国盐业集团有限公司、中国铁路工程集团有限公司、中国交通建设集团有限公司、中国航空油料集团有限公司、中国检验认证（集团）有限公司、北大荒农垦集团有限公司、中航资产管理有限公司、深圳供电局有限公司、广东电网有限责任公司、云南电网有限责任公司、国电电力发展股份有限公司、保利发展控股集团股份有限公司、上海振华重工（集团）股份有限公司、中交地产股份有限公司、中青旅控股股份有限公司、美的集团股份有限公司、宁德时代新能源科技股份有限公司、特变电工股份有限公司、冠捷电子科技股份有限公司、深圳迈瑞生物医疗电子股份有限公司、黑龙江省交通投资集团有限公司、波司登羽绒服装有限公司、北京京港地铁有限公司、北京世标认证中心有限公司、华夏认证中心有限公司、方圆标志认证集团有限公司、中汽研华诚认证（天津）有限公司、北京东方易初标准技术有限公司、上海仲裁委员会、北京市盈科律师事务所、深圳排放权交易所有限公司、国新咨询有限责任公司、北京赛尼尔风险管理科技有限公司、蚂蚁科技集团股份有限公司、中邮人寿保险股份有限公司、华福证券有限责任公司、华夏理财有限责任公司、银华基金管理股份有限公司、创金合信基金管理有限公司、云南国际信托有限公司、中融国际信托有限公司、恒丰银行股份有限公司、北京菜市口百货股份有限公司、东方明珠新媒体股份有限公司、厦门申悦关务科技集团有限公司、新里程健康科技集团股份有限公司、上海吉祥航空股份有限公司、山东博汇纸业股份有限公司、无量科技股份有限公司、《中国能源报》社有限公司、《中国汽车报》社有限公司、中国商业联合会商业创新工作委员会、深圳市绿色金融协会、上海现代服务业联合会汽车产业金融服务专委会、常州市建筑科学研究院集团股份有限公司、核电运行研究（上海）有限公司、广东粤电科试验检测技术有限公司、国投新疆罗布泊钾盐有限责任公司、中移数智科技有限公司、北京天润新能投资有限公司、北京秩鼎技术有限公司、上海市新能源汽车公共数据采集与监测研究中心、广州南沙营商环境国际交流促进中心、国信标准（北京）信用评价中心。

本文件主要起草人：柳学信、王凯、李华、徐玉长、钱龙海、李月、王永贵、赵喜玲、刘栋栋、李伟、张天华、王胜先、史闻东、王世琦、李耀强、贾宏伟、赵明刚、张晓文、张波、戚悦、高景远、武芳、强海洋、潘英、张英杰、刘伟丽、王瑜、孟瑜、高德康、徐涛、李永波、朱立本、付殿东、陈科、杨琳、林殷、应海峰、李守江、卢启付、叶小忠、黄德良、王春利、林新阳、李趆、周剑峰、刘相峰、李永生、萧新桥、蒋筱江、张宇尘、刘文涛、王成、郭艳美、赵新平、王宇斯、范铭超、张静、程亚男、王广珍、萨爽、吕泽铭、黄颖、陈敏、陈慧、朱若辰、张哲铭、孙峰、吴扬、蓝屹、陶伟、杨阳、刘全、叶瑞佳、黄海、陈林、何灿、焦海华、嵇绯绯、谢响亮、史志伟、潘学兴、李振华、阴秀生、张佩芳、徐晓磊、严一锋、陶丹、施维、尚丹丹、黄冬萍、沈洋、陈海鸥、胡啸岳、李欣、白晨、常琳、姚晓婧、王磊、樊闻、李艳、郝丽娟、戴英昊、任国文、钟银燕、吴莉、张彦武、杨扬荣、章议文、赵文菁、娄辰、张勇、陈晨、籍正、白羽雄、郭名、魏歆庭、朱术超、陈焕球、杨苓、张丽丽、连晓东、董晓红、李潇、王博、李红伟、李胡扬、张怡萌、杨鹏、李沐、王聿辰、雷文军、孙旭、资辉琼、伞子瑶、刘柳、孙明耀、杜婧甜、张大帅、王波、曾理、马晨、徐志杨、刘文书、李龙、齐影、南明哲、刘蒙蒙、武玉娟、胡海军、郭后军。

引 言

企业ESG评价是对企业有关环境（environmental）、社会（social）和治理（governance）表现及相关风险管理的评估。ESG是企业可持续发展的核心框架，已成为企业非财务绩效的主流评价体系。ESG评价是衡量企业ESG绩效表现，实现"以评促改"，以高标准引导企业高质量发展的重要活动。为了不断适应市场的新变化，推动企业绿色低碳转型，引导企业高质量发展，亟须建立适用于我国国情的企业ESG评价体系。

《企业ESG评价体系》以国家相关法律法规和标准为依据，参考MSCI、Sustainalytics、汤森路透、富时罗素、标普道琼斯等ESG评价体系，结合我国国情，从环境、社会、治理三个维度构建，建设既与国际接轨又适合中国企业特色的ESG评价标准，为开展企业ESG评价提供基础框架。

企业ESG评价体系

1 范围

本文件给出了企业ESG评价的评价原则、评价指标体系、评价方法、评价过程、评价主体、信息数据处理和责任与监督等内容。

本文件适用于各行业企业ESG绩效表现的企业自评、第二方评价、第三方评价或者其他所需要的评价活动。

2 规范性引用文件

下列文件中的内容通过文中的规范性引用而构成本文件必不可少的条款。

T/CERDS 2—2022　企业ESG披露指南。

3 术语和定义

T/CERDS 2—2022界定的以及下列术语和定义适用于本文件。

3.1　ESG environmental, social and governance

关注企业环境、社会、治理绩效的投资理念和企业评价标准，是影响投资者决策以及衡量企业可持续发展能力的关键因素。

3.2　ESG评价 ESG evaluation

对企业在ESG各维度的表现以及风险应对能力等方面进行的评估活动。

3.3　绩效 performance

可测量的结果。

注1：绩效可能与定量或定性的发现有关。

注2：绩效可能与活动、过程、产品（包括服务）、体系或组织的管理有关。

[来源：GB/T 24001—2016，3.4.10]

4 评价原则

4.1 可操作性

评价方案的选用应符合特定应用场景的需求，ESG指标对应关系有显著区别的应用场景宜选用不同的评价方法。

4.2 客观性

评价过程应公正、公平、规范。评价人员秉持诚实正直的职业道德和操守，对ESG评价以事实为依据，以资料和数据为客观证明，评价指标应尽量采用定量的统计方法，对于难以定量评价的指标，采取定性描述评价。

4.3 独立性

评价方法、过程及其变更修订和评价结果透明公开，并做出恰当的解释。第三方机构评价结果不受被评价企业影响且具有较强的独立性，确保评价结果客观公正。企业自评及第二方评价的评价人员应独立于被评价的职能，并且在任何情况下都应不带偏见，没有利益上的冲突。

4.4 一致性

企业应使用一致的数据统计方法、时间维度、基于本标准的评价过程、评价方法，使信息数据能为利益相关方提供有意义的比较。

5 评价指标体系

评价指标体系为四级指标体系：一级指标基于环境、社会、治理三个维度设置。二级指标和三级指标基于ESG相关法律法规标准和企业实践梳理得出。四级指标是针对三级指标的具体测量、评估细化。企业ESG评价指标体系包括3个一级指标，10个二级指标，35个三级指标，135个四级指标，企业ESG评价指标体系见附录A。

6 评价方法

6.1 评价指标权重设计

各指标权重值应根据不同指标对于特定行业的相对重要性设定，同行业具有相同的指标权重。本标准给出专家打分法、两两比较法、判断矩阵法和熵值法，评价人员可根据行业特点以及具体情况自行选用，权重设计方法具体操作步骤见附录B。评价人员应根据行业特征选择合适的权重设计方法。指标权重值依据不同行业特征而存在差异。

6.2 综合评分计算

综合评分计算公式如下：

$$T = \sum_{i=1}^{n} w_i a_i - K \tag{1}$$

其中，a_i 为四级指标 i 的指标评分，其形式为数据标准化后的百分制无量纲数值；w_i 为相应四级指标的权重值。K 代表当评价对象出现如附录C中所列举的重点关注项时，评价人员应依据出现重点事件的数量和事件的影响程度酌情扣分。

6.3 评价等级准则

针对不同的最终评价得分，评价结果的等级判定准则见附录D。

7 评价过程

7.1 概述

评价过程包括启动ESG评价，评价方案设计，信息数据采集、处理与评价，形成评价报告，评价结果应用与追踪。具体的评价过程见图1。

```
                    ┌─────────────────┐
                    │ 7.2 启动ESG评价 │
                    └────────┬────────┘
                             ↓
  ┌─────────────┐    ┌─────────────────┐    ┌─────────────────┐
  │评价目的与范围│←--│                 │--→│评价指标与评价方法│
  └─────────────┘    │ 7.3 评价方案设计 │    └─────────────────┘
  ┌─────────────┐    │                 │    ┌─────────────────┐
  │评价人员构成 │←--│                 │--→│  评价工作安排   │
  └─────────────┘    └────────┬────────┘    └─────────────────┘
                             ↓
  ┌───────────────┐  ┌─────────────────┐    ┌─────────────────┐
  │信息数据采集与处理│←-│7.4 信息数据采集、│--→│   量化评价      │
  └───────────────┘  │  处理与评价     │    └─────────────────┘
                     └────────┬────────┘
                             ↓
  ┌─────────────┐    ┌─────────────────┐    ┌─────────────────┐
  │  结果确定   │←--│7.5 形成评价报告 │--→│   报告撰写      │
  └─────────────┘    └────────┬────────┘    └─────────────────┘
                             ↓
  ┌─────────────┐    ┌─────────────────┐    ┌─────────────────┐
  │ 评价结果应用│←--│7.6 评价结果应用 │--→│  评价结果追踪   │
  │             │   │   与追踪        │    │                 │
  └─────────────┘    └─────────────────┘    └─────────────────┘
```

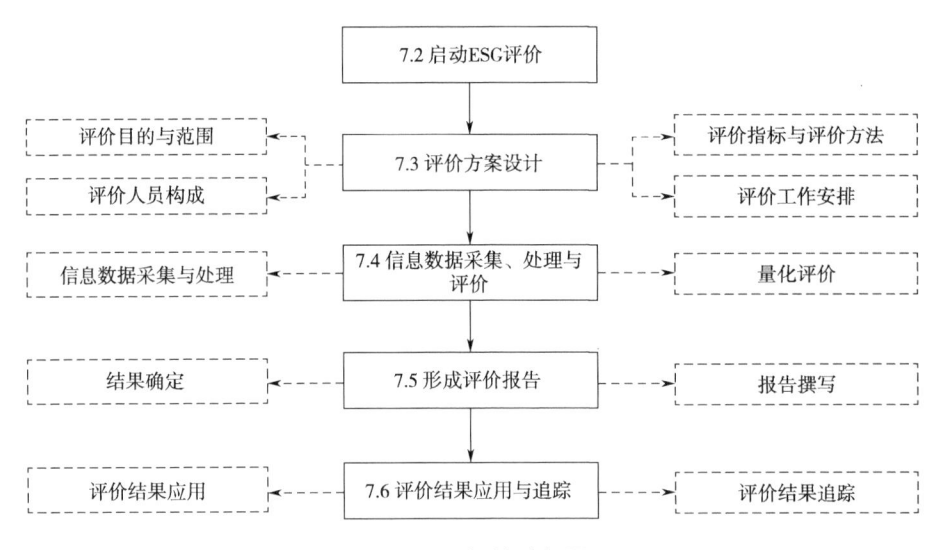

图1 ESG评价过程图

7.2 启动ESG评价

评价主体启动ESG评价，第三方评价主体要求参照8.1，第二方评价和企业自评评价主体要求参照第三方评价主体的要求。

7.3 评价方案设计

根据评价目的完成评价方案设计，经评审批准后实施。设计内容包括但不限于：

a）评价目的与范围。衡量企业ESG绩效表现，推动企业持续改进ESG实践，为政府决策、投资机构ESG投资提供参考；企业ESG评价范围可为各行业、各类型具有独立法人资格的企业。

b）评价人员构成。评价人员需满足8.2的要求。

c）评价指标与评价方法。根据评价目的，参照附录A选择评价指标，参照第6章确定评价方法。

d）评价工作安排。制定评价工作计划，确定各环节时间安排。

7.4 信息数据采集、处理与评价

评价人员参照第9章对信息数据采集、核实、处理与评价，得到评价结果。

7.5 形成评价报告

评价报告应满足以下要求：

a）结果确定。得到初步评价结果后，通过质量控制委员会审核，确定最终评价结果。

b）报告撰写。撰写评价报告，评价报告内容可包括评价目的、评价对象基本信息、评价指标与方法、得分与等级划分、评价结果的解读与分析、结论及建议等内容。

7.6 评价结果应用与追踪

7.6.1 评价结果应用

评价报告可供企业、投资者、政府及监管机构等利益相关者参考使用。

7.6.2 评价结果追踪

评价人员在完成评价报告后，根据评价工作计划和评价主体要求，可对ESG评价结果定期检视更新。

8 第三方评价主体

8.1 第三方评价主体的要求

第三方评价主体为具备评价能力、独立于评价对象，且具有良好市场信誉的专业评价机构，应满足如下条件：

a）应有独立法人资格。

b）应有保障评价过程和评价质量的相关文件。

c）应有ESG专业的专职评价人员。

d）应设立质量控制委员会，负责监督评价过程和结果认定。

8.2 评价人员的要求

评价人员应满足下列要求：

a）应有丰富的ESG工作经验，具备识别企业在ESG方面存在的主要问题的能力。

b）应熟悉国家有关方针、政策及相关的法律法规，掌握可持续发展、绿色金融等相关领域的专业知识。

c）遵纪守法、诚实正直、坚持原则、实事求是、严谨公正。

d）应熟悉被评价企业所属的行业特点。

e）应恪守职业道德，保守被评价企业的技术和商业秘密。

f）应独立于被评价企业。

9 信息数据处理

9.1 信息数据来源

9.1.1 评价对象ESG信息按来源角度分类，可包括企业披露的信息数据，来源于监管部门、权威媒体等的公开信息数据。

9.1.2 企业披露的信息数据指由评价对象公开发布的关于自身的信息，包括但不限于：

a）《企业社会责任报告》《环境、社会与治理报告》《可持续发展报告》。

b）公司年报、半年报。

c）根据国家和地方相关法律规定要求编制的专题报告。

d）根据评价主体要求编制的资料清单。

e）ESG公开数据信息。

f）规章、声明或简报。

g）其他形式的信息。

9.1.3 来源于监管部门、权威媒体等的公开信息数据指由监管部门、权威媒体等发布的关于评价对象的ESG相关信息，包括但不限于：

a）国家或地方监管部门发布的关于企业ESG方面的信息，如违反ESG相关监管规定的通报等。

b）国家或地方统计部门发布的关于企业资源使用量的统计信息，如企业或组织的用电量或排水量等。

c）司法机构公布的企业司法数据。

d）社会组织、专业数据库、权威媒体发布的关于企业的ESG相关信息。

e）其他形式的信息。

9.2 信息数据整理与核验

9.2.1 评价主体应从正规渠道合规采集企业ESG信息数据，信息数据来源应多样化，未经证实的非正规渠道信息数据不应使用。

9.2.2 评价主体应核对企业披露的信息，确保信息数据全面、真实、准确。针对疑点采取询问、现场勘查等方式确认。无法证实的存疑数据信息不应使用。

9.2.3 如企业披露和来源于监管部门、权威媒体等的公开信息数据出现矛盾或不一致的情况，评价主体应对相关信息核实后取用符合事实的信息。

9.2.4 评价主体应建立工作文件存档制度，对数据来源、评价依据和基础记录存档。

9.2.5 评价主体应设立内部复核制度，评价人员和内部复核人员相互独立，确保评价结果公正客观。

10 责任与监督

评价主体对评价结果的真实性、准确性和完整性负责，评价结果应接受政府、社会公众、新闻媒体及其他第三方的监督。

附录A

（规范性）
企业ESG评价指标体系及说明

表A.1　企业ESG评价指标体系及说明

一级指标	二级指标	三级指标	四级指标	性质	单位	说明	评分方法	备注
E 环境	E.1 资源消耗	E.1.1 水资源	E.1.1.1 水资源使用管理	定性		企业应制定并实施水资源使用管理措施，包括：企业与水资源的相互影响，如企业的活动产生的水资源影响，用于确定水资源相关影响的方法，处理水资源相关影响的方式，企业的水资源使用目标等	无相关信息披露：0；有相关信息披露：100	
			E.1.1.2 新鲜水用量	定量	吨	新鲜水用量为：企业取自各种水源的新鲜水取量中扣除外供的新鲜水量、热水、蒸汽等	（行业最大新鲜用水量–企业新鲜用水量）/（行业最大新鲜用水量–行业最小新鲜用水量）×100	
			E.1.1.3 循环用水量	定量	吨	水资源循环使用的数量	（企业循环用水量–行业最小循环用水量）/（行业最大循环用水量–行业最小循环用水量）×100	

续表

一级指标	二级指标	三级指标	四级指标	性质	单位	说明	评分方法	备注
E 环境	E.1 资源消耗	E.1.1 水资源	E.1.1.4 循环用水总量占总耗水量的比例	定量	%	企业循环用水总量占总耗水量的比例：循环用水总量=循环用水量×重复利用次数、总耗水量=新鲜水取量+循环用水总量	（企业循环用水总量占总耗水量的比例-行业最小循环用水总量占总耗水量的比例）/（行业最大循环用水总量占总耗水量的比例-行业最小循环用水总量占总耗水量的比例）×100	
			E.1.1.5 水资源消耗强度	定量	吨	企业水资源消耗强度，包括：产品，如每生产单位产品所消耗的水资源；服务，如每项功能或每项服务所消耗的水资源；销售额，如每单位销售额所消耗的水资源等	（行业最大水资源消耗强度-企业水资源消耗强度）/（行业最大水资源消耗强度-行业最小水资源消耗强度）×100	
		E.1.2 物料	E.1.2.1 物料使用管理	定性		企业应制定并实施物料使用管理措施，包括：物料对于企业生产经营的影响、物料管理	无相关信息披露：0；有相关信息披露：100	
			E.1.2.2 不可再生物料消耗量	定量	吨或立方米	企业在经营生产中消耗的不可再生物料	（行业最大不可再生物料消耗量-企业不可再生物料消耗量）/（行业最大不可再生物料消耗量-行业最小不可再生物料消耗量）×100	

续表

一级指标	二级指标	三级指标	四级指标	性质	单位	说明	评分方法	备注
E 环境	E.1 资源消耗	E.1.2 物料	E.1.2.3 有毒有害物料消耗量	定量	吨或立方米	企业在经营生产中消耗的有毒有害物料	（行业最大有毒有害物料消耗强度–企业有毒有害物料消耗强度）/（行业最大有毒有害物料消耗强度–行业最小有毒有害物料消耗强度）×100	
			E.1.2.4 物料消耗强度	定量	吨或立方米	企业物料消耗强度，包括：产品，如每生产单位产品所消耗的物料；服务，如每项功能或每项服务所消耗的物料；销售额，如每单位销售额所消耗的物料	（行业最大物料消耗强度–企业物料消耗强度）/（行业最大物料消耗强度–行业最小物料消耗强度）×100	
		E.1.3 能源	E.1.3.1 能源使用管理	定性		企业应制定并实施能源使用管理措施，包括：能源对于企业运营的影响，主要能源类型，能源的获取方式；能源管理；员工节能意识及行动；等等	无相关信息披露：0；有相关信息披露：100	
			E.1.3.2 不可再生能源消耗量	定量	吨标准煤	企业不可再生能源消耗量，包括：煤炭消耗量、焦炭消耗量、汽油消耗量、柴油消耗量、天然气消耗量	（行业最大不可再生能源消耗量–企业不可再生能源消耗量）/（行业最大不可再生能源消耗量–行业最小不可再生能源消耗量）×100	

续表

一级指标	二级指标	三级指标	四级指标	性质	单位	说明	评分方法	备注
E 环境	E.1 资源消耗	E.1.3 能源	E.1.3.3 能源消耗强度	定量	吨标准煤	企业能源消耗强度，包括：产品，如每生产单位产品所消耗的能源；服务，如每项功能或每项服务所消耗的能源；销售额，如每单位销售额所消耗的能源	（行业最大能源消耗强度－企业能源消耗强度）/（行业最大能源消耗强度－行业最小能源消耗强度）×100	
			E.1.3.4 节能管理	定量	吨标准煤	企业节能效果，包括：企业节电量、企业节煤量、企业节油量、企业节气量	（企业节能管理量－行业最小节能管理量）/（行业最大节能管理量－行业最小节能管理量）×100	
		E.1.4 其他自然资源	E.1.4.1 其他自然资源管理	定性		企业活动、产品和服务对其他自然资源的消耗情况，包括：土地资源、森林资源、湿地资源、海洋资源	无相关信息披露：0；有相关信息披露：100	
	E.2 污染防治	E.2.1 废水	E.2.1.1 废水排放达标情况	定性		是否符合本行业的废水排放标准以及确定达标的依据	未达到本行业的废水排放标准：0；达到本行业的废水排放标准：100	
			E.2.1.2 废水管理	定性		企业应制定并实施废水管理措施，包括：废水排放许可证；排污口的申报、标识；废水污染物的种类、来源、贮存、流向、检测；废水防治设施的建设及运行情况，如废水处理设备等	无相关信息披露：0；有相关信息披露：100	

续表

一级指标	二级指标	三级指标	四级指标	性质	单位	说明	评分方法	备注
E 环境	E.2 污染防治	E.2.1 废水	E.2.1.3 废水排放量	定量	吨	企业废水排放量，包括：工业废水排放量，生活废水排放量	（行业最大废水排放量–企业废水排放量）/（行业最大废水排放量–行业最小废水排放量）×100	
			E.2.1.4 废水排放强度	定量	吨	企业废水排放强度，包括：产品，如每生产单位产品所排放的废水量；服务，如每项功能或每项服务所排放的废水量；销售额，如每单位销售额所排放的废水量	（行业最大废水排放强度–企业废水排放强度）/（行业最大废水排放强度–行业最小废水排放强度）×100	
			E.2.1.5 废水污染物排放量	定量	污染物当量值/千克	企业废水污染物排放总量或分类别污染物排放量：第一类污染物、第二类污染物	（行业最大废水污染物排放量–企业废水污染物排放量）/（行业最大废水污染物排放量–行业最小废水污染物排放量）×100	
			E.2.1.6 废水污染物排放强度	定量	污染物当量值/千克	企业排放强度总值或各类别污染物的排放强度值：产品，如每生产单位产品所排放的废水污染物量；服务，如每项功能或每项服务所排放的废水污染物量；销售额，如每单位销售额所排放的废水污染物量	（行业最大废水污染物排放强度–企业废水污染物排放强度）/（行业最大废水污染物排放强度–行业最小废水污染物排放强度）×100	

续表

一级指标	二级指标	三级指标	四级指标	性质	单位	说明	评分方法	备注
E 环境	E.2 污染防治	E.2.1 废水	E.2.1.7 废水污染物排放浓度	定量	毫克/升	企业各类别污染物的排放浓度数据，包括：排放浓度；许可排放浓度限值	（行业最大废水污染物排放浓度-企业废水污染物排放浓度）/（行业最大废水污染物排放浓度-行业最小废水污染物排放浓度）×100	
		E.2.2 废气	E.2.2.1 废气排放达标情况	定性		是否符合本行业的废气排放标准以及确定达标的依据	未达到本行业的废气排放标准：0；达到本行业的废气排放标准：100	
			E.2.2.2 废气管理	定性		企业应制定并实施废气管理措施，包括：废气排放许可证；废气排放口的申报、标识；废气污染物的种类、来源、监测；废气防治设施建设及运行情况	无相关信息披露：0；有相关信息披露：100	
			E.2.2.3 废气污染物排放量	定量	千克	企业废气污染物排放总量或分类别污染物排放量：氮氧化物（NO_x）；SO_2；颗粒物；VOC等其他废气	（行业最大废气污染物排放量-企业废气污染物排放量）/（行业最大废气污染物排放量-行业最小废气污染物排放量）×100	

续表

一级指标	二级指标	三级指标	四级指标	性质	单位	说明	评分方法	备注
E 环境	E.2 污染防治	E.2.2 废气	E.2.2.4 废气污染物排放强度	定量	千克	企业排放强度总值或各类别污染物的排放强度值：产品，如每生产单位产品所排放的废气污染物量；服务，如每项功能或每项服务所排放的废气污染物量；销售额，如每单位销售额所排放的废气污染物量	（行业最大废气污染物排放强度-企业废气污染物排放强度）/（行业最大废气污染物排放强度-行业最小废气污染物排放强度）×100	
			E.2.2.5 废气污染物排放浓度	定量	毫克/立方米	企业各类别污染物的排放浓度数据：排放浓度；许可排放浓度限值	（行业最大废气污染物排放浓度-企业废气污染物排放浓度）/（行业最大废气污染物排放浓度-行业最小废气污染物排放浓度）×100	
		E.2.3 固体废物	E.2.3.1 固体废物处置达标情况	定性		是否符合本行业的固体废物处置标准以及确定达标的依据	未达到本行业的固体废物处置标准：0；达到本行业的固体废物处置标准：100	
			E.2.3.2 无害废物管理	定性		企业应建立无害废物信息管理制度，包括：无害废物排污许可证；无害废物的种类、数量、流向、贮存、利用、处置等信息；无害废物的全过程监控和信息化管理	无相关信息披露：0；有相关信息披露：100	

续表

一级指标	二级指标	三级指标	四级指标	性质	单位	说明	评分方法	备注
E 环境	E.2 污染防治	E.2.3 固体废物	E.2.3.3 无害废物排放量	定量	吨	企业无害废物排放量	（行业最大无害废物排放量−企业无害废物排放量）/（行业最大无害废物排放量−行业最小无害废物排放量）×100	
			E.2.3.4 无害废物排放强度	定量	吨	企业无害废物排放强度：产品，如每生产单位产品所排放的无害废物量；服务，如每项功能或每项服务所排放的无害废物量；销售额，如每单位销售额所排放的无害废物量	（行业最大无害废物排放量−企业无害废物排放量）/（行业最大无害废物排放量−行业最小无害废物排放量）×100	
			E.2.3.5 有害废物管理	定性		企业有害废物管理信息，包括：有害废物的种类、数量、流向、贮存、处置等信息；有害废物的全过程监控和信息化管理；有害废物台账制度、有害废物收集容器和设施规范标识等	无相关信息披露：0；有相关信息披露：100	
			E.2.3.6 有害废物排放量	定量	吨	企业有害废物排放量	（行业最大有害废物排放量−企业有害废物排放量）/（行业最大有害废物排放量−行业最小有害废物排放量）×100	

续表

一级指标	二级指标	三级指标	四级指标	性质	单位	说明	评分方法	备注
E 环境	E.2 污染防治	E.2.3 固体废物	E.2.3.7 有害废物排放强度	定量	吨	企业有害废物排放强度，包括：产品，如每生产单位产品所排放的有害废物量；服务，如每项功能或每项服务所排放的有害废物量；销售额，如每单位销售额所排放的有害废物量	（行业最大有害废物排放强度-企业有害废物排放强度）/（行业最大有害废物排放强度-行业最小有害废物排放强度）×100	
		E.2.4 其他污染物	E.2.4.1 其他污染物管理	定性		企业制定其他污染物管理方针：噪声污染、放射性污染、电磁辐射污染	无相关信息披露：0；有相关信息披露：100	
	E.3 气候变化	E.3.1 温室气体排放	E.3.1.1 温室气体来源与类型	定性		企业温室气体来源与类型：描述排放温室气体的生产运营活动；列出排放的温室气体类型，纳入考量的气体有CO_2、CH_4、N_2O、HFC、PFC、SF_6、NF_3	无相关信息披露：0；有相关信息披露：100	
			E.3.1.2 范畴一温室气体排放量	定量	CO_2当量吨	企业范畴一温室气体排放量：范畴一为直接温室气体排放，即企业拥有或控制的温室气体源的温室气体排放，如固定源燃烧排放、移动源燃烧排放、逸散排放、制程排放等类型；纳入计算的气体有CO_2、CH_4、N_2O、HFC、PFC、SF_6、NF_3	（行业最大范畴一温室气体排放量-企业范畴一温室气体排放量）/（行业最大范畴一温室气体排放量-行业最小范畴一温室气体排放量）×100	

附录3　企业ESG评价体系团体标准

续表

一级指标	二级指标	三级指标	四级指标	性质	单位	说明	评分方法	备注
E 环境	E.3 气候变化	E.3.1 温室气体排放	E.3.1.3 范畴二温室气体排放量	定量	CO_2当量吨	企业范畴二温室气体排放量：范畴二为能源间接温室气体排放，即企业所消耗的外部电力、热力或蒸汽的生产而造成的间接温室气体排放；纳入计算的气体有CO_2、CH_4、N_2O、HFC、PFC、SF_6、NF_3	（行业最大范畴二温室气体排放量-企业范畴二温室气体排放量）/（行业最大范畴二温室气体排放量-行业最小范畴二温室气体排放量）×100	
			E.3.1.4 范畴三温室气体排放量	定量	CO_2当量吨	企业范畴三温室气体排放量：范畴三为其他间接温室气体排放，即企业的活动引起的、由其他企业拥有或控制的温室气体源所产生的温室气体排放，不包括能源间接温室排放；纳入计算的气体有CO_2、CH_4、N_2O、HFC、PFC、SF_6、NF_3	（行业最大范畴三温室气体排放量-企业范畴三温室气体排放量）/（行业最大范畴三温室气体排放量-行业最小范畴三温室气体排放量）×100	
			E.3.1.5 温室气体排放强度	定量	CO_2当量吨	企业排放强度总值或各范畴的排放强度值：产品，如每生产单位产品所产生的温室气体排放量；服务，如每项功能或每项服务所产生的温室气体排放量；销售额，如每单位销售额所产生的温室气体排放量	（行业最大温室气体排放强度-企业温室气体排放强度）/（行业最大温室气体排放强度-行业最小温室气体排放强度）×100	

续表

一级指标	二级指标	三级指标	四级指标	性质	单位	说明	评分方法	备注
E 环境	E.3 气候变化	E.3.2 减排管理	E.3.2.1 温室气体减排管理	定性		企业制定温室气体减排管理方针：范畴一温室气体减排目标及措施、范畴二温室气体减排目标及措施、范畴三温室气体减排目标及措施	无相关信息披露：0；有相关信息披露：100	
			E.3.2.2 温室气体减排投资	定量	万元	企业减排措施的投资额	（企业温室气体减排投资-行业最小温室气体减排投资）/（行业最大温室气体减排投资-行业最小温室气体减排投资）×100	
			E.3.2.3 温室气体减排量	定量	CO_2当量吨	企业减排总量或各范畴的减排量：纳入计算的气体有CO_2、CH_4、N_2O、HFC、PFC、SF_6、NF_3；明确基准年或基线	（企业温室气体减排量-行业最小温室气体减排量）/（行业最大温室气体减排量-行业最小温室气体减排量）×100	
			E.3.2.4 温室气体减排强度	定量	CO_2当量吨	企业减排强度总值或各范畴的减排强度值：产品，如每生产单位产品的温室气体减排量；服务，如每项功能或每项服务的温室气体减排量；销售额，如每单位销售额的温室气体减排量	（企业温室气体减排强度-行业最小温室气体减排强度）/（行业最大温室气体减排强度-行业最小温室气体减排强度）×100	

附录3　企业ESG评价体系团体标准

续表

一级指标	二级指标	三级指标	四级指标	性质	单位	说明	评分方法	备注
S 社会	S.1 员工权益	S.1.1 员工招聘与就业	S.1.1.1 企业招聘政策	定性		企业是否描述招聘制度，招聘流程和招聘渠道等招聘政策，及新员工入职情况是否达到招聘要求和目标等内容	无相关信息披露：0；有相关信息披露：100	
			S.1.1.2 员工多元化与平等	定性		企业是否在保障公平用工，确保不同性别、受教育程度员工均有机会接受工作，并在劳动实践中无直接或间接歧视等方面制定了相关制度或实施了具体举措	无相关信息披露：0；有相关信息披露：100	
			S.1.1.3 员工流动率	定量	%	企业员工离职率	（行业最大离职率−企业离职率）/（行业最大离职率−行业最小离职率）×100	
		S.1.2 员工保障	S.1.2.1 员工民主管理	定量	%	企业员工工会入会率	（企业员工工会入会率−行业最小员工工会入会率）/（行业最大员工工会入会率−行业最小员工工会入会率）×100	

续表

一级指标	二级指标	三级指标	四级指标	性质	单位	说明	评分方法	备注
S 社会	S.1 员工权益	S.1.2 员工保障	S.1.2.2 工作时间	定量	小时	人均每周工作时间	（行业最大人均每周工作时间–企业人均每周工作时间）/（行业最大人均每周工作时间–行业最小人均每周工作时间）×100	
			S.1.2.3 员工薪酬与福利	定性		企业是否描述自身薪酬水平、薪酬构成、法律规定的基本福利及其他福利	无相关信息披露：0；有相关信息披露：100	
			S.1.2.4 企业用工情况	定量	%	企业签订正式工作合同员工比例	（企业正式工作合同员工比例–行业最小正式工作合同员工比例）/（行业最大正式工作合同员工比例–行业最小正式工作合同员工比例）×100	
			S.1.2.5 员工满意度调查	定性		是否调查员工满意度	无相关信息披露：0；有相关信息披露：100	
		S.1.3 员工健康与安全	S.1.3.1 员工职业健康安全管理	定性		企业是否披露以下内容：工作中所含的职业健康安全风险及来源情况；职业健康安全方针的制定和实施；职业健康安全管理体系是否覆盖全部员工及工作场所；预防和减轻职业健康安全风险的措施等	无相关信息披露：0；有相关信息披露：100	

附录3　企业ESG评价体系团体标准

续表

一级指标	二级指标	三级指标	四级指标	性质	单位	说明	评分方法	备注
S 社会	S.1 员工权益	S.1.3 员工健康与安全	S.1.3.2 员工安全风险防控	定量	%	提供安全风险防护培训覆盖率	（企业培训覆盖率–行业最小培训覆盖率）/（行业最大培训覆盖率–行业最小培训覆盖率）×100	
			S.1.3.3 安全事故	定量	%	百万工时安全事故率	（行业最大百万工时安全事故率–企业百万工时安全事故率）/（行业最大百万工时安全事故率–行业最小百万工时安全事故率）×100	
			S.1.3.4 工伤应对	定量	%	从业人员职业伤害保险的覆盖率，即已交保险员工数/总员工数×100	（企业覆盖率–行业最小覆盖率）/（行业最大覆盖率–行业最小覆盖率）×100	
			S.1.3.5 员工心理健康援助	定性		企业是否检查、消除员工活动场所中促成或导致紧张和疾病的社会心理危险源，建立员工心理健康援助渠道，为员工提供心理健康培训和咨询等	无相关信息披露：0；有相关信息披露：100	
		S.1.4 员工发展	S.1.4.1 员工激励及晋升政策	定性		企业是否披露职级或岗位的等级划分、职位体系的设置情况、员工晋升与选拔机制、职级、岗位与薪酬调整机制	无相关信息披露：0；有相关信息披露：100	

续表

一级指标	二级指标	三级指标	四级指标	性质	单位	说明	评分方法	备注
S 社会	S.1 员工权益	S.1.4 员工发展	S.1.4.2 员工培训	定量	人次	员工培训人次	（企业员工培训人次–行业最小员工培训人次）/（行业最大员工培训人次–行业最小员工培训人次）×100	
			S.1.4.3 员工职业规划及职位变动支持	定性		企业是否为员工提供求学支持政策、员工职业发展通道、内部调动和应聘机会，是否有帮助被裁员员工再就业的制度与措施	无相关信息披露：0；有相关信息披露：100	
	S.2 产品责任	S.2.1 生产规范	S.2.1.1 生产规范管理政策及措施	定性		企业是否披露安全生产管理体系，生产设备的折旧和报废政策，生产设备的更新和维护情况	无相关信息披露：0；有相关信息披露：100	
			S.2.1.2 知识产权保障	定性		企业是否披露与维护及保障知识产权有关的政策、机制、具体措施	无相关信息披露：0；有相关信息披露：100	
		S.2.2 产品安全与质量	S.2.2.1 产品安全与质量政策	定性		企业是否披露产品与服务的质量保障、质量改善等方面政策，产品与服务的质量检测、质量管理认证机制，产品与服务的健康安全风险排查机制	无相关信息披露：0；有相关信息披露：100	

续表

一级指标	二级指标	三级指标	四级指标	性质	单位	说明	评分方法	备注
S 社会	S.2 产品责任	S.2.2 产品安全与质量	S.2.2.2 产品撤回与召回	定量	%	因健康与安全原因须撤回和召回的产品数量百分比	（行业最大撤回与召回百分比-企业撤回与召回百分比）/（行业最大撤回与召回百分比-行业最小撤回与召回百分比）×100	
		S.2.3 客户服务与权益	S.2.3.1 客户服务	定性		产品与服务可及性情况，企业是否具有产品与服务的售后服务体系，披露客户满意度调查措施与结果，并针对客户需求开展调查	无相关信息披露：0；有相关信息披露：100	
			S.2.3.2 客户权益保障	定性		企业是否提醒自身产品与服务潜在的安全风险、有规定时间内退换货及赔偿机制、存在涉及误导或错误信息的情况	无相关信息披露：0；有相关信息披露：100	
			S.2.3.3 客户投诉	定量	%	客户投诉被解决的数量占比	（企业投诉解决数量占比-行业最小投诉解决数量占比）/（行业最大投诉解决数量占比-行业最小投诉解决数量占比）×100	

续表

一级指标	二级指标	三级指标	四级指标	性质	单位	说明	评分方法	备注
S 社会	S.3 供应链管理	S.3.1 供应商管理	S.3.1.1 供应商数量与分布	定性		企业是否披露供应商数量与分布，如供应商数量、供应商分布区域及占比	无相关信息披露：0；有相关信息披露：100	
			S.3.1.2 供应商选择与管理	定性		企业是否披露以下供应商选择与管理标准：供应商选择标准，供应商培训的具体政策，供应商考核的具体政策，供应商督查的具体政策，等等	无相关信息披露：0；有相关信息披露：100	
			S.3.1.3 供应商ESG战略	定量	%	发布ESG报告、披露ESG相关信息等执行ESG战略的供应商占比	（企业执行ESG战略供应商占比－行业最小执行ESG战略供应商占比）/（行业最大执行ESG战略供应商占比－行业最小执行ESG战略供应商占比）×100	
		S.3.2 供应链环节管理	S.3.2.1 采购与渠道管理	定性		企业是否制定并实施原材料选择标准，原材料与产成品供应中断防范与应急预案，各环节中物流、交易、信息系统等服务商的选择、考核与督查等政策	无相关信息披露：0；有相关信息披露：100	

附录3 企业ESG评价体系团体标准

续表

一级指标	二级指标	三级指标	四级指标	性质	单位	说明	评分方法	备注
S 社会	S.3 供应链管理	S.3.2 供应链环节管理	S.3.2.2 重大风险与影响	定性		是否描述供应链各环节重大风险与影响，如企业违法违规事件、高管重大负面信息等。可从以下角度描述：经确定的供应链各环节中具有的重大风险与影响，经确定为具有实际或潜在重大风险与影响的供应链各环节成员数量（个），经确定为具有实际或潜在重大风险与影响，且经评估后同意改进的供应链各环节成员占比（%）	无相关信息披露：0；有相关信息披露：100	
	S.4 社会响应	S.4.1 社区关系管理	S.4.1.1 社区参与和发展	定性		企业是否披露参与包括教育、文化、就业、知识技能获取、收入、减轻健康威胁和投资等方面的社区发展的政策、措施与成果，如企业雇用社区成员所占比例、帮助社区内创业团体数量、帮扶弱势群体就业人数、纳税额、企业入驻数量、商业园区数量，企业在以上方面的社会投资额等	无相关信息披露：0；有相关信息披露：100	

续表

一级指标	二级指标	三级指标	四级指标	性质	单位	说明	评分方法	备注
S 社会	S.4 社会响应	S.4.1 社区关系管理	S.4.1.2 企业对所在社区的潜在风险	定性		企业是否披露其潜在风险对所在社区的影响程度，对所在社区潜在风险的防范政策、措施及效果	无相关信息披露：0；有相关信息披露：100	
		S.4.2 公民责任	S.4.2.1 单位营收社会公益活动投入金额	定量	%	公益活动年投入金额占企业年营业收入金额的比例（%）	（企业单位营收社会公益活动投入金额−行业最小单位营收社会公益活动投入金额）/（行业最大单位营收社会公益活动投入金额−行业最小单位营收社会公益活动投入金额）×100	
			S.4.2.2 社会公益活动参与数量	定量	小时/年	企业社会公益活动参与人次及时长：总时长=参与人次×人均时长	（企业社会公益活动总时长−行业最小社会公益活动总时长）/（行业最大社会公益活动总时长−行业最小社会公益活动总时长）×100	
			S.4.2.3 国家战略响应	定性		企业是否明确披露乡村振兴、高质量发展、共同富裕、强国战略等国家战略的响应情况，如具体项目、资源投入情况及取得成效等	无相关信息披露：0；有相关信息披露：100	

附录3 企业ESG评价体系团体标准

续表

一级指标	二级指标	三级指标	四级指标	性质	单位	说明	评分方法	备注
S 社会	S.4 社会响应	S.4.2 公民责任	S.4.2.4 应对公共危机	定性		企业是否披露其应对重大、突发公共危机和灾害事件的政策、措施和具体贡献成果，如投入资源类别及数量（个）、取得社会性成果以及相关获奖情况等	无相关信息披露：0；有相关信息披露：100	
G 治理	G.1 治理结构	G.1.1 股东（大）会	G.1.1.1 大股东持股比例	定量	%	前五大股东持股比例（%）	（企业前五大股东持股比例–行业最小前五大股东持股比例）/（行业最大前五大股东持股比例–行业最小前五大股东持股比例）×100	
			G.1.1.2 股东（大）会召开情况	定量	%	股东出席率（%）	（股东出席率–行业最小股东出席率）/（行业最大股东出席率–行业最小股东出席率）×100	
		G.1.2 董事会	G.1.2.1 董事长兼任情况	定性		董事长是否兼任总经理	董事长兼任总经理：0；董事长不兼任总经理：100	
			G.1.2.2 董事离职情况	定量	%	届满前董事离职率（%）	（行业最大届满前董事离职率–企业届满前董事离职率）/（行业最大届满前董事离职率–行业最小届满前董事离职率）×100	

255

续表

一级指标	二级指标	三级指标	四级指标	性质	单位	说明	评分方法	备注
G 治理	G.1 治理结构	G.1.2 董事会	G.1.2.3 女性董事	定量	%	董事会成员中女性董事占比（%）	（企业董事会女性董事占比-行业最小董事会女性董事占比）/（行业最大董事会女性董事占比-行业最小董事会女性董事占比）×100	
			G.1.2.4 独立董事	定量	%	董事会成员中独立董事占比（%）	（企业董事会独立董事占比-行业最小董事会独立董事占比）/（行业最大董事会独立董事占比-行业最小董事会独立董事占比）×100	
			G.1.2.5 董事会出席情况	定量	%	董事会出席率（%）	（企业董事会出席率-行业最小董事会出席率）/（行业最大董事会出席率-行业最小董事会出席率）×100	
			G.1.2.6 专业委员会	定性		企业是否设立专业委员会（包括但不限于ESG、审计、战略、提名、薪酬与考核等相关专业委员会）	未设立专业委员会：0；设立专业委员会：100	
		G.1.3 监事会	G.1.3.1 监事离职情况	定量	%	届满前监事离职率（%）	（行业最大届满前监事离职率-企业届满前监事离职率）/（行业最大届满前监事离职率-行业最小届满前监事离职率）×100	

附录3 企业ESG评价体系团体标准

续表

一级指标	二级指标	三级指标	四级指标	性质	单位	说明	评分方法	备注
G 治理	G.1 治理结构	G.1.3 监事会	G.1.3.2 女性监事	定量	%	监事会中女性监事占比（%）	（企业监事会女性监事占比-行业最小监事会女性监事占比）/（行业最大监事会女性监事占比-行业最小监事会女性监事占比）×100	
			G.1.3.3 外部监事	定量	%	监事会中外部监事占比（%）	（企业监事会外部监事占比-行业最小监事会外部监事占比）/（行业最大监事会外部监事占比-行业最小监事会外部监事占比）×100	
			G.1.3.4 监事会出席情况	定量	%	监事会出席率（%）	（企业监事会出席率-行业最小监事会出席率）/（行业最大监事会出席率-行业最小监事会出席率）×100	
		G.1.4 高级管理层	G.1.4.1 高级管理层女性成员情况	定量	%	高级管理层人员中女性高管占比（%）	（企业高级管理层女性高管占比-行业最小高级管理层女性高管占比）/（行业最大高级管理层女性高管占比-行业最小高级管理层女性高管占比）×100	

续表

一级指标	二级指标	三级指标	四级指标	性质	单位	说明	评分方法	备注
G 治理	G.1 治理结构	G.1.4 高级管理层	G.1.4.2 高级管理层人员离职率	定量	%	届满前高级管理层人员离职率（%）	（行业最大届满前高级管理层离职率−企业届满前高级管理层离职率）/（行业最大届满前高级管理层离职率−行业最小届满前高级管理层离职率）×100	
			G.1.4.3 高级管理层人员持股	定量	%	高级管理层合计持股数量比例（%）	（行业最大高级管理层合计持股比例−企业高级管理层合计持股比例）/（行业最大高级管理层合计持股比例−行业最小高级管理层合计持股比例）×100	
		G.1.5 其他最高治理机构	G.1.5.1 其他最高治理机构情况	定性		若企业未设立"三会一层"治理架构，描述企业最高治理机构的情况，包括但不限于： 1）最高治理机构名称； 2）最高治理机构的人员构成及背景情况； 3）最高治理机构的运行机制和情况	无相关信息披露：0； 有相关信息披露：100	

附录3　企业ESG评价体系团体标准

续表

一级指标	二级指标	三级指标	四级指标	性质	单位	说明	评分方法	备注
G 治理	G.2 治理机制	G.2.1 合规管理	G.2.1.1 合规管理体系	定性		包括但不限于以下方面描述合规管理体系： 1）企业合规管理体系建设情况，包括合规管理的制度、方针、范围，及组织、程序、方法等； 2）企业合规义务识别及维护情况	无相关信息披露：0； 有相关信息披露：100	
			G.2.1.2 合规风险识别及评估	定性		包括但不限于以下方面描述合规风险识别及评估： 1）合规风险识别程序及方法，可能发生的不合规场景及其与企业活动、产品、服务和运行相关方面的联系； 2）识别与第三方有关的合规风险，如供应商、代理商、分销商、咨询顾问和承包商等； 3）考虑合规风险产生的原因、来源及后果的严重程度，后果包括但不限于个人和环境伤害、经济损失、声誉损失和行政责任	无相关信息披露：0； 有相关信息披露：100	

259

续表

一级指标	二级指标	三级指标	四级指标	性质	单位	说明	评分方法	备注
G 治理	G.2 治理机制	G.2.1 合规管理	G.2.1.3 合规风险应对及控制	定性		包括但不限于以下方面描述合规风险应对及控制：应对合规风险的措施以及如何将措施纳入合规体系过程并实施	无相关信息披露：0；有相关信息披露：100	
			G.2.1.4 客户隐私保护相关情况	定性		企业是否有保护客户隐私的制度体系及采取的措施	无相关信息披露：0；有相关信息披露：100	
			G.2.1.5 泄露客户隐私事件	定性		是否发生泄露客户隐私事件	发生泄露客户隐私事件：0；未发生泄露客户隐私事件：100	
			G.2.1.6 数据安全相关情况	定性		企业是否有保护数据安全的制度体系及采取的措施	无相关信息披露：0；有相关信息披露：100	
			G.2.1.7 泄露数据事件	定性		是否发生泄露数据事件	发生泄露数据事件：0；未发生泄露数据事件：100	
			G.2.1.8 合规有效性评价及改进	定性		包括但不限于以下方面描述合规有效性评价及改进：1）合规管理有效性评估情况；2）合规管理有效性评估中发现的问题及采取的纠正措施	无相关信息披露：0；有相关信息披露：100	

○ 附录3 企业ESG评价体系团体标准

续表

一级指标	二级指标	三级指标	四级指标	性质	单位	说明	评分方法	备注
G 治理	G.2 治理机制	G.2.1 合规管理	G.2.1.9 诉讼和惩罚	定性		企业是否因违规等行为发生诉讼承担法律责任或发生行政处罚事件（包括但不限于产品质量安全违法违规、垄断及不正当竞争、商业贿赂等）	有相关被诉讼或被惩罚：0；未有相关被诉讼或被惩罚：100	
		G.2.2 风险管理	G.2.2.1 风险管理体系	定性		包括但不限于以下方面描述风险管理体系：1）企业风险管理相关的制度和政策；2）管控重要营运行为及下属公司的专职部门设置和管理程序；3）风险管理的过程，涵盖明确环境信息、风险识别、风险分析、风险评价、风险应对、监督和检查的全流程	无相关信息披露：0；有相关信息披露：100	
			G.2.2.2 重大风险识别及防范	定性		企业是否有识别和评估具有潜在重大影响的风险种类及防范措施	无相关信息披露：0；有相关信息披露：100	

续表

一级指标	二级指标	三级指标	四级指标	性质	单位	说明	评分方法	备注
G治理机制	G.2治理机制	G.2.2风险管理	G.2.2.3关联交易风险级防范	定性		包括但不限于以下方面描述关联交易防范措施：1）企业关联交易的关联人、交易内容、交易金额等情况，如向关联方销售/采购产品金额（万元）、每百万元营收向关联方销售/采购产品规模（万元）、向关联方提供资金发生额（万元）、每百万元营收向关联方提供资金发生额（万元）等，以及公司人财物独立性情况、关联方资金占用、关联担保等；2）防范控股股东、实际控制人利用控制权损害上市公司及其他股东合法利益、谋取非法利益的程序规则和制度安排	无相关信息披露：0；有相关信息披露：100	
			G.2.2.4不当关联交易情况	定量	件	企业发生不当关联交易的事件数量（件）	（行业最大不当关联交易事件数量-企业不当关联交易事件数量）/（行业最大不当关联交易事件数量-行业最小不当关联交易事件数量）×100	

附录3　企业ESG评价体系团体标准

续表

一级指标	二级指标	三级指标	四级指标	性质	单位	说明	评分方法	备注
G 治理	G.2 治理机制	G.2.2 风险管理	G.2.2.5 气候风险识别及防范	定性		包括但不限于以下方面描述风险防范措施： 1）企业面临的气候风险识别和影响评估； 2）防范气候变化带来的物理风险和转型风险所采取的措施及效果； 3）企业遭受气候影响产生的损失，包括受影响事件（件）和损失额（万元）	无相关信息披露：0； 有相关信息披露：100	
			G.2.2.6 数字化转型风险管理	定性		包括但不限于以下方面描述数字化转型风险管理： 1）企业面临的数字化转型风险识别和影响评估； 2）应对数字化转型风险所采取的措施及效果； 3）企业数字化转型的战略部署、商业模式重构、组织变革、数字化能力建设和实施计划	无相关信息披露：0； 有相关信息披露：100	

续表

一级指标	二级指标	三级指标	四级指标	性质	单位	说明	评分方法	备注
G治	G.2 治理机制	G.2.2 风险管理	G.2.2.7 数字化转型资金投入相关情况	定量	人、万元	数字化转型相关的人员投入（人）及资金投入（万元）	数字化转型相关的人员投入（人）和资金投入（万元）的对应得分均占总分的50%比重，具体计算方法如下：（企业人员投入–行业最小人员投入）/（行业最大人员投入–行业最小人员投入）×100（企业资金投入–行业最小资金投入）/（行业最大资金投入–行业最小资金投入）×100	
			G.2.2.8 企业应急风险管理	定性		包括但不限于以下方面描述企业应急风险管理：1）企业应急风险管理体系，包括应急风险评估、应急程序、应急预案、应急资源状况等；2）重大公共危机和灾害事件应对预案	无相关信息披露：0；有相关信息披露：100	
		G.2.3 监督管理	G.2.3.1 审计制度及实施	定性		包括但不限于以下方面描述审计制度及实施：1）内外部审计制度、内外部审计意见、发现的问题及整改情况；2）会计师事务所变更、会计师事务所是否出具标准无保留意见等情况	无相关信息披露：0；有相关信息披露：100	

附录3 企业ESG评价体系团体标准

续表

一级指标	二级指标	三级指标	四级指标	性质	单位	说明	评分方法	备注
G 治理	G.2 治理机制	G.2.3 监督管理	G.2.3.2 问责相关制度及实施	定性		包括但不限于描述问责制度，形式及改进措施	无相关信息披露：0；有相关信息披露：100	
			G.2.3.3 问责相关情况	定量	件	问责事件数量（件）	（行业最大问责事件数量−企业问责事件数量）/（行业最大问责事件数量−行业最小问责事件数量）×100	
			G.2.3.4 投诉、举报制度及实施	定性		包括但不限于以下方面描述投诉、举报的制度及实施：1）是否有设立投诉、举报制度；2）员工和其他利益相关方是否对投诉、举报机制知情；3）投诉、举报机制是否对问题予以保密处理，是否为可匿名使用机制，是否对投诉人、举报人有保护机制	无相关信息披露：0；有相关信息披露：100	
			G.2.3.5 投诉或举报受理相关情况	定量	%	报告期内收到投诉、举报的受理量占比（%）	（行业最大受理量−企业受理量）/（行业最大受理量−行业最小受理量）×100	

265

续表

一级指标	二级指标	三级指标	四级指标	性质	单位	说明	评分方法	备注
G 治理	G.2 治理机制	G.2.4 信息披露	G.2.4.1 信息披露体系	定性		包括但不限于描述企业信息披露的组织、制度、程序、责任等情况	无相关信息披露：0；有相关信息披露：100	
			G.2.4.2 信息披露实施	定性		包括但不限于企业信息披露的内容、渠道、及时性等情况	无相关信息披露：0；有相关信息披露：100	
		G.2.5 高层激励	G.2.5.1 高管聘任与解聘制度	定性		包括但不限于描述高管人员聘任与解聘原则、程序等	无相关信息披露：0；有相关信息披露：100	
			G.2.5.2 高管薪酬政策	定性		包括但不限于以下方面描述高管薪酬政策：1）高管人员绩效与履职评价的标准、方式和程序；2）高管薪酬管理办法、实施方案、制定程序等	无相关信息披露：0；有相关信息披露：100	
			G.2.5.3 高管绩效与ESG目标关联情况	定性		包括但不限于描述企业高管绩效评价与ESG目标关联情况	无相关信息披露：0；有相关信息披露：100	
		G.2.6 商业道德	G.2.6.1 商业道德准则和行为规范	定性		包括但不限于描述企业商业道德、员工行为准则等制度建设情况	无相关信息披露：0；有相关信息披露：100	

○ 附录3 企业ESG评价体系团体标准

续表

一级指标	二级指标	三级指标	四级指标	性质	单位	说明	评分方法	备注
G 治理	G.2 治理机制	G.2.6 商业道德	G.2.6.2 职业道德培训普及情况	定量	%	包括但不限于描述企业管理层、员工开展商业道德规范培训的覆盖率（%）	（企业覆盖率-行业最小覆盖率）/（行业最大覆盖率-行业最小覆盖率）×100	
			G.2.6.3 商业道德培训时长	定量	小时/年	包括但不限于描述企业管理层、员工开展商业道德规范培训的平均时长（小时/年）	（企业平均时长-行业最小平均时长）/（行业最大平均时长-行业最小平均时长）×100	
			G.2.6.4 避免违反商业道德的措施	定性		包括但不限于描述企业有关防止贪污、腐败、贿赂、勒索、欺诈、洗黑钱、垄断及不正当竞争等行为的措施及监察方法	无相关信息披露：0；有相关信息披露：100	
	G.3 治理效能	G.3.1 战略与文化	G.3.1.1 企业战略与商业模式分析	定性		包括但不限于以下方面描述企业战略与商业模式分析：1）企业使命与愿景；2）内外部经营环境分析；3）企业所采取的商业模式及其特点、适用性等情况；4）核心竞争力的识别和评估、提升核心竞争力的措施	无相关信息披露：0；有相关信息披露：100	

续表

一级指标	二级指标	三级指标	四级指标	性质	单位	说明	评分方法	备注
G 治理	G.3 治理效能	G.3.1 战略与文化	G.3.1.2 企业文化建设	定性		包括但不限于描述企业文化内涵、企业价值观、文化建设的主要举措、典型事件及成效	无相关信息披露：0；有相关信息披露：100	
		G.3.2 创新发展	G.3.2.1 研发与创新管理体系	定性		包括但不限于以下方面描述研发与创新管理体系：1）研发与创新管理体系、制度、程序和方法；2）高新技术企业认定情况	无相关信息披露：0；有相关信息披露：100	
			G.3.2.2 研发资金投入	定量	%	研究与试验发展投入占主营业务收入比例（%）	（企业投入占主营业务收入比-行业最小投入占主营业务收入比）/（行业最大投入占主营业务收入比-行业最小投入占主营业务收入比）×100	
			G.3.2.3 研发人员投入	定量	%	研究与试验发展人员数占总员工数量比例（%）	（企业研发占总员工数量比例-行业最小研发占总员工数量比例）/（行业最大研发占总员工数量比例-行业最小研发占总员工数量比例）×100	

○ 附录3　企业ESG评价体系团体标准

续表

一级指标	二级指标	三级指标	四级指标	性质	单位	说明	评分方法	备注
G 治理	G.3 治理效能	G.3.2 创新发展	G.3.2.4 专利相关创新成果	定量	件	发明专利、实用新型专利和外观设计专利报告专利每百万元营收有效专利数量（件）及专利在未来三年被引用次数（次）	专利每百万元营收有效专利数量（件）及专利在未来三年被引用次数（次）的对应得分均占总分的50%比重，具体计算方法如下： （企业每百万营收有效专利数量－行业最小每百万营收有效专利数量）/（行业最大每百万营收有效专利数量－行业最小每百万营收有效专利数量）×100 （企业专利在未来三年被引用次数－行业最小专利在未来三年被引用次数）/（行业最大专利在未来三年被引用次数－行业最小专利在未来三年被引用次数）×100	
			G.3.2.5 产品创新成果	定量	%	新产品产值率（%）	（企业新产品产值率－行业最小新产品产值率）/（行业最大新产品产值率－行业最小新产品产值率）×100	

269

续表

一级指标	二级指标	三级指标	四级指标	性质	单位	说明	评分方法	备注
G 治理	G.3 治理效能	G.3.2 创新发展	G.3.2.6 管理创新	定性		包括但不限于企业将新的管理方法、管理手段、管理模式等管理要素或要素组合引入企业管理系统以更有效地实现组织目标的创新活动	无相关信息披露：0；有相关信息披露：100	
		G.3.3 可持续发展	G.3.3.1 ESG融入企业战略	定性		企业将ESG融入战略分析、制定、实施、变革过程中的情况	无相关信息披露：0；有相关信息披露：100	
			G.3.3.2 ESG融入经营管理	定性		企业将ESG融入经营管理过程的方式方法和执行落实情况	无相关信息披露：0；有相关信息披露：100	
			G.3.3.3 ESG融入投资决策	定性		企业将ESG融入投资决策的情况	无相关信息披露：0；有相关信息披露：100	

注：指标评分方法适用于针对某一行业进行评价，且在评价的过程中可以获得行业最大值、最小值；若无法获得行业最大值和最小值，或针对单个企业进行评价，可参考行业标准值对指标进行打分。

附录B

（资料性）
企业ESG评价指标权重设计

B.1 专家打分法

专家打分法适用于不确定因素较多，且专家具有较高权威性和代表性的情形。

a）针对四级指标i，邀请专家对四级指标i关于所属三级指标j的重要性赋值，其数值设定可遵循以下原则：

重要性高：$d_{ij} = 3$

重要性中：$d_{ij} = 2$

重要性低：$d_{ij} = 1$

b）计算四级指标i关于其所属三级指标j的权重系数，按式（1）：

$$w_{ij} = \frac{d_{ij}}{\sum_{i=1}^{n} d_{ij}} \tag{1}$$

注意，n表示三级指标j下的四级指标的数量；

c）针对各三级指标，重复步骤（a）~（b），得到三级指标j关于其所属二级指标k的权重系数w_{jk}；以此类推，分别得到各二级指标k关于其所属一级指标l的权重系数w_{kl}以及各一级指标l关于评价结果的权重系数w_l；

d）计算四级指标i对评价结果的权重，按式（2）：

$$w_i = w_{ij} \cdot w_{jk} \cdot w_{kl} \cdot w_l \tag{2}$$

B.2 两两比较法（0-1打分法）

两两比较法适用于各指标数量少，且指标间重要程度区分较为明显的情形。

a）针对三级指标j下辖的四级指标i，将四级指标关于三级指标的重要度两两比较打分，重要指标得分为1，不重要指标得分为0，同等重要分别得分0.5。

b) 将指标 i 的总得分记为 x_{ij}，按式（3）可得四级指标 i 关于三级指标 j 的权重系数；n 表示三级指标 j 下的四级指标数量。

$$w_{ij} = \frac{x_{ij}}{\sum_{i=1}^{n} x_{ij}} \tag{3}$$

c) 针对各二级指标下辖的三级指标，重复步骤（a）~（b），得到三级指标 j 关于其所属二级指标 k 的权重系数 w_{jk}；以此类推，分别得到各二级指标 k 关于其所属一级指标 l 的权重系数 w_{kl} 以及各一级指标 l 关于评价结果的权重系数 w_l；

d) 计算四级指标 i 对评价结果的权重，按式（4）：

$$w_i = w_{ij} \cdot w_{jk} \cdot w_{kl} \cdot w_l \tag{4}$$

B.3 判断矩阵法

判断矩阵法适用于指标层级和指标数量较多的情形。

a) 对于任一三级指标 j，两两比较其下属的四级指标的相对重要程度，记为 d_{if}，d_{if} 代表四级指标 i 相对四级指标 f 关于三级指标 j 的相对重要程度，构造判断矩阵 A，注意在矩阵 A 中 $d_{if} = \frac{1}{d_{fi}}$。例如，某三级指标下辖三个四级指标，则判断矩阵如式（5）所示。判断矩阵重要度尺度如附表 5.1 所示。

$$A = \begin{bmatrix} 1 & d_{12} & d_{13} \\ d_{21} & 1 & d_{23} \\ d_{31} & d_{32} & 1 \end{bmatrix} \tag{5}$$

表B.1 判断矩阵标度含义

标度	含义
1	两要素相比，具有同样重要性
3	两要素相比，前者比后者稍微重要
5	两要素相比，前者比后者明显重要
7	两要素相比，前者比后者强烈重要
9	两要素相比，前者比后者极端重要
2，4，6，8	上述相邻判断的中间值
倒数	两要素相比，后者比前者重要的标度

b) 运用方根法求取判断矩阵特征向量。首先，计算判断矩阵每一行元素的乘积 $M_i = \prod_{f=1}^{n} d_{if}$；其次，计算 M_i 的 n 次方根 $\overline{w}_i$，$\overline{w}_i = \sqrt[n]{M_i}$；然后，对向量 $\overline{w} = [\overline{w}_1, \overline{w}_2, \cdots, \overline{w}_n]^T$ 归一化处理，即 $w_i = \dfrac{\overline{w}_i}{\sum_{i=1}^{n} \overline{w}_i}$，得特征向量 $w = [w_1, w_2, \cdots, w_n]^T$；

c) 求取判断矩阵 A 的最大特征根的近似，如式（6）所示：

$$\overline{\lambda}_{max} = \frac{1}{n} \sum_{i=1}^{n} \frac{(Aw)_i}{w_i}. \tag{6}$$

其中，$(Aw)_i$ 代表 Aw 中的第 i 个元素。

d) 一致性检验。计算 $CI = \dfrac{\overline{\lambda}_{max} - n}{n - 1}$，查表得到对应于 n 的 RI 值（如表B.2所示），求 $CR = \dfrac{CI}{RI}$。若 $CR < 0.1$，则通过一致性检验。w_i 即为四级指标 i 的权重值。注意此处 w_i 为四级指标 i 关于三级指标 j 的权重，而非最终权重结果，为表述更为清晰，使用 w_{ij} 代表四级指标 i 关于三级指标 j 的权重。

表B.2 随机一致性指标 RI 的数值

n	1	2	3	4	5	6	7	8	9	10	11
RI	0	0	0.58	0.90	1.12	1.24	1.32	1.41	1.45	1.49	1.51

e) 同样，针对各二级指标下辖的三级指标，重复步骤（a）~（d），可得各三级指标关于其所属二级指标的权重值 w_{jk}，代表三级指标 j 对其所属二级指标 k 的权重系数。

f) 重复上述步骤，可得各二级指标对其所属一级指标的权重系数 w_{kl}，代表二级指标 k 关于其所属一级指标 l 的权重系数，和各一级指标关于评价结果的权重系数 w_l，代表一级指标 l 关于评价结果的权重系数。

g) 确定最终各四级指标对评价结果的权重，按式（7）：

$$w_i = w_{ij} \cdot w_{jk} \cdot w_{kl} \cdot w_l \tag{7}$$

B.4 熵值法

熵值法适用于指标数据质量较高的情形。

a) 将各个指标的数据同度量化，计算第 i 个指标（四级指标）下第 h 个评价对象指标值的比重：$p_{ih} = \dfrac{x_{ih}}{\sum_{i=1}^{m} x_{ih}}$，其中 m 代表评价对象的总数。

b) 计算指标 i 的熵值，按式（8）：

$$e_i = -\frac{1}{\ln m} \sum_{i=1}^{m} p_{ih} \ln p_{ih} \tag{8}$$

c) 计算指标 i 的差异系数，按式（9）：

$$g_i = 1 - e_i \tag{9}$$

d) 根据式（10）计算各个指标的权重：

$$w_i = \frac{g_i}{\sum_{i=1}^{n} g_i} \tag{10}$$

其中，n 代表四级指标的总数。

附录C

（规范性）
企业ESG评价重点关注项

表C.1 企业ESG评价重点关注项

一级指标	二级指标	重点关注项
E（环境）	污染风险暴露	近三年存在因污染问题等被政府处罚的情况
		近三年存在因企业活动、产品或服务影响生物多样性的事件
		近三年发生的环境污染或超标事故
		近三年存在影响自然资源或当地社区环境的媒体关注或曝光的情况
	能源风险	近三年存在单位产品能耗严重超出《中华人民共和国节约能源法》要求的情况
		未履行向清洁能源、可再生能源等转型的方案与标准
		近三年出现使用国家明令淘汰类的生产工艺和用能设备事件
S（社会）	员工保障和发展	近三年发生的重大的职业健康安全事件
		近三年因违规用工、劳工纠纷等事件被曝光的情况
	产品责任	近三年存在生产国家明令禁止淘汰落后产品或产品或服务所造成的经法律法规判定的消费者伤害事故（生理、心理等）的事件
		近三年存在被曝光或处罚的重大产品质量事故
		近三年存在因安全生产违法违规等行为而受到行政处罚的情况
G（治理）	风险管理	近三年风险控制不利导致公众利益受损的事实或处罚情况
		近三年风险控制引发的公益诉讼情况
	反不正当竞争	近三年存在因违反商业道德行为被媒体曝光或行政处罚的情况
		近三年存在有明确的反竞争行为的证据，且受到法院起诉并判决构成不正当行为的事件
		近三年存在被认定的商业腐败行为
	外部监督	近三年存在需强制披露信息时不披露或虚假披露的行为
		近三年存在未按照法律法规要求实施年度财务报表审计的行为
		近三年存在伪造财务报表欺骗投资者和股东的行为
	依法纳税	近三年存在因逃税、漏税受到税务部门处罚的行为

附录D

（规范性）
评价等级划分与判定准则

表D.1　企业ESG综合评分与等级对应表

评级强弱	企业ESG等级	说　明
领先 （企业ESG评价综合得分高，遭受ESG风险弱，可持续发展能力强）	AAA	企业具有卓越的ESG综合管理水平，ESG风险极低，ESG绩效表现完全满足企业可持续发展需求
	AA	企业具有优秀的ESG综合管理水平，ESG风险很低，ESG绩效表现较好地满足企业可持续发展需求
	A	企业具有较好的ESG管理水平，ESG风险较低，ESG可以满足企业可持续发展要求
平均 （企业ESG评价得分一般，ESG容易受不良因素的影响，存在一定可持续发展风险）	BBB	企业ESG整体管理水平基本可以控制ESG风险，基本满足企业可持续发展需求
	BB	企业ESG整体管理水平较低且具有较高的ESG风险，与可持续发展目标差距较大
落后 （企业ESG评分很低，企业ESG绩效表现易受外界因素影响，可持续发展风险很高）	B	企业ESG整体管理水平很低，具有很高的ESG风险，发生不可持续经营事件概率高
	CCC	企业信息披露不全，ESG绩效表现难以评级

参考文献

［1］GB 8978—1996 污水综合排放标准
［2］GB 16297—1996 大气污染物综合排放标准
［3］GB/T 19000—2016 质量管理体系 基础和术语
［4］GB/T 23331—2020 能源管理体系 要求及使用指南
［5］GB/T 24001—2016 环境管理体系 要求及使用指南
［6］GB/T 24353—2009 风险管理原则与实施指南
［7］GB/T 24420—2009 供应链风险管理指南
［8］GB/T 26337.2—2011 供应链管理 第2部分：SCM术语
［9］GB/T 27601—2020 废弃资源分类与代码
［10］GB/T 32150—2015 工业企业温室气体排放核算和报告通则
［11］GB/T 39257—2020 绿色制造 制造企业绿色供应链管理 评价规范
［12］GB/T 45001—2020 职业健康安全管理体系 要求及使用指南
［13］T/CCIIA 0003—2020 中国石油和化工行业上市公司ESG评价指南
［14］T/CERDS 2—2022 企业ESG披露指南
［15］ISO 14090：2019 Adaptation to climate change—Principles, requirements and guidelines
［16］ISO 37301：2021 Compliance management system—Requirements with guidance for use
［17］上市公司治理准则（证监会公告［2018］29号）